Desafios contemporâneos para a Geografia do Brasil

EDITORA
intersaberes

DIALÓGICA

O selo DIALÓGICA da Editora InterSaberes faz referência às publicações que privilegiam uma linguagem na qual o autor dialoga com o leitor por meio de recursos textuais e visuais, o que torna o conteúdo muito mais dinâmico. São livros que criam um ambiente de interação com o leitor – seu universo cultural, social e de elaboração de conhecimentos –, possibilitando um real processo de interlocução para que a comunicação se efetive.

Desafios contemporâneos para a Geografia do Brasil

Augusto dos Santos Pereira

Rua Clara Vendramin, 58 . Mossunguê . CEP 81200-170 . Curitiba . PR . Brasil
Fone: (41) 2106-4170 . www.intersaberes.com . editora@editorantersaberes.com.br

Conselho editorial
Dr. Ivo José Both (presidente)
Drª Elena Godoy
Dr. Nelson Luís Dias
Dr. Neri dos Santos
Dr. Ulf Gregor Baranow

Editora-chefe
Lindsay Azambuja

Supervisora editorial
Ariadne Nunes Wenger

Analista editorial
Ariel Martins

Capa
Design: Luana Machado Amaro
Imagens: Pablo Contreras
(www.fotoviajante.net)
local: Vidigal, Rio de Janeiro, RJ

Projeto gráfico
Mayra Yoshizawa

Diagramação
Cassiano Darela

Iconografia
Regina Claudia Cruz Prestes

1ª edição, 2016.

Foi feito o depósito legal.

Informamos que é de inteira responsabilidade do autor a emissão de conceitos.

Nenhuma parte desta publicação poderá ser reproduzida por qualquer meio ou forma sem a prévia autorização da Editora InterSaberes.

A violação dos direitos autorais é crime estabelecido na Lei n. 9.610/1998 e punido pelo art. 184 do Código Penal.

Dados Internacionais de Catalogação na Publicação (CIP)
(Câmara Brasileira do Livro, SP, Brasil)

Pereira, Augusto dos Santos
  Desafios contemporâneos para a geografia do Brasil/Augusto dos Santos Pereira. Curitiba: InterSaberes, 2016.

  Bibliografia.
  ISBN 978-85-5972-264-2

  1. Geografia – Estudo e ensino I. Título.

16-08784   CDD-910.7

Índices para catálogo sistemático:
  1. Geografia : Estudo e ensino   910.7

Sumário

Agradecimentos | 7
Apresentação | 11
Organização didático-pedagógica | 15

1. Pensamento geográfico, Geografia e Geografia do Brasil | 19
   1.1 Concepção de Geografia | 22
   1.2 Geografia do Brasil | 35

2. Discursos de ódio, desafios geográficos | 53
   2.1 Discursos nacionais e suas torpezas | 55
   2.2 Fascismo e protofascismo | 74
   2.3 O fascismo nosso de cada dia | 85
   2.4 O desafio para o ensino de Geografia do Brasil | 93

3. Quadro natural do Brasil | 103
   3.1 Quadro geológico brasileiro | 106
   3.2 Quadro geomorfológico brasileiro | 114
   3.3 Quadro pedológico brasileiro | 130
   3.4 Quadro climático brasileiro | 141
   3.5 Quadro dos biomas brasileiros | 153

4. Formação do território do Brasil | 175
   4.1 O espaço indígena: território apropriado, território negado | 179
   4.2 Colonização: o território de poucos | 183
   4.3 Território monárquico: sai a Coroa, entra... a Coroa | 191
   4.4 República Velha: permanências na mudança | 200
   4.5 A Era Vargas: chauvinismo, centralização e estruturação da gestão estatal do território | 204

4.6 Interstício democrático: integração nacional, desenvolvimentismo e as questões urbana e regional | 209
4.7 Ditadura militar: estratégias militares e desenvolvimentistas | 214

5. **Um projeto de Brasil e de seu território | 237**
   5.1 Conjuntura global e nacional | 240
   5.2 Aspectos jurídicos e geográficos para o estudo do território por meio da Constituição | 247
   5.3 O projeto territorial constitucional e seus desafios | 253

Considerações finais | 287
Referências | 291
Bibliografia comentada | 311
Respostas | 315
Apêndice | 317
Sobre o autor | 327

Agradecimentos

Meus agradecimentos à Editora InterSaberes e a seus profissionais que me confiaram a tarefa da produção desta obra. Diversos profissionais participaram dessa empreitada, entre eles: Giovanna de Oliveira Meretica, Ana Paula da Silveira, Ariadne Patrícia Nunes Wenger, Érika Beatriz Carneiro Lima. A esses e a outros colaboradores da editora, direta ou indiretamente ligados ao processo de elaboração, meus agradecimentos. Agradeço especialmente à professora Renata Adriana Garbossa. Meus agradecimentos também a Ivan Sousa Rocha, pelo profissionalismo no trabalho de preparação desta obra.

Agradeço aos meus professores, que me auxiliaram em momentos de reflexão sobre os assuntos aqui constantes: Olga Lúcia C. F. Firkowski, Gustavo Ribas Cursio, Leonardo José Cordeiro Santos, Tony Vinicius Moreira Sampaio, Adilar Antônio Cigolini, Francisco de Assis Mendonça, Irani dos Santos, João Carlos Nucci, Sony Cortese Caneparo, Jorge Ramón Montenegro Gomes e Luís Lopes Diniz Filho.

Agradeço especialmente ao professor e amigo Eduardo Vedor de Paula, por diversos apontamentos sobre a relação entre gestão do território e ambiente, durante nossos estudos sobre unidades de conservação.

Agradeço a Otacílio da Paz pela elaboração dos mapas.

Agradeço a Maria Soledad Contreras pelo companheirismo no período de produção desta obra.

Agradeço ainda a Alexandre Ferreira, Márcio Aluízio Fonsaca Grochocki, Patrícia Baliski, Guilherme Hossaka, Maurielle Felix, Luís Alceu Paganotto, Orestes Jarentchuk Junior, Felipe Costa, Carlos Alberto Gomes de Figueiredo, Luís Scarpin, Gustavo Olesko,

Thiago Vinícius de Almeida da Silva, Cervantes Ayres Filho, Carol Deconto Vieira, Jefferson Rodrigo Cantelli, Alceli Ribeiro, Ricardo Zortéa Vieira, Katryne Briniele e Talissa Lazzarotto. Em algum momento, antes ou durante o processo de elaboração deste livro, discutimos temas relacionados à obra. Seus *insights* certamente estão aqui ou ali ao longo da obra.

Por fim, agradeço a Corina Maria dos Santos, minha mãe, e a Edson Pereira, meu pai. Muitas das minhas leituras sobre Geografia e democracia vêm de influência deles, de sua solidariedade e dos anos de preocupação com o bem comum.

Neste mundo, que fica mais e mais interconectado, nós temos que aprender a tolerar um ao outro, nós temos que aprender a aceitar o fato de que algumas pessoas dizem coisas que não gostamos. Nós só podemos viver juntos dessa forma. Se nós esperamos viver juntos e não morrer juntos, nós precisamos aprender a bondade da caridade e a bondade da tolerância, que é absolutamente vital para a continuidade da vida humana sobre este planeta.

Bertrand Russell (1872-1970, filósofo inglês, em entrevista à BBC).

Apresentação

Grandes geógrafos brasileiros se dedicaram a produzir obras sobre a Geografia do Brasil. Nomes como Milton Santos, Aziz Ab'Saber, Jurandyr Ross, Hervé Théry, entre outros, debruçaram-se sobre o estudo do Brasil por um viés espacial, acrescentando grande conhecimento sobre o nosso território, bem como sobre seu quadro ambiental e humano. A esse conhecimento sistematizado, adicionamos a disponibilidade *on-line* e gratuita de bancos de dados estatísticos, mapas temáticos e, até mesmo, atlas completos sobre a nossa realidade territorial. Esse cenário de amplo acesso ao conhecimento sobre o território brasileiro foi a base de nossa preocupação inicial, no momento do convite feito pela Editora InterSaberes para a realização de uma obra sobre a Geografia do Brasil, voltada especialmente para a formação de professores de Geografia dos ensinos fundamental e médio. Dito isso, perguntamos: que tipo de contribuição seria possível realizarmos em relação à Geografia do Brasil?

Em meio a esse dilema, alguns fenômenos ainda carentes de estudo, visto que muito recentes, nos chamaram a atenção. Referimo-nos à onda das grandes manifestações vividas no Brasil a partir das chamadas *Jornadas de Junho* de 2013, ao crescimento da participação popular nas redes sociais virtuais como canal de debate político, ao alarmante aumento do número de notícias que reportam casos de discursos de ódio após as eleições presidenciais de 2014 e às recentes discussões sobre amplas mudanças no texto constitucional brasileiro de 1988, entre outras questões, que nos pareceram conformar a chave para a discussão. Trata-se, enfim, de um cenário de desafios contemporâneos para essa disciplina eminentemente relacionada a categorias da Geografia Política.

Assim, no processo autoral, o fio condutor da obra foi a necessidade de construção de um debate sobre a Geografia do Brasil, tanto no campo da pesquisa, quanto, principalmente, para seu ensino, a fim de contribuir para a construção de uma visão integrada do território nacional, de suas inter-relações com a história do nosso país, suas relações sociais, econômicas, políticas, culturais e ambientais, com vistas a desnaturalizar os discursos de ódio (racismo, xenofobia, chauvinismo e preconceito regional, entre outros). Do mesmo modo, esta obra deve servir de base para a reflexão autônoma dos indivíduos, de forma solidária, estratégica e propositiva, para uma participação política qualificada, em face dos problemas atuais da sociedade brasileira e de seu território.

Ante o exposto, buscamos discorrer sobre os conceitos básicos da disciplina de Geografia do Brasil; tratar sobre os discursos de ódio e sobre o seu papel no obscurecimento da capacidade de diálogo e no impedimento da formação de um ambiente propício para o debate sobre os rumos do território; apontar questões, potencialidades e fragilidades socioambientais relevantes relacionadas ao quadro natural brasileiro; tratar sobre o histórico de formação do território; e discutir a necessidade do conhecimento sobre a Constituição Federal de 1988, na categoria de um projeto estruturante para o Estado brasileiro e para o seu território.

Dessa forma, no primeiro capítulo, discutimos um conceito de geografia que caracterizamos por seu objeto, o espaço geográfico, pautado no espaço uno-múltiplo de Dirce Suertegaray e por seu papel em face dos demais discursos geográficos, conforme preconizado por Antônio Carlos Robert Moraes. Tal papel, na concepção que adotamos aqui, envolve a desnaturalização de discursos ideologizantes de ódio e, para isso, buscamos fundamento no projeto filosófico democrático de Jürgen Habermas. Esse projeto, tão necessário em tempos de predomínio de conhecimento meramente técnico e de cultura e consumo de massa, está em contraposição à alienação, a qual embota os sentidos e a capacidade cognitiva para a prática política autodeterminada.

No segundo capítulo, abordamos alguns dos desafios a serem enfrentados pela Geografia, pela Geografia do Brasil e pela geografia escolar. Assim, caracterizamos os conceitos de *nação, nacionalismo, preconceito, discriminação, chauvinismo, xenofobia, racismo* e *injúria racial*. Em seguida, apresentamos o conceito de protofascismo (na acepção de Umberto Eco, um macrodiscurso nebuloso), que se baseia no ódio e no irracionalismo, agregando racismo e xenofobia. Essa argumentação conflui para que, no fim do capítulo, apresentemos a parte com caráter mais ensaístico da nossa obra, que trata de considerações sobre as evidências de manifestações desses discursos protofascistas no Brasil.

No terceiro capítulo, abordamos o quadro natural brasileiro, tratando da sua geologia, geomorfologia, pedologia, clima e biomas. Nesse capítulo, buscamos abordar os assuntos de forma integrada, revisitando telegraficamente alguns conceitos e processos básicos, bem como tratando dos desafios para uma ocupação territorial menos conflituosa, considerando as fragilidades e as potencialidades ambientais brasileiras.

No capítulo seguinte, apresentamos apontamentos sobre o desenvolvimento territorial brasileiro, tanto em termos do estabelecimento de suas fronteiras, quanto em termos de seu conteúdo social (infraestrutura, população, distribuição de riqueza, indústria, poder no pacto federativo etc.) e alteração sobre o quadro natural. Tratamos dessa evolução desde as contribuições indígenas pré-cabralinas, passando pela lógica colonial e a constituição do Estado brasileiro, com o Reinado, a República Velha, a Era Vargas, o interregno democrático de 1945 a 1964, até o fim do período ditatorial militar.

No último capítulo da obra, seguimos com a caracterização territorial, associando-a ao histórico da pós-abertura democrática da década de 1980, numa perspectiva de análise de projeto nacional qualificada pelo constitucionalismo brasileiro, expresso em sua história e que culmina na Constituição de 1988. Assim, nesse último capítulo, buscamos discutir o território pela problematização de seu projeto constitucional, em face da necessidade social de uma discussão política ampla sobre os rumos do país, de seu Estado e de seu território.

Com essa estrutura, esperamos que a obra contribua para o processo formativo, obviamente sem pretensões doutrinárias, mas como conjunto de apontamentos estruturados a serem debatidos, conforme é salutar ao saber geográfico.

Esperamos, assim, que você tenha uma boa leitura.

Organização didático-pedagógica

Esta seção tem a finalidade de apresentar os recursos de aprendizagem utilizados no decorrer da obra, de modo a evidenciar os aspectos didático-pedagógicos que nortearam o planejamento do material e como o aluno/leitor pode tirar o melhor proveito dos conteúdos para seu aprendizado.

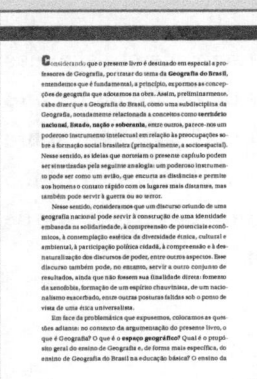

Introdução do capítulo

Logo na abertura do capítulo, você é informado a respeito dos conteúdos que nele serão abordados, bem como dos objetivos que o autor pretende alcançar.

Síntese
Você conta, nesta seção, com um recurso que o instigará a fazer uma reflexão sobre os conteúdos estudados, de modo a contribuir para que as conclusões a que você chegou sejam reafirmadas ou redefinidas.

Indicações culturais
Nesta seção, o autor oferece algumas indicações de livros, filmes ou *sites* que podem ajudá-lo a refletir sobre os conteúdos estudados e permitir o aprofundamento em seu processo de aprendizagem.

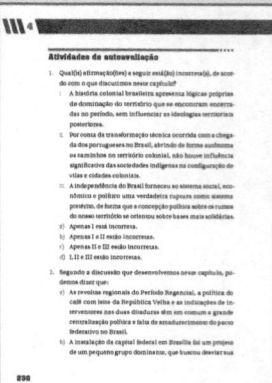

Atividades de autoavaliação
Com estas questões objetivas, você tem a oportunidade de verificar o grau de assimilação dos conceitos examinados, motivando-se a progredir em seus estudos e a se preparar para outras atividades avaliativas.

Atividades de aprendizagem

Aqui você dispõe de questões cujo objetivo é levá-lo a analisar criticamente determinado assunto e aproximar conhecimentos teóricos e práticos.

Bibliografia comentada

Nesta seção, você encontra comentários acerca de algumas obras de referência para o estudo dos temas examinados.

1 Pensamento geográfico, Geografia e Geografia do Brasil

Considerando que o presente livro é destinado em especial a professores de Geografia, por tratar do tema da **Geografia do Brasil**, entendemos que é fundamental, a princípio, expormos as concepções de geografia que adotamos na obra. Assim, preliminarmente, cabe dizer que a Geografia do Brasil, como uma subdisciplina da Geografia, notadamente relacionada a conceitos como **território nacional**, **Estado**, **nação** e **soberania**, entre outros, parece-nos um poderoso instrumento intelectual em relação às preocupações sobre a formação social brasileira (principalmente, a socioespacial). Nesse sentido, as ideias que norteiam o presente capítulo podem ser sintetizadas pela seguinte analogia: um poderoso instrumento pode ser como um avião, que encurta as distâncias e permite aos homens o contato rápido com os lugares mais distantes, mas também pode servir à guerra ou ao terror.

Nesse sentido, consideramos que um discurso oriundo de uma geografia nacional pode servir à construção de uma identidade embasada na solidariedade, à compreensão de potenciais econômicos, à contemplação estética da diversidade étnica, cultural e ambiental, à participação política cidadã, à compreensão e à desnaturalização dos discursos de poder, entre outros aspectos. Esse discurso também pode, no entanto, servir a outro conjunto de resultados, ainda que não fossem sua finalidade direta: fomento da xenofobia, formação de um espírito chauvinista, de um nacionalismo exacerbado, entre outras posturas falidas sob o ponto de vista de uma ética universalista.

Em face da problemática que expusemos, colocamos as questões adiante: no contexto da argumentação do presente livro, o que é Geografia? O que é o **espaço geográfico**? Qual é o propósito geral do ensino de Geografia e, de forma mais específica, do ensino de Geografia do Brasil na educação básica? O ensino da

Geografia do Brasil pode servir para a formação de uma consciência solidária, em oposição ao chauvinismo e aos discursos de ódio? A disciplina de Geografia do Brasil pode auxiliar nos debates sobre os rumos do território brasileiro?

Para encaminhar essa discussão, neste primeiro capítulo apresentamos, em um primeiro momento, uma concepção de Geografia baseada no estudo sistemático de seu objeto, bem como de seu papel em meio ao **pensamento geográfico**. Em seguida, expomos uma concepção de Geografia do Brasil, subdisciplina do campo da Geografia.

1.1 Concepção de Geografia

Passando à nossa argumentação sobre as questões que apresentamos até o momento, devemos lembrar primeiramente que existem inúmeras concepções de *geografia* elaboradas e utilizadas pelas diversas correntes – e no interior destas – de tal disciplina, desde sua institucionalização em meados do século XIX. Para fins da presente obra, parece-nos salutar a concepção de Antonio Carlos Robert de Moraes (1991), para quem a geografia é mais um discurso entre as diversas outras formas de representação espacial. Para Moraes, todos os povos criam suas representações sobre o seu espaço, por meio de diversos discursos, tais como os contos de viajantes, as artes, os mitos, além da geografia dos Estados maiores, da mídia e da opinião pública. Essa geografia teria uma alta variabilidade dentro de uma mesma cultura, como na cultura helênica da Antiguidade, quando correspondia a reflexões sobre Astronomia e Matemática para Tales de Mileto (623 a.C. ou 624 a.C.-546 a.C. ou 548 a.C.) e Anaximandro (610 a.C.-547 a.C.), contando também com a perspectiva histórica e regional de Heródoto (C. 485 a.C.-420 a.C.), bem como a visão ecológica de

Hipócrates (460 a.C.-370 a.C.). Dessa forma, a Geografia, acadêmica e institucionalizada, não seria a titular do conhecimento sobre o espaço geográfico, o espaço humanizado[i], mas apenas mais uma das representações sobre esse espaço. Haveria, portanto, um conjunto de discursos sobre o espaço do homem, chamado **pensamento geográfico**. Nas palavras de Moraes:

> Por *pensamento geográfico* entende-se um conjunto de discursos a respeito do espaço que substantivam as concepções que uma dada sociedade, num momento determinado, possui acerca do seu meio (desde o local ao planetário) e das relações com ele estabelecidas. Trata-se de um acervo histórico e socialmente produzido, uma fatia da substância da formação cultural de um povo. Nesse entendimento, os temas geográficos distribuem-se pelos variados quadrantes do universo da cultura. Eles emergem em diferentes contextos discursivos, na imprensa, na literatura, no pensamento político, na ensaística, na pesquisa científica etc. Em meio a estas múltiplas manifestações vão se sedimentando certas visões, difundindo-se certos valores. Enfim, vai sendo gestado um senso comum a respeito do espaço. Uma mentalidade acerca de seus temas. Um horizonte espacial coletivo (Moraes, 1991, p. 32).

---

i. Essa noção de geografia relacionada ao espaço humanizado não abrange todo o espectro da Geografia academicamente institucionalizada. Muitos dos estudos sob sua égide, principalmente no século XIX, preocupavam-se com áreas remotas, sem perceptível interferência direta da humanidade. No entanto, dentro de todo o espectro dessa disciplina, essa concepção de espaço humanizado se adapta melhor ao interesse desta obra, tendo em vista que, na projeção das relações entre os Estados atuais, todo o espaço global está sujeito a algum tipo de regulação e, portanto, de projeção dos interesses das sociedades humanas.

Posto isso, em meio a todos os discursos geográficos que compõem o pensamento geográfico, **como se delimita a Geografia**, essa disciplina acadêmica na acepção que consideramos aqui? Acreditamos que esta pode ser definida por seu **objeto** e por sua **função** em meio aos demais discursos. Em relação a seu **objeto**, a geografia, na diversidade de suas correntes, ocupa-se do estudo sistemático do chamado **espaço geográfico** (Suertegaray, 2006). Em relação à sua **função**, também em meio aos demais discursos, a geografia tem o papel de ser o palco de construção de um conhecimento sistematizado sobre a espacialidade humana, com vistas, em especial, a desnaturalizar os discursos geográficos ideologizantes (Moraes, 1991), bem como a empoderar intelectualmente os indivíduos para uma criticidade espacial, capacitando-os para a participação na resolução das diversas questões socioespaciais, nas mais variadas escalas geográficas, do local ao global.

Adiante, elaboraremos mais a fundo esses aspectos que tomamos aqui como definidores do campo da geografia, tanto pelo seu objeto quanto por seu papel (desideologizante e formador de criticidade).

1.1.1 Geografia, ciência do espaço geográfico

Aqui, consideramos o **espaço geográfico** como **dimensão social** inescapável. Queremos dizer que, nessa acepção, não existe relação social que prescinda do espaço geográfico, assim como não existe sociedade que prescinda do social (*stricto sensu*), do cultural, do político, do histórico, do biológico e do econômico, entre outras dimensões que podemos considerar, pois todas as atividades humanas em sociedade são mediadas por diferentes aspectos dessas dimensões.

Com isso, queremos dizer que, desde as atividades mais banais do cotidiano até as mais complexas, o ser humano está cercado de **valorações sociais**, econômicas, culturais, tecnológicas, temporais (históricas) e biológicas, entre as quais a **espacial** apresenta suas particularidades.

O espaço geográfico é, assim, uma dimensão que sintetiza as demais. No espaço, os homens lançam suas afetividades, seus valores simbólicos, expressões de sua cultura. No espaço geográfico, as relações sociais, como de prestígio e de estigmatização, por exemplo, são lançadas, de maneira que há um valor social diferente em morar em um morro, se este se localizar no Rio de Janeiro ou em Mônaco. Também é nesse espaço que o ser humano busca seus recursos para a produção da riqueza, bem como é nele que ele adiciona "próteses", infraestruturas diversas, que produzem uma diferenciada valoração econômica nas diferentes regiões do nosso planeta. É nesse local que o ser humano para e contempla a paisagem, ou a modifica consideravelmente, podendo criar grandes desequilíbrios ambientais.

Dessa forma, no espaço geográfico podemos ler a sociedade, sua cultura, sua tecnologia, sua economia e suas relações de poder. Esse espaço, no entanto, não é passivo no processo de produção da sociedade, pois esta, ao lançar sobre a paisagem e os lugares os seus valores culturais, altera-os, mas é também alterada por eles, numa relação complexa. A cultura dos indivíduos que vivem nas montanhas não se fez nas planícies e se, em algum momento, foi transportada para longe das montanhas, não o foi sem alterações. É muito comum que as expressões culturais mais reforçadas, com exaltação mais fervorosa dos símbolos de determinada cultura, sejam notáveis no desterro, distantes da área onde surgiram – vejamos, por exemplo, os Centros de Tradições Gaúchas (CTGs) por todo o Brasil, ou a escalada de interpretações mais conservadoras do Islã entre praticantes em países não muçulmanos.

Da mesma forma, quando os seres humanos lançam sobre o espaço os seus valores econômicos (por exemplo, valorando mais o ouro do que outro produto qualquer), veem que a distribuição espacial desse metal afeta significativamente as relações econômicas, ao constranger os espaços que podem ser produtores ou consumidores.

Nesse sentido, reiteramos que entendemos que o **espaço** é uma daquelas dimensões fundamentais para a vida humana em sociedade e é influenciado pelas demais dimensões, mas também influenciando-as, em uma complexa relação dinâmica.[ii]

Essa visão, no entanto, não nos deixa escapar a relevância dos aspectos naturais para a vida em geral, e para a vida humana em especial. Em situações extremas, a própria condição de existência da vida como a conhecemos encontra na diferenciação espacial um aspecto relevante. As zonas quentes e frias da Terra – que ensejam a circulação atmosférica, a precipitação, a diferenciação da insolação nas zonas intertropicais, extratropicais e polares, a variabilidade da salinidade nos oceanos e suas correntes – são todos elementos naturais que apresentam, na sua variabilidade espacial, grande componente explicativo para a composição da diversidade biológica, seja genética, de espécies, paisagens ou ecossistemas.

É comum que vejamos a defesa de uma noção de geografia que se pretende mais ampla e que se concentre predominantemente

---

ii. A geografia, na história de suas correntes, considerou diferentes tipos e graus de influência das diversas dimensões da realidade da sociedade (determinismo da natureza sobre o ser humano, apropriação pelo ser humano das possibilidades oferecidas pela natureza, sobredeterminação de uma macroestrutura econômica na produção do espaço etc.). Ao enfatizar a abrangência do termo *influência*, advogamos a necessidade de interação de diferentes abordagens e a criação de novas, em um ambiente democrático e profícuo ao debate.

na capacidade de estudar os elementos da chamada *primeira natureza*, ou seja, as áreas naturais em que não é possível notar uma relevante intervenção humana mediada pela técnica, tendo sido mantidas com dinâmicas naturais próximas daquelas em situação de ausência de comunidades humanas tecnicamente complexas.

No entanto, entre as diversas "geografias" possíveis, com base naquilo que convencionamos chamar de *Geografia acadêmica e institucionalizada*, entendemos que a visão que expusemos até aqui se torna mais aderente ao tema em questão – a Geografia do Brasil –, por tocar um tema central: a divisão do mundo segundo territórios estatais soberanos na modernidade. Trata-se, portanto, de um quadro que considera o espaço geográfico como **espaço humanizado**, tendo em vista que até os lugares mais distantes da civilização e não expostos diretamente à exploração econômica estão atrelados politicamente a tratados, tensões, reconhecimentos multilaterais etc.

No que tange à **forma** como a geografia busca compreender o espaço geográfico, entendemos que a própria reificação da maneira como esse espaço se relaciona com uma ou mais das outras dimensões inerentes à sociedade corresponde ao exercício das muitas formulações teóricas ao longo dos diversos marcos teóricos e correntes metodológicas da disciplina. Assim, as teorias e as categorias geográficas geralmente enfocam, de forma associada a uma noção específica de espaço, outros elementos que são determinantes no processo explicativo ou interpretativo, conforme a corrente teórica e a sua base filosófica.

Assim, na **Antropogeografia** de Friedrich Ratzel (1844-1904), a qual apresenta certa base filosófica positivista, os aspectos biológicos são bastante significativos, o que implica uma forma de racionalização para a territorialidade estatal análoga à animal, por meio do conceito de *espaço vital*. Na **Geografia Regional** de Paul

Vidal de La Blache (1845-1918), temos as interpretações de certa essência de determinada região, com base na Hermenêutica de Herder, nos conceitos de *modo de vida* e de *região homogênea*, que permitem a compreensão da construção técnico-cultural regional em face das possibilidades naturais. Na **Geografia Quantitativa**, temos o estudo dos padrões de ordenamento espacial, que pretende explicar o comportamento locacional de diversas entidades espaciais em regiões funcionais e redes, por uma racionalidade econômica, com base em uma visão neopositivista da ciência. Na **Geografia Cultural Humanista**, o *lugar* é a entidade espacial capaz de indicar os laços culturais, simbólicos e afetivos dos indivíduos com seu espaço, com base em diversas correntes, especialmente a Fenomenologia. Por fim, na **Geografia Crítica**, diversos conceitos, em especial os de *território e região*, são utilizados para demonstrar as formas de dominação do capitalismo, uma formação histórico-social específica, sobre diversas bases filosóficas, em especial o materialismo dialético de Karl Marx (1818-1883).

O quadro que tecemos até aqui é bastante reduzido e temerário, pois dele retiramos as diversas nuanças e até as grandes variações de pensamento dentro de cada uma dessas correntes expostas. No entanto, ele serve como aproximação necessária para os argumentos que estamos construindo, primeiramente para a relação entre as diversas dimensões da sociedade e a dimensão específica do espaço e, em seguida, para a forma de eleição de uma das dimensões de maior importância na constituição do conceito espacial basilar para cada uma das correntes mencionadas, conforme sua base filosófica e o seu método de explicação ou interpretação.

O quadro serve ainda para expormos uma salutar concepção de Luiz Lopes Diniz Filho (2009), aquela que não considera as diferentes correntes da Geografia como valoradas de forma a permitir excluir uma ou outra, mas que compreende a pertinência de um ou outro método a determinado tema e ao interesse do pesquisador na construção do debate acadêmico, permitindo uma ampla gama de ferramentas intelectuais para o estudo do espaço geográfico.

Aqui, conferimos destaque para a concepção de **espaço geográfico** que adotamos neste livro, como dimensão inerente às relações sociais, sendo marca e reprodutor de cultura, de política, de economia, de relações ambientais e de arranjos sociais de um determinado grupo de pessoas, o que pode ser compreendido por *proxy*, aproximação imagética e dinâmica, realizada pelos diversos conceitos operativos.

Assim, o espaço geográfico é a **extensão espacial** que recebe aportes culturais, técnicos, políticos, sociais e econômicos que o diferenciam, entre atributos naturais diversos, recebendo dessas dimensões (humanas e naturais) suas influências na construção do espaço humanizado e influenciando-as, de maneiras distintas, conforme o contexto histórico-social, podendo ser apreendido na sua dinâmica conjunta pelos diversos conceitos operativos (território, rede, paisagem, região etc.).

Nesse ínterim, parece-nos salutar a proposição da professora Dirce Maria Suertegaray (2006) sobre o espaço geográfico, que o considera ao mesmo tempo como **uno** e **múltiplo**, contendo as diversas dimensões da sociedade em sua dinâmica. Para explicar sua noção sobre o assunto, a professora utiliza uma analogia do disco de Newton, o qual é composto por várias cores, mas, quando em movimento, é formado apenas pela cor branca. Assim, o espaço geográfico é composto por categorias analíticas (cores) que reforçam uma determinada dimensão. O **lugar** dá enfoque à **cultura**; o **território**, à **política**; a **região**, à **economia** ou à síntese dos modos de vida e as possibilidades naturais etc. Assim, a geografia, ao estudar cada uma dessas categorias, auxilia a compor uma das cores do disco, enquanto que a sua compreensão conjunta e dinâmica conforma o espaço geográfico.

Assim, entendemos a geografia como a **ciência do espaço humanizado**, do **espaço geográfico** – seja diretamente apropriado, seja observado nos limites, nas porções menos suscetíveis à habitação permanente pelos humanos –, espaço dotado de características naturais, apropriado e reproduzido pelas sociedades humanas, que nele projetam sua cultura, suas relações sociais, econômicas e de poder, tanto simbólica quanto materialmente, alterando-o e sendo por ele qualitativamente alteradas.

1.1.2 Função da geografia: desnaturalização da ideologia e alternativa à alienação

Vimos que a geografia é uma ciência voltada para o entendimento do espaço geográfico e, com isso, passamos agora a tratar de suas **funções**, que a destacam em face do que chamamos de **saber geográfico**.

De acordo com a leitura de Moraes (1991), percebemos que a Geografia acadêmica é mais um dos discursos dentro do chamado **pensamento geográfico**. Uma das funções que podemos atribuir à geografia, entre esses discursos, é o papel de **desnaturalização das ideologias geográficas**.

Em que pese a grande diversidade semântica atribuída ao termo **ideologia**, a acepção que tomamos aqui é aquela fundada como categoria marxista em sua leitura realizada pelo filósofo alemão Jürgen Habermas (1929–). Para ele, a ideologia é um discurso, com uma agenda política definida, que procura naturalizar determinada condição social, historicamente criada, obscurecendo as relações de poder (Bohman; Rehg, 2014; Habermas, 1994).

O discurso naturalizante e ideológico apresenta um aspecto embrutecedor, pois aquilo que está naturalizado não é passível de discussão: trata-se das coisas como elas são, que não podem ser alteradas pela vontade humana. Assim, uma vez que se naturalizam as questões ambientais, as desigualdades e a fome, por exemplo, resta-nos pouca ou nenhuma margem de ação.

Na ascensão da **Geografia Crítica**, em meados do último terço do século passado, muitos geógrafos assumiram uma leitura do espaço geográfico, utilizando-se do conceito marxista de *ideologia*. Para essa corrente, por exemplo, a Geografia Quantitativa, de pretensão racionalista neopositivista, naturalizava as relações espaciais de dominação, reduzindo aspectos políticos a lógicas naturalizantes por suas modelagens euclidianas, com atributos eminentemente geométricos.[iii]

Nesse ínterim, assim como a geografia, as relações internacionais também se fundaram por meio de discursos que acabaram por naturalizar uma condição de **dominação política**. Enquanto, no século XIX, a antropogeografia ratzeliana considerava propriedades sociais do território sob uma ótica biologizante, sendo aproveitada por discursos políticos fundamentalistas para justificar o expansionismo territorial das novas potências imperialistas, nas relações internacionais, o estudo da relação entre os Estados e os territórios também teve importante base em discursos naturalizantes, por parte da chamada **escola racionalista**.

---

iii. Aqui, cabe separarmos a discussão filosófica sobre o limite do conhecimento, no que tange à pertinência da crítica feita pela Geografia Crítica à possível naturalização de dinâmicas sociais, da discussão quase político-partidária que assume a execração de uma corrente de pensamento por um marxismo vulgar. Aqui, fazemos referência à primeira, não à segunda.

Para os racionalistas, com base em uma leitura de Maquiavel (1469-1527) e Hobbes (1588-1679), a diferenciação entre a **política externa** e a **interna** ocorre com base na hierarquia que é colocada no plano doméstico, mas, no plano externo, há uma situação de **anarquia**, ou seja, a falta de um poder central ao qual todos os Estados devam responder. Isso implica um **estado de natureza**, parecido com o descrito por Hobbes no *Leviatã* (1651), fazendo com que predomine uma contínua situação de desconfiança, refletida em uma balança de poder em que a razão do Estado é dada pela garantia imperiosa da sua sobrevivência e acúmulo de poder no sistema de Estados. Posto isso, para os racionalistas, o Estado, no plano externo, opera por uma lógica própria, distinta daquela do plano interno, não estando submetido às mesmas restrições morais (Messari; Nogueira, 2005).

Inúmeras críticas foram feitas a essa escola pelas diversas correntes das Relações Internacionais (idealista, crítica e estruturalista, entre outras). Atentamos aqui para a crítica de Robert Cox (1986, p. 206), da corrente crítica, para quem "toda a teoria é para algo ou para alguém". Baseando-se na crítica de pensadores da Escola de Frankfurt ao positivismo, o autor critica a pretensa objetividade dos realistas e aponta o fato de que, ao naturalizarem essas relações internacionais historicamente construídas, eles naturalizam o seu objeto de estudo e passam a conferir uma chancela científica a um comportamento político constantemente questionável. De fato, essa visão racionalista é comumente adotada por estrategistas militares na hora de justificar ações expansionistas e belicosas.

Colocamos aqui essa discussão das relações internacionais, emanada da filosofia da ciência, com especial contribuição de pensadores da Escola de Frankfurt – entre eles, Habermas – para demonstrar que a preocupação de que a própria ciência pode servir como base para a guerra é algo que atravessa as ciências que se ocupam das questões do território e do Estado (Habermas, 1994).

Referimo-nos à apropriação por parte das relações internacionais do conceito de *ideologia*, baseado na leitura de Habermas. Acreditamos estar aí uma noção importante para o enfrentamento de um tipo contemporâneo de ideologia de efeitos nefastos e de grande repercussão para a Geografia do Brasil: são os discursos de ódio nacionalistas, racistas chauvinistas e xenófobos. Em face desses discursos, Habermas compreende ser possível uma reforma do projeto da racionalidade moderna, com base em uma ética universalista (Messari; Nogueira, 2005).

Guardadas as grandes diferenças na abordagem filosófica, parece-nos haver, na **teoria do agir comunicativo** de Habermas, uma preocupação ética que possibilita a prática política democrática e dissociada do antagonismo entre os diferentes grupos – que tratamos aqui pela noção de *discurso de ódio* –, de uma forma análoga à preocupação que o filósofo Immanuel Kant (1724-1804) apresentou em sua obra intitulada *A paz perpétua*, publicada em 1795, dedicada à reflexão sobre a possibilidade de eliminação da guerra entre os povos, por meio de uma racionalidade baseada em uma ética cosmopolitista (Kant, 1983).

Assim, a geografia pode ser um instrumento para a reflexão não precipitada, não afeita a considerar o outro como inimigo, puramente por ser oriundo de outra região ou território. De fato, a própria ciência, quando descuidada dessa preocupação, pode ser um instrumento de legitimação desses discursos, em um contexto de grande alienação e cultura de massa. Habermas (1994) demonstra que as ciências estão sempre atreladas a interesses, não havendo imparcialidade sequer nas chamadas *Ciências Duras*, de onde decorre a necessidade de um cuidado com o projeto científico.

Assim, conforme mencionamos, ele procura resolver esta questão com sua noção de **ética universalista** (Lubenow, 2013).

Para que avancemos para o segundo papel da geografia, precisamos tratar de outro conceito marxista, a **alienação**. Na concepção original dada por Marx, a alienação é resultado da desumanização do ser humano pelo trabalho moderno, fragmentário. Autores da chamada Escola de Frankfurt, como Max Horkheimer (1895-1973), Herbert Marcuse (1898-1979) e Theodor W. Adorno (1903-1969), no entanto, operaram uma importante revisão da noção de *alienação*. Para esses pensadores, em que pese a grande variedade de ideias entre eles, a alienação das sociedades modernas não mais apresentava a lógica dos tempos de Marx, quando era operada pela relação do ser humano com o processo produtivo capitalista, que o alijava do resultado do seu trabalho. A lógica contemporânea da alienação, por outro lado, está relacionada ao espraiamento de saberes técnicos em todas as esferas da vida social, em um contexto de consumo e cultura de massas. Os pensadores de Frankfurt consideram que existe um **absolutismo da técnica** e a **perda da individualidade** na sociedade contemporânea, industrial (Messari; Nogueira, 2005).

Na construção do espaço geográfico, as sociedades se deparam com inúmeros desafios. Em tempos em que se busca a vigência de princípios democráticos, o correto encaminhamento destes depende da capacidade de os indivíduos operarem uma adequada leitura do espaço para sua participação política. A alienação, nesse contexto, é o que embota os sentidos, de forma a impedir um claro discernimento para a ação no mundo.

Nesse sentido, adotamos aqui uma concepção de Geografia como ciência capaz de auxiliar na construção da **criticidade** por parte dos cidadãos, de forma que estes tenham o aparato intelectual para refletir sobre as relações espaciais e para assumir politicamente o seu papel nos desafios que se pretendem naturalizados pelos discursos, mas que, de fato, são produtos históricos.

É importante dizer que não observamos um imediatismo na ciência, pois sua finalidade também pode ser contemplativa, curiosa, porém, em última instância, mesmo a contemplação pode requerer um aspecto político, se considerarmos a possibilidade, por exemplo, de uma determinada paisagem natural ou cultural, objeto de contemplação, estar sob sério risco de desaparecimento. Assim, não ignoramos as dimensões estéticas e éticas do ser humano, mas reiteramos o **aspecto político**, por ser algo que diz respeito diretamente à Geografia do Brasil, como veremos adiante.

1.2 Geografia do Brasil

Podemos conceber a **geografia do Brasil** – assim, com letra minúscula – como um conjunto dos atributos espaciais que formam o território nacional, na sua construção social, histórica, econômica, cultural e ambiental, envolvendo tanto o arcabouço natural, como as alterações efetuadas pelo ser humano.

A geografia do Brasil, como esse quadro geográfico circunscrito ao território nacional, é estudada por diversas disciplinas da geografia, não exclusivamente tomadas com base em suas unidades temáticas. Assim, urbanistas, geógrafos urbanos, sociólogos urbanos, entre outros, criam seus diagnósticos sobre o quadro urbano em escala nacional, como é o exemplo do esforço da rede de pesquisadores do Observatório das Metrópoles em construir metodologias padronizadas, que sirvam para a comparação e estudo das metrópoles brasileiras. Os **geólogos**, como Fernando Flávio Marquês de Almeida, trabalham para a identificação de um quadro geológico nacional, enquanto **geógrafos** como Jurandyr

Sanches Ross e o Laboratório de Geomorfologia da Universidade de São Paulo (USP) buscam conceituar os compartimentos da geomorfologia brasileira. Os exemplos seguem e demonstram a contribuição das diversas disciplinas para a compreensão desse quadro geral da geografia do Brasil, por meio das suas diversas divisões temáticas.

Por outro lado, a **Geografia do Brasil** – assim, com letra maiúscula – busca compreender a geografia do Brasil por meio de um primeiro esforço, que é o de **síntese escalar** e de **síntese temática**. Na síntese escalar, a Geografia do Brasil, assim como as demais disciplinas, busca compreender os diferentes fenômenos, na mediação realizada pelo território nacional e interessa-se, portanto, pelo clima brasileiro, pela rede urbana nacional, pela geomorfologia brasileira, pelas migrações no Brasil etc., o que a caracteriza, mas ainda não a diferencia das demais disciplinas. Sua particularidade está, portanto, na conjunção dessa síntese escalar – buscar o conjunto dos estudos sobre Geografia Industrial, por exemplo, para criar um quadro nacional da geografia industrial, como distribuição das indústrias no território – com uma síntese temática, ou seja, fronteiras, clima, relevo, infraestruturas, quadro urbano e rural, população, manifestações culturais etc. Dessa forma, a Geografia do Brasil é aquela que estuda o território nacional por meio da interação dinâmica dos diversos componentes de seu espaço, tanto naturais quanto humanos.

Nesse sentido, a Geografia do Brasil é uma disciplina que parte de questões básicas: o que é o **território**? O que é o **território nacional**? O que é a **nação brasileira**? No território, como se distribuem os seus **elementos constituintes** (fronteiras internacionais, estaduais e municipais)? Como estão distribuídas as **infraestruturas**, os **biomas**, a **população**, os **recursos minerais**, as **redes de atendimento de saúde**, as **bacias hidrográficas**, os **polos econômicos** etc.?

Assim, ater-se à **distribuição espacial** desses elementos é parte fundamental da Geografia do Brasil. Dessa forma, o geógrafo que se ocupa do estudo do território nacional, como um médico que tem na memória a localização dos órgãos da anatomia humana, deve ter em mente a distribuição dos fenômenos mais marcantes na formação do território nacional, o que explica a proximidade desse campo com produtos de pesquisa como os atlas nacionais, os censos e os grandes inventários naturais.

No entanto, essa mera distribuição dos elementos não satisfaz o **conteúdo qualitativo** requerido à Geografia do Brasil e determina que o geógrafo adicione **profundidade analítica** por meio de estudos que partam de suas acepções teórico-metodológicas, bem como a prevalência de certas problemáticas no meio acadêmico e social para formular novas perguntas, crescentes em complexidade. Por exemplo: que fatores históricos foram determinantes para a distribuição espacial dos componentes territoriais brasileiros tais como eles se apresentam na atualidade? Qual é o sentido do território na formação da identidade nacional brasileira? Que princípios jurídicos têm sido utilizados pelo Estado para a gestão do território? Esses princípios têm sido efetivados, e seus objetivos alcançados pelas políticas territoriais estatais? A distribuição dos elementos componentes do território nacional revela conflitos em termos das políticas? O uso do território apresenta adequação quanto às potencialidades e às fragilidades regionais e locais?

É preciso observar que existe uma **concepção metodológica prévia** à Geografia do Brasil, ao se considerar a síntese temática e escalar nos seus estudos. Porém, as **problemáticas** a serem inseridas e a **forma** de considerá-las divergem conforme a concepção teórico-metodológica adotada, trazendo diferentes abordagens pela Geografia Clássica, Quantitativa e Crítica, por exemplo.

Por adicionar diversos escopos qualitativos à pesquisa, considerando tanto aspectos sociais quanto culturais, econômicos e ambientais na relação entre a sociedade e o território brasileiro, a Geografia do Brasil dialoga com disciplinas como a História do Brasil, a Sociologia do Brasil, a Economia Regional, a Economia do Brasil, a Geopolítica e as Relações Internacionais.

No campo interno, a geografia não só sintetiza os estudos realizados nas escalas locais e regionais mas também serve como base para a análise nos estudos dessas escalas, fornecendo o contexto geral em que se situam os fenômenos, apreendidos em diversas influências multiescalares.

A Geografia do Brasil, como veremos adiante, recebeu grandes contribuições ao longo do século XX, com trabalhos como os de Milton Santos (1926-2001), Aziz Ab'Saber (1924-2012), Jurandyr Sanches Ross (1947-), Hervé Théry (1951-) e Caio Prado Júnior (1907-1990), entre outros, bem como as contribuições do Instituto Brasileiro de Geografia e Estatística (IBGE).

No entanto, caso realizemos uma busca nas mais tradicionais revistas acadêmicas de geografia, perceberemos que ocorreu uma grande mudança na disciplina nas últimas décadas. A Geografia brasileira se tornou, por exemplo, extremamente localista. Folheando a *Revista Brasileira de Geografia* das décadas de 1960 e 1970, veremos títulos de trabalhos como "Clima do Brasil", "Relevo do Brasil Meridional", "Difusão espacial da indústria brasileira", "Aspecto da rede de cidades do Centro-Sul" etc. Tais estudos eram parte fundamental da síntese necessária à disciplina de Geografia do Brasil. A partir da década de 1980, no entanto, cada vez mais a disciplina foi se afastando da escala regional, nacional e internacional e passou a se ocupar de estudos que enfocam microbacias, bairros, vilas, pequenas unidades de conservação, um acampamento do Movimento Sem Terra (MST), um determinado polo industrial etc.

Esses estudos mais localizados são fundamentais, pois a geografia é uma **ciência multiescalar**, no entanto o predomínio deles cria uma ciência multiescalar em que as escalas regional, nacional e internacional não recebem a atenção necessária para seu entendimento no contexto contemporâneo.

Em certa medida, esse localismo geográfico está relacionado à ascensão da Lei n. 6.664, de 26 de junho de 1979, a chamada "Lei do Geógrafo" (Brasil, 1979b). Desde a regulamentação da profissão do bacharel, as oportunidades profissionais privilegiaram vagas relacionadas a intervenções em espaços de extensão territorial mais restrita – planejamento municipal, planos diretores, planos de manejo de unidades de conservação, estudos de impactos ambientais (EIA) e relatório de impactos ambientais (Rima) –, com maior atenção para as áreas diretamente afetadas, também geralmente com extensão bastante restrita, entre outros. O efeito colateral disso foi uma significativa redução do esforço da comunidade geográfica quanto aos estudos nas escalas mais amplas do espaço geográfico.

Outro desafio importante para a Geografia do Brasil está no sucateamento por que passa, nos últimos tempos, o IBGE. O órgão oficial tem a atribuição do estudo da geografia brasileira, mas se encontra com claros problemas, desde o início do desmonte das instituições estatais sob a égide do neoliberalismo que imperou na década de 1990 e de grande influência no cenário político brasileiro até o presente.

Todos os setores da instituição, suas agências de coleta, as redes de monitoramento geodésico, pesquisas e levantamentos cartográficos são afetados pelos seguidos cortes orçamentários, como ficou patente pela supressão do Censo Agropecuário e da contagem populacional que eram planejados para 2015, bem como pela drástica redução de seu quadro profissional efetivo. Diante de tal cenário, resta aos profissionais um verdadeiro heroísmo para garantir a qualidade de publicações como o *Atlas nacional do Brasil Milton Santos* (IBGE, 2010), com o agravante de o setor de geografia ser um dos mais afetados pelos cortes.

Diante de tal cenário, os estudos regionais têm sido mais considerações de economistas, conforme foi constatado pela professora Sandra Lencioni (1999). Os estudos na escala internacional e das relações do Brasil como o espaço externo avançam significativamente no campo das Relações Internacionais, por uma crescente gama de abordagens, como apontam Messari e Nogueira (2005). A escala nacional, no entanto, conta com alguns importantes trabalhos de diversos autores, mas não com uma estrutura acadêmica formada para sua análise. Além disso, no arranjo institucional da disciplina geográfica (cursos de graduação, bancos de teses, laboratórios, revistas, eventos, pós-graduações, associações etc.), há uma preocupante escassez de estudos em escala nacional, ao menos na proporção dos desafios colocados pelas questões territoriais nacionais para a sociedade.

Inúmeros são esses desafios da sociedade brasileira. Para contar somente alguns poucos, podemos destacar: elevada desigualdade regional; patente preconceito regional; distribuição, entre os entes federados, de poder, riqueza e capacidade de gestão em desacordo com o princípio federativo; intolerância com relação à diferença cultural, em um país com significativa diversidade sociocultural; elevadas taxas de desmatamento; homogeneização da exploração econômica em escala nacional, a despeito das potencialidades e das fragilidades locais e regionais; e alijamento de parte significativa da população do resultado da produção de riquezas do país, com importantes bens sendo verdadeiramente saqueados pela falta de conhecimento sobre a sua localização e exploração (nióbio, urânio e terras raras, por exemplo).

De certa forma, esses desafios estão identificados, e a estrutura estatal brasileira apresenta algumas políticas territoriais específicas para seus encaminhamentos. Unidades de conservação, políticas regionais, políticas de redes de infraestruturas, instituição de regiões metropolitanas, reservas indígenas, por exemplo, são políticas que se projetam no território e que levantam a necessidade de verificar se, em seu conjunto, são capazes de construir um espaço nacional mais justo e democrático.

Na acepção que tomamos aqui, as **questões territoriais** não podem ser encaminhadas adequadamente sem a contribuição da ciência do espaço geográfico, no contexto de um debate social que vise à construção de um **projeto territorial brasileiro**, em consonância com um amplo **projeto nacional** (político, social, cultural e econômico) de base solidária e democrática.[iv]

Assim, vemos uma ampla discussão – embora nem sempre a mais qualificada por meio de argumentos claros, senão em oposições partidárias calcadas em ranços personalistas – sobre a economia que precisamos no Brasil: queremos ser mais liberais e favorecer a iniciativa privada e o empreendedorismo, usando como fórmula a redução do tamanho e do papel do Estado ou mitigaremos as idiossincrasias do capitalismo, que tem como subproduto o empobrecimento de certas camadas sociais, em um contexto

---

iv. Devemos tomar cuidado para que a própria Geografia não se constitua como um discurso que naturalize as construções sociais e históricas. Nesse sentido, quando falamos de "projetos territoriais", "projetos para o Brasil", ou qualquer expressão correlata, destacamos a abertura para o debate, para o diálogo, que envolva a conservação das atuais estruturas de Estado, mercado, sociedade e território, seu aperfeiçoamento, ou mesmo a reflexão sobre sua completa reestruturação. Isso assim se dá porque entendemos que a **escola** é o lugar em que o conhecimento tem livre fluxo, sem doutrinação, mas com exploração da diversidade de pensamentos.

oligopolista, por meio de medidas compensatórias? Observamos outras propostas mais radicais, à esquerda ou à direita do espectro político, mas essas duas apresentam maior representatividade no debate político brasileiro nos últimos 20 anos. Também quanto aos aspectos socioculturais, podemos notar certos debates que aparecem de forma constante na mídia, nas discussões parlamentares e nas redes sociais: um grande exemplo disso é o do limite da atuação do Estado na constituição familiar, e se a união civil pode ser aberta ou não a casais homoafetivos.

Dessa forma, passam eleições e eleições e embora o território não receba atenção sequer secundária em um debate estruturado como tema político premente, na mídia, ele é bastante comentado: ocupamos áreas impróprias, sujeitas a eventos climáticos extremos, e esses ganham seus minutos de protagonismo na televisão. Os dados estatísticos apontam para um momento de ascensão do Nordeste no contexto econômico nacional, mas nas redes sociais virtuais ainda impera o preconceito em relação a essa região. Reclamamos do preço dos produtos e da inflação, mas a infraestrutura nacional perde prioridade para políticas imediatistas, como a redução de impostos para indústrias que não repassam o subsídio aos preços, na proporção devida para o efeito anticíclico esperado.

Os parcos discursos que envolvem a escala nacional se fazem de forma segmentada, temática, sem a capacidade de síntese da Geografia do Brasil. Por exemplo, assistimos às propostas sobre infraestrutura em ampla oposição às propostas de medidas sobre conservação ambiental e, assim, gastamos milhões para criar estradas que passam por unidades de conservação de proteção integral, o que inviabiliza seu objetivo.

Com isso, vemos que o debate político com base em truísmos e totalmente refratário a uma discussão aprofundada sobre os problemas do território nacional é um dos aspectos que melhor demonstram as demandas e os desafios atuais para o estudo da Geografia do Brasil.

Síntese

Vimos até aqui a concepção de **geografia**, que é integrante desse conjunto maior de discursos do ser humano sobre seu espaço, o chamado **saber geográfico**. Vimos que a geografia se destaca nesse grupo por ter um conceito definido sobre esse espaço humanizado a ser estudado de forma metódica, o **espaço geográfico**, que é uno e múltiplo, contendo a variabilidade espacial de elementos naturais, culturais, políticos e sociais, e apresentando a interação dinâmica dessas dimensões, influenciando-as e por elas sendo influenciado de formas diversas. Vimos ainda que essas interações dinâmicas são apreensíveis pelas diversas categorias da geografia (território, rede, ambiente, região etc.).

Ainda no que tange à diferenciação da geografia quanto aos demais discursos geográficos, observamos que aquela pode ser destacada por duas funções: **desnaturalizar os discursos ideologizantes** (discursos que naturalizam fenômenos historicamente construídos), entre eles os nocivos discursos chauvinistas, bem como **suplantar uma tendência à alienação dos indivíduos**, de forma a que estes possam apresentar a criticidade necessária para contribuir com o encaminhamento das questões socioespaciais e socioambientais, em um contexto de busca por afirmação da democracia.

Neste capítulo, realizamos uma primeira explanação do que é a **Geografia do Brasil**, considerando-a a disciplina que estuda a **geografia do Brasil**, ou seja, as condições espaciais brasileiras, por um caminho metodológico possível com base na **síntese temática** (aglutinação de diversos temas, como urbanização, industrialização, espaço agrário, infraestrutura, biomas etc.) e na **síntese escalar** (mediação das relações temáticas pela escala territorial nacional). Verificamos que essa subdisciplina parte de questões básicas (saber onde estão os elementos no território) para questões complexas (conforme a relevância, segundo determinado contexto e sob os auspícios de uma determinada corrente teórica). Observamos, no entanto, que a subdisciplina se encontra atualmente diante de certos desafios, destacando-se o localismo na pesquisa geográfica e o sucateamento do IBGE.

Observamos também um cenário sociopolítico que aponta para a preocupante falta de debate sobre os problemas territoriais no cenário político-eleitoral, que produz proposições territoriais parciais e conflituosas, sem visão integral. Com isso, a disciplina tem o papel de contribuir para que os diversos setores da sociedade possam se fazer cônscios dos desafios territoriais do Brasil, na busca de um projeto nacional mais justo e solidário, democraticamente formulado.

Indicações culturais

JOSUÉ de Castro, cidadão do mundo. Direção: Sílvio Tendler. Rio de Janeiro: Vídeo Fundição, 1994. 50 min.

O documentário Josué de Castro, cidadão do mundo *apresenta a vida e a obra desse intelectual pernambucano (1908-1973), cuja obra nos serve de exemplo, baseado em um método geográfico, de desnaturalização de um discurso ideológico, o discurso sobre a fome. A fome, na perspectiva de sua obra, deixa de ser um fenômeno natural, determinado por condições de variação climática, por exemplo, para se tornar um fenômeno eminentemente político.*

Atividades de autoavaliação

1. Sobre a acepção de *espaço geográfico* adotada neste livro, baseada nas ideias de Dirce Maria Suertegaray, qual das afirmações a seguir é verdadeira?

   a) O espaço geográfico, por ser uno, é a categoria central da geografia, ao demonstrar as relações entre a sociedade e seu espaço, no processo histórico de sua construção, motivo pelo qual a decomposição metodológica desse espaço, por meio de categoriais espaciais como região, rede, lugar, território etc., configura um reducionismo indesejável à geografia, pela perda da visão do todo.

   b) O espaço geográfico, por ser uno e múltiplo, é a categoria central da geografia, ao demonstrar as relações entre a sociedade e seu espaço, abrigando o jogo de mútuas influências das diversas dimensões da vida em sociedade em sua expressão espacial. Dada a complexidade do seu objeto, portanto, a geografia decompõe o espaço geográfico em conceitos operacionais, entre os quais se destaca o de lugar, que, na acepção da Geografia Cultural, com base no neopositivismo, serve à compreensão das influências culturais na decisão de alocação de empreendimentos industriais e comerciais.

   c) Podemos pensar o espaço geográfico como uno e múltiplo, aberto a múltiplas determinações, as quais podem ser lidas e se expressam por meio de diferentes conceitos. A interação dinâmica destes pode ser exemplificada pelo disco de Newton, compartimentado em diferentes cores, cada uma representando a capacidade analítica dos diferentes conceitos operacionais da geografia (região, rede, lugar, território etc.). Nessa multiplicidade, a unidade é dada pelo movimento dinâmico do espaço geográfico, representada pela unidade das cores na cor branca, com o movimento do disco.

d) O espaço geográfico, somado a outras categorias, como região, rede, lugar e ambiente, entre outras, é fundamental para a Geografia. A interação dinâmica desses conceitos analíticos, que permite reificar uma dimensão das relações entre a sociedade e seu espaço, compõe, como no exemplo do disco de Newton, a interação das partes (diversas cores) com o todo dinâmico (branco), que é compreendido na categoria central da geografia, o território.

2. De acordo com o que discutimos no capítulo, julgue as assertivas a seguir e marque a única correta.

a) Em última análise, o espaço geográfico se confunde, hoje, com a superfície terrestre, por estar toda ela sujeita a alguma projeção espacial das sociedades humanas, como os tratados internacionais de fronteiras políticas, o que faz com que este seja também o limite do potencial de análise do território. Nesse sentido, jamais se poderia considerar a bandeira dos Estados Unidos na Lua, os satélites dos diferentes países em órbita, a fase em andamento de elaboração de anteprojetos de colonização de Marte, ou mesmo a Estação Espacial Internacional como elementos cabíveis para a análise territorial, por suplantarem a superfície terrestre.

b) Ratzel formulou suas análises sobre o território por meio da hermenêutica de Herder, buscando a essência desse conceito, que se manifesta na expressão política das relações sociais, por meio da territorialidade humana que ele considerava análoga à animal.

c) Sob a égide do neopositivismo, o território foi o conceito espacial mais importante para a Geografia Quantitativa, pois esta considerava as relações de poder no comportamento locacional de diversas entidades espaciais.

d) Na Geografia Regional, segundo a escola lablacheana, a Geografia interpreta a essência regional, com base na hermenêutica de Herder, e nos conceitos de *modo de vida* e de *região homogênea*, que permitem a compreensão da construção técnico-cultural regional em face das possibilidades naturais.

3. Qual(is) afirmação(ões) a seguir está(ão) correta(s), de acordo com o que discutimos no texto deste capítulo?

   I. A Geografia do Brasil, como subdisciplina da Geografia, estuda a geografia do Brasil, conjunto de atributos humanos e naturais circunscritos ao território brasileiro, em suas inter-relações dinâmicas.

   II. O estudo na Geografia do Brasil demanda uma *síntese escalar* (mediada pelo território nacional) e uma *síntese temática*, entendida como o encadeamento de fenômenos humanos e naturais diversos e componentes do território nacional.

   III. O objeto da Geografia do Brasil é bem definido, delimitado pelas fronteiras do país e por seu conteúdo natural e humano, representado unicamente por suas infraestruturas.

   a) Apenas I está correta.
   b) Apenas I e II estão corretas.
   c) I, II e III estão corretas.
   d) Apenas I e III estão corretas.

4. Qual(is) afirmação(ões) a seguir está(ão) correta(s), de acordo com o que discutimos no texto deste capítulo?

I. O caráter sistemático da Geografia pode contribuir para a desnaturalização de discursos ideologizantes, entre eles, os discursos de ódio.

II. Um dos atuais desafios da Geografia do Brasil é o chamado *localismo geográfico* na pesquisa, bem como a estruturação do IBGE, que criou um órgão forte demais no conjunto de estruturas voltadas para pesquisa em geografia e para a primazia de uma geografia oficial.

III. A geografia contribui para a formação de uma criticidade sobre os fenômenos espaciais, de forma que os indivíduos tenham maior capacidade de atuação em diversas esferas da vida, inclusive a política, capacitando-os para o enfrentamento dos desafios relacionados ao ser humano e seu espaço.

a) Apenas I está correta.
b) Apenas I e II estão corretas.
c) I, II e III estão corretas.
d) Apenas I e III estão corretas.

5. De acordo com o que discutimos no capítulo, julgue as assertivas a seguir e marque a única alternativa correta.

a) Depreendemos do texto que o ensino de Geografia do Brasil, por apresentar uma base ética prévia do pesquisador e do professor, deve tomar um caráter doutrinário, com vistas a incutir noções vitais na mente dos alunos.

b) Depreendemos do capítulo que a base teórica subjacente considera a possibilidade de total imparcialidade da pesquisa e do ensino em relação ao objeto de estudo.

c) Depreendemos do texto que o ensino de Geografia pode ter uma base ética clara, democrática, com vistas a que as pessoas possam, de forma autônoma e intelectualmente fundamentada, tomarem suas posições políticas diversas em busca das soluções para as questões territoriais nacionais.

d) Depreendemos do capítulo que, ao enfatizar os efeitos políticos da Geografia do Brasil, consideramos que a disciplina em nada serve para outras dimensões da vida em sociedade, como a econômica, a cultural e a ambiental.

Atividades de aprendizagem

Questões para reflexão

1. É realmente possível fazer a Geografia do Brasil, ou seja, construir um conhecimento sistematizado e coerente que traga representação, interpretação e explicação adequadas sobre as dinâmicas territoriais do nosso país? Será que, pelo contrário, não se trata de um conhecimento impraticável, dada a extensão territorial do Brasil?

2. Podemos considerar que, em termos territoriais, a soma das partes é igual ao todo? E podemos considerar que a soma de estudos em escala local seja adequada para a construção de uma compreensão sobre a realidade territorial brasileira, ou, metodologicamente, devemos conceber a necessidade de uma disciplina com seu próprio ferramental metodológico, capaz de conduzir uma síntese dos elementos territoriais e novas análises sobre esse território?

Atividade aplicada: prática

Em versões *on-line* de jornais de grande circulação, ou em postagens desses jornais nas redes sociais, procure matérias que apresentem caráter polêmico, de grande repercussão e de cunho eminentemente geográfico (um exemplo atual poderia ser a falta de água em São Paulo, cujo conteúdo geográfico se encontra na sustentabilidade dos grandes sistemas metropolitanos, no clima, na gestão urbana etc.). Na seção dedicada a comentários, procure participações dos internautas que contenham argumentos que naturalizam a realidade social e retiram sua origem histórico-social. Construa um quadro com três colunas: na primeira, coloque o conteúdo dos argumentos; na segunda, indique por palavras-chave o conteúdo ideológico que você identificar, ou seja, a redução a questões naturais e inalteráveis para dinâmicas sociais complexas; e, na terceira, indique uma réplica possível com base em seu conhecimento sobre geografia.

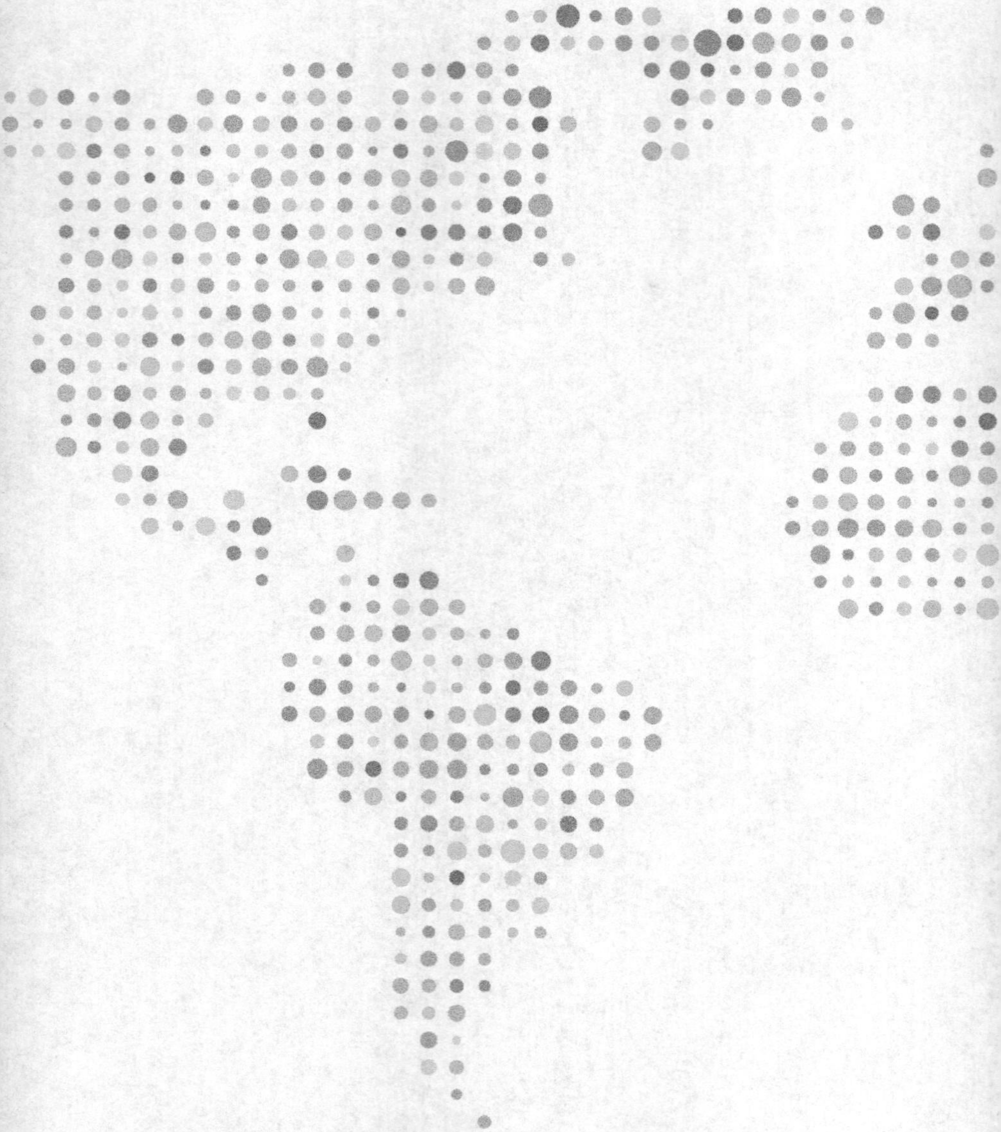

2
Discursos de ódio, desafios geográficos

No primeiro capítulo, advogamos que a **Geografia** estuda o **espaço geográfico**, uno e múltiplo, por meio de seus conceitos operativos, conforme Dirce Maria Suertegaray. Enfatizamos, ainda, que essa disciplina acadêmica apresenta um papel dentro do chamado **pensamento geográfico**, o qual, com base em uma racionalidade ética universalista, por uma constante inquirição metódica do espaço e de suas representações, colabora para a desnaturalização de discursos geográficos ideológicos que fomentem discursos de ódio, preconceituosos, xenófobos e chauvinistas, baseados no **irracionalismo** e na **alienação**. A ideia é apresentar, por meio do ensino, um instrumental teórico que forneça aos indivíduos a criticidade sobre os desafios socioespaciais.

Diante do exposto, pretendemos, no presente capítulo, qualificar conceitualmente o debate sobre certos termos que estão intimamente relacionados aos **discursos de ódio**. Faremos uma leitura sobre o **protofascismo**, que agrega a esse grande discurso diversos tipos de brutalidades irracionais, bem como certos desafios atuais para a identidade brasileira e regional, em face das crescentes manifestações de **xenofobia** e **preconceito regional**.

2.1 Discursos nacionais e suas torpezas

Adiante, trataremos de conceitos necessários ao nosso melhor entendimento dos desafios da Geografia do Brasil em face dos chamados **discursos de ódio**. Assim, tratamos de conceitos como **chauvinismo, xenofobia** e **preconceito**, entre outros. No entanto, como no território nacional as bases para os discursos de ódio muitas vezes são oriundas de uma concepção de **nacionalidade**, trataremos primeiramente do conceito de **nação**, para, em seguida, passar aos exemplos de elementos basilares e constituintes dos discursos de ódio.

2.1.1 Nação

O conceito de **nação** apresenta um uso bastante complicado por parte das ciências interessadas nas questões nacionais – a ciência política, a geografia, as ciências sociais ou as relações internacionais, por exemplo. Na Idade Média, aplicava-se o termo para identificar grupos estudantis de uma mesma área, delegados de vários territórios europeus que comparecessem a um concílio ecumênico da Igreja Católica, uma área administrativa ou uma cidade, e o conjunto de membros de uma corporação de artesãos ou comerciantes, fato que, de início, já nos mostra uma expressiva variação semântica.

A conceituação moderna de *nação* não tem mais de 300 anos. Tanto no seio do Iluminismo quanto durante as revoluções do final do século XVIII e início do XIX, que contestaram a legitimidade divina dos monarcas absolutistas, *nação* foi um conceito utilizado para legitimar um novo arranjo político.

A generalização da noção de **identidade nacional** está associada, portanto, à organização do **Estado nacional moderno**, envolvendo os discursos nacionais que, na falta da legitimidade monárquica absolutista, exaltavam um determinado caráter nacional, que exprimia a identidade de um povo, em sua relação com um território e sua necessidade de estabelecimento de um Estado.

Em certa medida, enquanto os revolucionários franceses buscavam exportar as ideias da Revolução, os ideais nacionalistas foram apresentados aos demais povos europeus como uma possibilidade de supressão da estrutura de poder absolutista, mas também como uma identidade que unia determinada população, em determinado território, à própria resistência aos franceses. Essa oposição a um inimigo externo é, de fato, muito comum na formação das identidades nacionais.

Otto von Bismarck (1815-1898) explorou a necessidade de proteção em relação aos franceses, para a unificação dos principados germânicos no Estado alemão. Por sua vez, a ostentação de uma identidade nacional que legitimasse a unidade sob um Estado no território italiano ocorreu com grande caráter de oposição à dominação austro-húngara. Ambos os casos, obviamente, foram justificados também na retórica de uma remota gênese cultural-tradicional comum.

Assim, com diversas nuanças nesse processo, a **soberania** deixou de ser legitimada pela monarquia, passando para a ideia de **nação**. Símbolos, cerimônias e discursos nacionais foram se instituindo na Europa e de lá se espalharam para o resto do mundo, com formatos diferentes nos diferentes contextos. Nos processos de descolonização, por exemplo, a identidade nacional apresentou diferenças em relação àquelas formadas no contexto europeu. Por vezes, o laço identitário não ocorreu por conta da língua, geralmente compartilhada com a metrópole, mas por uma modernização realizada pelas elites.

Nas 13 colônias norte-americanas, os cidadãos se sentiam súditos da Coroa britânica. O Primeiro Congresso da Filadélfia, que ocorreu em 5 de setembro de 1774, por exemplo, terminou com os chamados "pais fundadores" dos Estados Unidos erguendo um brinde ao rei Jorge III. Com a sucessão de desmandos britânicos e a Guerra de Independência, a oposição identitária se aguçou em relação aos britânicos e, assim, foi aberto o caminho para a formação de um discurso nacional que envolvesse as 13 colônias, vistas anteriormente como entes completamente separados em termos de identidade e política. Nesse sentido, o discurso foi canalizado pela difusão da obra *O federalista*[i] (Hamilton; Madison; Jay, 2013), que, em seus 85 artigos, demonstrava a necessidade de construção de um novo tipo de Estado, o **Estado federativo**, apoiado nas ideias de **democracia** e **participação**, bastante apelativas naquele momento pós-guerra, guerra esta que não envolveu somente exércitos norte-americanos no sentido estrito, mas principalmente guerrilhas que se assentavam na resistência de colonos de todas as partes daqueles 13 territórios.

No Brasil, por outro lado, durante o processo de formação do seu Estado, houve grandes entraves para a sua constituição sob uma identidade nacional construída em amplas bases sociais, pois a oposição identitária foi amenizada em relação aos portugueses, uma vez que o monarca brasileiro era o herdeiro do trono português. Além disso, tudo isso acontecia num contexto em que foi risível a participação popular no processo, visto que grande parte do povo estava alijada política e socialmente pela escravidão.

Cabe observarmos que onde ocorreu a maior oposição identitária em relação aos portugueses foi justamente nos centros irradiadores dos discursos revoltosos do Período Regencial (que detalharemos mais adiante, no item 4.3) e não naqueles em que o discurso político dominante exaltava a unidade da nação brasileira e sua organização política no Estado monárquico brasileiro.

No que concerne às preocupações da Geografia do Brasil, é notável que, ideologicamente, naquele contexto de independência que descrevemos, sem alteração da estrutura social profundamente desigual, as elites brasileiras justificavam o Estado

---

i. *O federalista* é uma obra clássica sobre constitucionalismo, nacionalidade e democracia e foi fundamental para a propaganda de formação da identidade nacional norte-americana. A obra, de 1787, traz 85 artigos de três autores – James Madison, Alexander Hamilton e John Jay –, além de uma carta de Thomas Jefferson a John Jay.

como um projeto relacionado à lógica colonial, ou seja, de expansão territorial (Moraes, 2005). Assim, o país se constitui como um **projeto**, mas não como a expressão de uma **nação**. Os discursos ideológicos da elite do poder se baseavam em um suposto grande destino, expresso pela grandiosidade territorial a ser submetida à exploração econômica e à ampliação do poder central.

Chabod (1967, citado por Bohman; Rehg, 2014) considera que a nação poderia ser entendia de **duas formas**: em uma, **naturalística**, a nação estaria identificada com a **raça** e as **comunidades biológicas**, como no extremismo nazista. Na outra forma, a **voluntária**, uma nação seria reconhecida como um grupo que partilharia **tradições** e **linguagem**, mas que também legitimaria aspirações políticas de autogoverno.

No domínio de um Estado sobre determinado território, devemos notar que é a **nação** que tem sido a justificativa capaz de criar certa estabilidade para esse arranjo político. Nas palavras de Resina (2004, p. 190),

> A resiliência do nacionalismo se torna mais clara quando compreendemos que o nacionalismo é o óleo que faz com que a máquina do Estado funcione suavemente. Ele não só possibilita aos governos dos Estados impelir a aplicação uniforme dos programas políticos (possibilitá-los significa aqui aumentar seu poder), como também é um recurso poderoso para os que sabem como usá-lo para promover seus interesses. Ao menos por estas razões mencionadas, o intercâmbio crescente entre os Estados não expulsa a nação do cenário político. Muito pelo contrário.

Essa visão de Resina (2004) parte de sua crítica às teorias pós-nacionalistas, para as quais a política mundial está entrando em uma nova fase, na qual pode prescindir da nação para a justificativa do pacto político-social. Uma corrente pós-nacionalista considera que pode haver um pacto constitucional-estatal com base em uma espécie de **patriotismo civil**, sem referência a uma identidade cultural nacional definida. Outra corrente entende que o Estado é cada vez menos importante, em face dos grandes fluxos globais de mercadorias, informações e pessoas, em meio à **globalização**, bem como de uma maior fluidez e até mesmo uma homogeneização das identidades, por ação do mercado global de consumo.

Como vimos na citação anterior, em sua crítica, Resina (2004) identifica que esse discurso não encontra fundamento, pois haveria, na realidade, uma maior **resiliência** da nação; e identifica também que, sem essa identidade cultural, a própria autodeterminação política e a prática democrática ficariam minadas no horizonte próximo. O que haveria, de fato, seria um preconceito da ciência em geral em relação à ideia de nação, devido aos discursos nacionalistas extremistas.

Em suma, podemos dizer que a nação é um ente político-cultural recente, adaptado para a legitimação da soberania, após a queda da justificativa divina absolutista. A formação da identidade nacional teve um processo histórico diferenciado nos países europeus, nos territórios em processo de descolonização em geral e no Brasil, onde a justificativa nacional foi bastante fraca a princípio, tendo sido alçada a um projeto territorial de país. Observamos, ainda, que a nação pode ter uma forma de adesão e outra baseada em um tradicionalismo exacerbado. Em um contexto que indica a permanência na nação no futuro próximo, cabe, portanto, que nos dediquemos adiante a observar conceitos que compõem os discursos de ódio e que retiram de uma visão naturalizante da nação a sua própria substância.

2.1.2 Preconceito e discriminação

De forma ilustrativa, podemos utilizar um exemplo simples para estabelecer a diferença entre **preconceito** e **discriminação**. Imaginemos que um empregador esteja em contato com alguns haitianos, cuja presença no Brasil tem sido notável após o terremoto no Haiti em 2010. Esse empregador pode ter uma percepção estereotipada desses haitianos, o que reduz cognitivamente sua compreensão sobre as características individuais de cada um deles e o faz nutrir até certa desafeição por suas figuras. Nesse caso, estamos diante do que chamamos de **preconceito**.

Em face de uma seleção de funcionários, se o currículo de um haitiano for o mais adequado e essa pessoa preencher as qualificações necessárias para o trabalho, seria de se esperar que o haitiano fosse contratado. Caso, com base em seu preconceito, o empregador não efetive a contratação, evitando aquela pessoa que é mais qualificada, seu preconceito teria se manifestado em **discriminação**. Caso ocorresse a contratação, seria possível que o empregador ainda nutrisse o preconceito, embora o tenha mantido dentro de seus limites cognitivos e afetivos, sem deixar que se manifestasse como viés comportamental, como discriminação.

Segundo Bohman e Rehg (2014, grifo nosso e tradução nossa),

> O **preconceito** é uma antipatia baseada em generalizações falsas e inflexíveis. O preconceito, portanto, diminui alguém a membro de algum grupo, ao qual se atribui previamente uma atitude hostil. Assim, o indivíduo é percebido, *a priori*, pela simplificação

de certamente apresentar as supostas características que definem dado grupo. O preconceito apresenta, assim, características tanto cognitivas, quanto afetivas, podendo, ou não incorrer em seu equivalente comportamental, a **discriminação**.

Embora existam autores que considerem escalas de preconceito, que estão automaticamente atreladas a atitudes – desde abusos verbais, passando por alijamento social, estigma, perseguição e chegando até ao genocídio –, parece-nos salutar essa separação, conforme a percepção de Van den Berghe (1967), que considera que não existe uma relação automática entre preconceito e determinado comportamento danoso àquele que é o seu sujeito, seja porque o preconceituoso pode não estar disposto a agir de acordo com seus pré-juízos, ou não ter poder para tanto. Nesse quadro, há um **preconceito não discriminatório**, na acepção de Van den Berghe. Da mesma forma, o autor considera que pode haver mesmo **discriminação não preconceituosa** por parte de um indivíduo. Sob essa ótica, alguém que não apresenta características afetivas e cognitivas que possam ser consideradas componentes de um preconceito em relação a determinado indivíduo ou grupo, pode, ainda assim, ser um agente discriminatório, ao obedecer a normas sociais e reproduzir padrões de discriminação.

A questão do preconceito toca em especial a Geografia do Brasil, tendo em vista que o **preconceito regional** encontrou eco em nosso país, em especial por certos grupos no Sul e Sudeste em relação aos nordestinos. Esse fenômeno foi tão significativo que foi marcante a ascensão de grupos extremistas que praticavam atos de violência contra nordestinos na década de 1980, com destaque para os *skinheads*.

Esse preconceito regional, no entanto, não é um fenômeno exclusivo dos períodos de maior movimento migratório inter-regional do século XX. Por vezes, é comum, na atualidade, a sua manifestação por meio de comentários discriminatórios nas redes sociais.

Em 2014, a vencedora do Concurso Miss Brasil, cearense, foi vítima de vários comentários preconceituosos de cunho regional nas redes sociais, em que os agressores apontavam para os aspectos estéticos atribuídos de forma preconcebida aos cearenses. Muitos comentários ridicularizavam seu sotaque, entre outros atos discriminatórios.

Da mesma forma, as eleições presidenciais, em 2014, expuseram grandes preconceitos, que, por vezes latentes, se manifestaram no calor dos embates pseudopolíticos. As redes sociais também foram palco de grandes manifestações preconceituosas de cunho regional. A mídia em geral conferiu bastante atenção ao fenômeno, que tomou grande vulto pela enorme quantidade de postagens de mensagens com esse caráter.[ii]

2.1.3 Chauvinismo

O **chauvinismo**, diferentemente do preconceito, não é composto somente de um aspecto cognitivo, por uma antipatia baseada em uma generalização das qualidades de um indivíduo, pelo grupo ao qual pertence ou supostamente pertence. Trata-se de uma forma mais complexa, pois implica **discurso**. No caso, um **discurso nacionalista exacerbado**.

Essa associação do termo *chauvinismo* a um nacionalismo exacerbado tem relação com o nome do soldado francês Nicolas

---

ii. Você pode ler mais sobre o assunto nas seguintes referências: Página..., 2014; NucCon/UFMG, 2014; Lima; Garcia, 2014; Mariano, 2014; Odilla; Motta, 2014; Ódio..., 2014.

Chauvin (c. 1780), que, durante as guerras napoleônicas, ficou famoso por seu patriotismo fanático. Assim, **o chauvinismo apresenta um caráter mais restritivo do que o da noção de preconceito**. Enquanto o preconceito pode tomar, para sua constituição, o pertencimento a qualquer grupo por parte daquele indivíduo que é o chamado preconceituoso, o chauvinismo tem sua base na noção de **pertencimento a um grupo específico, a nação** (Bohman; Rehg, 2014).

É comum, nos discursos midiáticos, observarmos a consideração de que os brasileiros são amáveis com aqueles que são oriundos de outras nações, por vezes até se colocando em posição inferior, noção que foi difundida pelo dramaturgo Nelson Rodrigues, quando popularizou a expressão "complexo de vira-lata". Para esse autor, o brasileiro seria um "Narciso às avessas", que cuspiria na própria imagem (Rodrigues, 1995, p. 22). Essa compreensão, se tomada do ponto de vista artístico, exprime uma concepção que se instalou no senso comum brasileiro e que podemos observar nas coberturas jornalísticas.

Embora não seja o nosso objetivo aqui proceder a uma verificação científica do verdadeiro alcance e as implicações desse suposto autorrebaixamento dos brasileiros em face de outras nações e de sua suposta – talvez provável – tendência de bem receber os estrangeiros, precisamos destacar sobre o assunto algumas nuanças que devemos observar, por sua afinidade ao tema central deste livro. Defendemos, portanto, que é possível, sim, encontrarmos discursos chauvinistas na história do Brasil, que matizam essa visão dos brasileiros como bons hospedeiros dos estrangeiros.

Um exemplo emblemático de ascensão do discurso chauvinista no Brasil ocorreu durante a Era Vargas. São inúmeros os episódios que trazem a sua marca, entre os quais destacamos o Decreto n. 19.482, de 12 de dezembro de 1930 (Brasil, 1934), com as expulsões de estrangeiros e os discursos durante a Constituinte de 1934.

O Decreto n. 19.482/1930, que limitava a imigração para o Brasil, após a tomada do poder por Getúlio Vargas (1882-1954) em 1930, tinha uma clara base chauvinista, ao creditar os problemas de empregabilidade aos estrangeiros. Aqui, cabe apontarmos que esse é um aspecto que torna o discurso chauvinista bastante apelativo: ao reduzir os problemas enfrentados por um determinado Estado à ameaça estrangeira, o chauvinismo tem propostas simples de soluções – na verdade, simplistas –, um aparente controle situacional, bem como a vontade de levar a cabo as suas políticas. Pelo caráter populista do governo de Vargas, no entanto, ocorreu uma seletividade no discurso. O que se restringia era o acesso de estrangeiros "de terceira classe", considerando seu suposto efeito negativo para a empregabilidade dos trabalhadores das classes baixas brasileiras. Nas palavras contidas no próprio decreto, uma das causas do desemprego se encontrava na entrada desordenada de estrangeiros, que nem sempre traziam o concurso útil de quaisquer capacidades, mas frequentemente contribuíam para o aumento da desordem econômica e da insegurança social no país (Brasil, 1931).

Ao considerarmos que os estrangeiros não trazem "o concurso útil de quaisquer capacidades" e aumentam a "insegurança social", percebemos a visão produtivista do "bom" imigrante, em oposição àquele que pode trazer insegurança social. De fato, nesse contexto, podemos compreender o segundo exemplo do chauvinismo na Era Vargas: a expulsão de imigrantes. Isso ocorre porque essa ideologia de associação da insegurança social e desordem econômica aos estrangeiros improdutivos, na realidade, era colocada como instrumento de repressão contra imigrantes que auxiliaram na formação de movimentos operário-grevistas nos primeiros 30 anos do século XX, com destaque para o papel dos imigrantes italianos.

Por fim, entre outros atos, como a limitação do percentual de estrangeiros que poderiam trabalhar nas fábricas e na produção agrícola, a própria prática discursiva durante a Assembleia Constituinte de 1934 apresenta exemplos fundamentais dos discursos chauvinistas.

Marco Antônio Villa, em seu livro *A história das constituições brasileiras*, mostra-nos que, durante a Constituinte de 1934, o discurso de valorização do trabalhador nacional apresentava, de forma muito simplória, um alto grau de desqualificação dos estrangeiros. Villa (2011) revela que esse discurso também associava ao chauvinismo o **racismo**, especialmente contra asiáticos e africanos.

Recentemente, no seio de algumas manifestações contra médicos cubanos, que vieram ao Brasil para preencher vagas em rincões do nosso território pelo Programa Mais Médicos do governo federal, foi possível percebermos o embrião do chauvinismo, um **protochauvinismo**, que lançou sobre os estrangeiros parte do fardo da culpa dos problemas da saúde brasileira. Assim, no Ceará, muitos cubanos foram recebidos por médicos brasileiros, sob gritos que os chamavam de "escravos".[iii] É interessante observarmos que, assim como no Estado Novo, a aspereza em relação aos estrangeiros nesse episódio também se fez investida de um discurso de proteção do trabalho para os brasileiros.

Outro exemplo marcante que temos atualmente são os discursos contra haitianos e imigrantes de países africanos, em tom alarmista, como se estes, além de supostamente "roubarem empregos", viessem ao nosso país com propósitos militares. Foi

---

iii. Você pode ler sobre o assunto em Talento, 2013.

notável, em meados de 2015, a repercussão desses casos na mídia e nas redes sociais. Um caso que chamou muito a atenção foi a gravação de uma abordagem de um fundamentalista diante de um frentista haitiano, a quem acusava de ter treinamento militar e buscava "alertar" à sua audiência sobre um "estado de guerra".[iv]

Por fim, cabe ressaltarmos que, por conta de sua característica eminentemente nacionalista, dificilmente o termo *chauvinista* é utilizado para descrever discursos de ódio no interior de uma mesma nação ou país. No caso brasileiro, a sua aplicação parece pouco adequada para indicar os discursos hostis em relação a pessoas oriundas de diferentes regiões do país.

2.1.4 Xenofobia

O conceito de *xenofobia* é tratado principalmente por suas características psicopatológicas. *Xénos*, do grego, indica "estrangeiro", enquanto o sufixo *phobia* significa um "medo desproporcional", uma reação desproporcional a algum perigo, verdadeiro ou imaginado.

Nesse sentido, o termo xenofobia enfatiza o **aspecto psicopatológico,** tanto em termos de **psicologia do indivíduo,** quanto em seus efeitos na **esfera social.** Dessa forma, o conceito parte da consideração sobre a formação da identidade de um indivíduo em relação ao "outro", de uma determinada sociedade em relação a outra, bem como em suas oposições. Isso ocorre desde a oposição entre irmãos até a oposição entre grupos sociais. Assim, em termos simplificados, a formação da identidade, que não prescinde de uma oposição com o outro, pode padecer dessa "enfermidade" (Bohman; Rehg, 2014).

---

iv. Você pode encontrar uma matéria sobre esse assunto em Oliveira, 2015.

Na esfera social, os forasteiros, os estrangeiros são aqueles que apresentam uma língua ininteligível, costumes estranhos, o que causa estranhamento. Isso, por vezes, está atrelado à admiração e ao fascínio, mas também pode passar a manifestar-se como um medo que vai além de um limiar razoável, tornando-se uma desproporcional reação de ojeriza.

Tanto no âmbito do indivíduo quanto no do grupo, a xenofobia é a expressão de um mecanismo de **defesa identitária**. No âmbito social, ela apresenta algumas implicações: uma **reificação de vários tipos de nacionalismos** e uma **exaltação cultural própria**, bem como uma **tentativa de banimento e destruição da cultura diversa**, em busca de uma determinada "pureza" cultural (Bohman; Rehg, 2014).

A xenofobia não se manifesta necessariamente por meio de atitudes hostis em relação aos estrangeiros, mas também pode se manifestar por pena e pela inferiorização de outra cultura. Outra manifestação da xenofobia pode tomar a forma de uma exaltação acrítica de outra cultura, esvaziando-a de significado, pela atribuição de um caráter estereotipado e uma qualidade meramente exótica (Bohman; Rehg, 2014).

Em meados de 2014, os jornais brasileiros documentaram situações que podem ser caracterizadas como expressão de xenofobia, com atitudes hostis direcionadas a haitianos e africanos. O surto da doença pelo vírus Ebola, no oeste da África, camuflou o medo generalizado de pessoas de origem africana em medo de transmissão de doenças no Brasil. De fato, vemos aqui uma grande mistura de preconceito, discriminação e racismo, que reduziu imigrantes oriundos de porções tão distantes da África e da América a "portadores de doenças", somente pela cor da sua pele.ᵛ Ainda é exemplo de xenofobia a crescente paranoia de que haitianos e senegaleses estariam se encaminhando para o Brasil como parte de uma estratégia paramilitar.

Comumente, o conceito de *xenofobia* é considerado de difícil aplicação em questões de oposições identitárias internas a um país, pois o termo é relacionado de forma mais direta à oposição a estrangeiros. Parece-nos, no entanto, que ocorre uma redução da amplitude do fenômeno sob essas considerações. O estrangeiro, o *xénos*, não é somente aquela pessoa oriunda de outro país, mas a que estabelece outra identidade nacional. Nesse sentido, não há como negarmos a questão das **nações indígenas brasileiras**, com sua cultura profundamente diferente da predominante nas áreas mais urbanizadas do país.

As populações indígenas, que apresentam uma cultura tão diversa daquela manifestada nas regiões urbanas do país, sofrem um processo de "estrangeirização" no território do qual são nativos. São olhados por uma ótica produtivista e desenvolvimentista, em discursos que os apontam como indivíduos improdutivos. Trata-se de um estranhamento extremamente nocivo, calcado em uma concepção de que o produtivismo é universal, e que as culturas que não o desenvolveram são inferiores, não civilizadas. Trata-se, portanto, de uma forma muito peculiar de xenofobia, pois não se trata de um estrangeiro, mas da estrangeirização de um nativo.

Outro aspecto importante encontra-se na tentativa de negação da identidade nacional própria desses grupos, por uma assimilação à identidade nacional, sem o respeito à sua forma particular de visão de mundo, de cultura desses povos, que se choca com os valores produtivistas dos demais grupos do país. Em choque,

---

v. Você pode encontrar matérias sobre o assunto nas seguintes referências: Imigrantes..., 2014; Richard, 2014; Ruschel, 2014.

esses grupos passam a ser considerados "vagabundos", compostos por pessoas que não trabalham. As formas de trabalho atuais, historicamente construídas, passam a ser consideradas como parâmetros universais de civilidade.

Aqui, dois aspectos tocam em especial a Geografia do Brasil: a **simplificação das questões indígenas** sob indicadores que refletem uma cultura externa a esses povos, além do **conflito territorial** com as terras indígenas.

Levantamentos estatísticos comumente utilizados nos estudos em Geografia do Brasil – segundo indicadores como o Índice de Desenvolvimento Humano (IDH), índice de GINI, longevidade, renda, acesso à educação etc. – englobam todo o território do país, inclusive as áreas indígenas. Esses recursos não podem ser utilizados sem ressalvas, sobretudo com pertinência para identificar a "qualidade de vida" de territórios indígenas sob esses parâmetros. Os indígenas podem até não estar passando qualquer privação de alimentação e terem uma combinação local e autoafirmada de produção agrícola, caça e pesca, pois ainda têm um contato bastante identificado com o contexto natural que os cerca, com acesso a rios para navegação e lazer, apresentando seus problemas particulares de saúde e suas próprias soluções. Ainda assim, eles podem ter essas suas rotinas relacionadas a seus valores, reduzidas a indicadores que diminuem a amplitude de suas experiências de vida, tendo os seus hábitos comparados com a alimentação industrializada e cheia de conservantes das áreas urbanas, com os lazeres cada vez mais individualizados e com a profunda redução do espaço público e da sociabilidade. Agora, com uma "menor qualidade de vida", o que resta é a intervenção, a associação dos seus territórios a lógicas produtivistas, ao problema do "desenvolvimento".

Outro aspecto fundamental para a Geografia do Brasil diz respeito a esse tipo de **estranhamento** em relação às nações indígenas, de maneira que exista uma justificativa política para a violação de seus territórios. Esse argumento da não produtividade dos indígenas, em face de uma suposta necessidade imperiosa de desenvolver o território pela produção, serve para o discurso de muitos movimentos ruralistas, que buscam avançar sobre territórios indígenas demarcados.

2.1.5 Racismo e injúria racial

A noção de **racismo** foi utilizada por muito tempo para tratar uma postura de hostilidade baseada em **características fenotípicas**, como a cor da pele ou outros atributos que marcassem uma diferenciação biológica entre as pessoas e que, supostamente, deveriam ser a base para uma hierarquização dos grupos humanos, especialmente quanto a aspectos intelectuais.

Certos discursos pretensamente científicos tentavam justificar essa noção de raça hierárquica e forneciam a base para o racismo, como a Frenologia, que, durante o século XIX, buscava associar à forma do crânio características morais e intelectuais dos indivíduos ou de grupos (Bohman; Rehg, 2014).

Ao longo do século XX, ocorreu uma significativa variação semântica no conceito de *racismo*. A aversão a indivíduos e grupos de pessoas por conta de suas características fenotípicas não é mais aceita atualmente como limite do fenômeno do racismo. De maneira geral, o racismo tem abarcado discriminações de origem nacional, de diferenças linguísticas, religião, costumes etc., em um quadro no qual os discursos discriminatórios procuram cada vez mais se afastar da referência à biologia, embora mantenham a ojeriza aos grupos com símbolos culturais distintos (Bohman; Rehg, 2014).

Nessa direção tem sido a interpretação do Supremo Tribunal Federal (STF) sobre as referências ao racismo constantes na Constituição Federal de 1988 (Brasil, 1988). Em seu artigo 4º, inciso VIII, vemos que o Brasil se rege, nas relações internacionais, pelo princípio de "repúdio ao terrorismo e ao racismo" (Brasil, 1988). Também quando trata sobre os direitos e as garantias fundamentais, especificamente sobre os direitos e os deveres individuais e coletivos, a Constituição de 1988, em seu artigo 5º, inciso XLII, prevê que "a prática do racismo constitui crime inafiançável e imprescritível, sujeito à pena de reclusão, nos termos da lei" (Brasil, 1988).

Segundo o acórdão do STF que estabeleceu a interpretação jurídico-constitucional sobre o significado de *racismo*, este

> é antes de tudo uma realidade social e política, sem nenhuma referência à raça enquanto caracterização física ou biológica, refletindo, na verdade, reprovável comportamento que decorre da convicção de que há hierarquia entre os grupos humanos, suficiente para justificar atos de segregação, inferiorização e até de eliminação de pessoas. (Brasil, 2003)

No campo jurídico-penal, portanto, o termo *racismo* tem sido bastante utilizado, embora, como conceito analítico-social, por vezes, a grande sobreposição de diferentes formas de discriminação nele contidas reduza sua potencial contribuição para a análise.

Assim, o racismo atinente ao artigo 5º do texto constitucional tem sua aplicação penal disciplinada pela Lei n. 7.716, de 5 de janeiro de 1989. Segundo a referida lei:

Art. 1º Serão punidos, na forma desta lei, os crimes resultantes de discriminação ou preconceito de raça, cor, etnia, religião ou procedência nacional.

[...]

Art. 20. Praticar, induzir ou incitar a discriminação ou preconceito de raça, cor, etnia, religião ou procedência nacional. (Brasil, 1989a)

O texto da Lei n. 7.727, de 9 de janeiro de 1989 (Brasil, 1989b), conforme também podemos notar, confirma essa amplitude da aplicação do que se considera racismo. No entanto, no plano jurídico, este não pode ser confundido com a **injúria racial**. O racismo é uma prática que não individualiza, que busca a retirada de direitos, da dignidade e o menosprezo a determinado grupo, indistintamente. Por exemplo, ao colocar uma placa que sinaliza o impedimento de acesso a muçulmanos em determinado edifício, os agentes estariam praticando racismo, por sua ofensa ao grupo, de forma genérica. Por sua vez, a injúria racial fica bem explicada no excerto adiante, de Celso Delmanto (2010, p. 305): comete o crime de injúria racial o "agente que utiliza palavras depreciativas referentes a raça, cor, religião ou origem, com o intuito de ofender a honra subjetiva da vítima".

Assim, a **injúria racial** apresenta uma ofensa dirigida ao indivíduo pelo seu pertencimento a determinado grupo, por sua raça, cor, religião ou origem, sendo juridicamente distinta do **racismo**. No Brasil, porém, de forma rotineira, os jornais descrevem os crimes de injúria racial como casos de racismo.

Assim, a Geografia do Brasil, ao tratar, entre outros aspectos, das questões regionais brasileiras, das imigrações e da diversidade étnica e cultural do país, tem, em relação à questão do racismo, um elemento importante a ser compreendido. Os discursos que procuram naturalizar interpretações racistas da sociedade, elencando a pretensa inferioridade de determinada cultura (como os modos de viver indígenas) ou que argumentam que existe uma incapacidade intelectual inerente aos habitantes de certas regiões ou ainda que se pronunciam contra a imigração por argumentos racistas devem ser desnaturalizados pela prática da pesquisa qualificada. Isso ocorre em um contexto no qual, mesmo com tão claras manifestações jurídicas a respeito, com processos que se tornaram emblemáticos pela mídia, ainda identificamos a ocorrência de inúmeros casos de racismo e injúrias raciais nos jornais.[vi]

Por fim, devemos enfatizar que, do ponto de vista jurídico, os casos de manifestações preconceituosas e discriminatórias por conta de origem têm sido tratados como *racismo*. Assim, nos últimos anos, em especial em 2014, por conta das eleições presidenciais, foram notórios os exemplos de ações do Ministério Público contra pessoas que publicaram, na internet, comentários raivosos que constituíam verdadeiros discursos de ódio, sobretudo em relação a nordestinos e nortistas.

2.2 Fascismo e protofascismo

Discutidos resumidamente alguns conceitos como *preconceito*, *chauvinismo* e *xenofobia*, entre outros, aqui passamos a tratar de uma manifestação política, social e cultural que levou essas noções ao extremo na primeira metade do século XX, o **fascismo**.

Ressalvamos, em primeiro lugar, que, embora outras formas de pensamento político e social possam carregar esses conceitos

---

vi. Você pode ler mais sobre o assunto em: Só neste ano..., 2015; Maju..., 2015; Após injúrias..., 2014.

em seu bojo, entendemos que há certos elementos sobre o fascismo que o transformam em uma pauta urgente para as discussões de diversas ciências humanas, em especial para a Geografia do Brasil. Justifica-se a necessidade de uma revisão sobre o fascismo, em primeiro lugar, pela imprecisão histórica que parece haver no imaginário popular, que o considera como algo exterminado ao fim da Segunda Guerra Mundial. Nesse ínterim, o propagandismo do cinema norte-americano, que tem na vitória dos Aliados e no protagonismo dos Estados Unidos um de seus temas prediletos, retrata o fascismo como um regime político estatal vencido de forma cabal. Dessa forma, tem-se no cinema um disseminador desse mito do fim do fascismo, sendo confundido com a sua manifestação como regime, e tendo negada a sua face como arranjo ideológico complexo no espectro político.

Em segundo lugar, temos a mudança semântica do termo **fascista**. Embora, no segundo quarto do século XX, esse termo tenha sido assumido com orgulho por grandes massas, arrematando a admiração de jornais e revistas ao redor do mundo, sendo sustentado até por ilustres filósofos da época, o termo, no decurso do pós-guerra, foi tomado por uma conotação claramente negativa para um amplo espectro social, o que fez com que, na atualidade, dificilmente vejamos pessoas se assumindo fascistas, embora seu ideário seja bastante aderente às concepções daquela corrente político-ideológica.

Em terceiro lugar, uma leitura datada e equivocada sobre o fascismo, sem considerar a grande maleabilidade de suas manifestações, deixa escapar certos aspectos essenciais ao fenômeno, que se apresenta na forma de um **protofascismo**, nas palavras de Umberto Eco (1932-2016), em seu ensaio "O fascismo eterno" (1995), que explica a complexidade e a variabilidade dos "fascismos", em suas diferentes formas de manifestações nos diversos países em que ganharam influência.

Por fim, entendemos que atualmente vivemos em um contexto de **alarmismo social**, criado em parte por uma mídia inapta em captar a diversidade de fenômenos sociais e que se atém a negatividades quotidianas e, em parte, por uma apreensão desses discursos midiáticos pelos indivíduos, não como mais um elemento para sua intelecção sobre o mundo, mas como manifestações acabadas de suas próprias experiências. Ou seja, temos um quadro em que aquilo que é mostrado nos jornais, programas de televisão, *blogs*, *sites* etc., constrói "fatos" que passam de imediato a ser considerados como vivência pelos espectadores, moldando seus medos e suas atitudes, sem maiores ponderações (Botton, 2014).

Diante de tal cenário, é comum o sentimento de vida em uma sociedade à beira do colapso, próxima da barbárie, numa espécie de **estado de natureza hobbesiano**[vii]. Em meio a isso, os discursos de ordem se tornam apelativos. Diante de uma sociedade complexa, de difícil compreensão, o discurso fascista diagnostica com "clareza" quais são os "problemas", os "culpados" pelos "males sociais", sempre apresentando as "soluções", também fáceis, carecendo apenas de uma "mão forte" para sua execução. Esse fato em si é bastante explicativo, por exemplo, do significativo aumento das representações dos setores mais conservadores da sociedade no Congresso Federal e de sua visão totalitária, que submete ao Estado o direito de intervir nos aspectos mais pessoais da vida, chegando até à sexualidade de cada indivíduo.

---

vii. Por *estado de natureza hobbesiano*, referimo-nos às ideias de Thomas Hobbes (1588 – 1679), para quem o homem é naturalmente mau, de forma que, em estado de natureza, a vida não mediada por uma instituição política forte é composta por um tipo de anarquia catastrófica, em que a ausência de regramento enseja uma espécie de imprevisível luta de todos contra todos (Messari; Nogueira, 2005).

Em um primeiro momento, na interpretação mais comum – não necessariamente equivocada, mas incompleta – sobre o fascismo, encontramos, nos compêndios de história do século XX, uma associação da expansão do fascismo relacionada a dois elementos básicos: as **crises do capitalismo**, no contexto do imperialismo e o **fortalecimento da União das Repúblicas Socialistas Soviéticas (URSS)**, o qual colocou uma sombra de iminente revolução global sobre os países capitalistas.

A análise comum entre os historiadores, a qual associa o crescimento do fascismo com a Crise de 1929 é acurada, portanto, na medida em que considera o crescimento dos partidos no período. Esse crescimento foi bastante circunstancial, tanto por conta da crise, quanto pelo apoio recebido de setores conservadores da sociedade, que não necessariamente concordavam com seu ideário ultraconservador, mas que viam na sua ascensão uma forma de refrear a expansão e o apelo do comunismo (Vizentini, 2004).

Vizentini (2004) considera a diversidade de tipos de fascismo pelos países em que essa ideologia foi influente. Assim, aponta para os modos de fascismo italiano, alemão e católico. Vizentini destaca o **fascismo Italiano** da seguinte forma:

> A ideologia do fascismo italiano aglutina-se em quatro postulados principais: o **primado do Estado**, que nega o indivíduo como instância política, defendendo um Estado forte e centralizado [...]; o **primado do chefe**, que procura legitimar a centralização da autoridade numa liderança unipessoal ("o Duce tem sempre razão"); o **primado do partido**, que se vincula às questões ideológicas, propagandísticas e de mobilização popular; e finalmente o **primado da nação**, que constitui o elemento nacionalista e patriótico, destinado

a conduzir a Itália ao nível das grandes potências mundiais, com fins expansionistas. (Vizentini, 2004, p. 16, grifo nosso)

Com base nesse arquétipo italiano, Vizentini (2004) traça as diferenças entre suas variantes em diversos países, como Portugal, Espanha, Áustria, Hungria, Polônia e Alemanha. Parece-nos, no entanto, que o estudo histórico dos "fascismos", pela abordagem da constituição, apogeu e declínio dos partidos e regimes relacionados a esse programa político-ideológico, embora possa oferecer uma leitura acurada do fenômeno, carece de outro prisma: um olhar sobre a **cultura política** envolvida no discurso fascista. Enquanto os partidos fascista (na Itália), nazista (na Alemanha), falangista (na Espanha) e integralista (no Brasil), entre outras variantes do que se convencionou chamar de *fascismo*, têm seus marcos geográficos e históricos bem delimitados, o fenômeno do discurso fascista, como amálgama de ideias racistas, xenófobas, totalitaristas e exacerbadamente nacionalistas, apresenta uma história própria, mais nebulosa em termos de repercussão sobre as sociedades modernas.

Assim, o desafio de compreender o fenômeno cultural e político do fascismo requer de nós uma capacidade descritiva e analítica bastante aguçada, motivo pelo qual nos parece que foi o italiano Umberto Eco, renomado escritor, filósofo e semiólogo da Escola Superior de Ciências Humanas da Universidade de Bolonha, um dos analistas que melhor conseguiu interpretar a ascensão e a constituição do fascismo como discurso. Por conseguinte, parte significativa das considerações que tecemos adiante está baseada na aula magna de Eco proferida na Universidade de Columbia, em abril de 1995, em celebração dos 50 anos do fim da Segunda Guerra Mundial. Parece-nos que a arguta capacidade de descrição do escritor, associada ao método científico preciso do semiólogo, contribui significativamente para a compreensão do fascismo como discurso, por meio da noção de **protofascismo**. Essa dissociação entre o fascismo como regime e como ideário nebuloso na cultura política, na forma de um protofascismo, se encontra bem sintetizada no excerto a seguir:

> Uma vez que o fascismo de Mussolini baseava-se na ideia de um líder carismático, no corporativismo, na utopia do Destino Imperial de Roma, no desejo imperialista de conquistar novos territórios, na ideia de uma nação inteira em camisas negras, na rejeição da democracia parlamentar e no antissemitismo, não há dificuldade alguma em admitir que a *Allianza Nazionale*, nascida do antigo MSI, é decerto um partido de direita, mas com muito pouco em comum com o antigo fascismo.
>
> Nesse mesmo espírito, apesar de me preocupar com os vários movimentos paranazistas atuando aqui e ali na Europa (incluindo a Rússia), não acredito que o nazismo, em sua forma original, esteja a ponto de reaparecer como movimento de escala nacional.
>
> Mesmo assim, muito embora regimes políticos possam ser derrubados e ideologias possam ser criticadas e desautorizadas, sempre existe por trás de um regime e de sua ideologia um modo de pensar, uma série de hábitos culturais, uma nebulosa de instintos obscuros e impulsos insondáveis. Ainda existiria

um fantasma rondando a Europa (para não falar de outras partes do mundo)? (Eco, 1995)[viii]

Considerando, portanto, esse protofascismo como conjunto nebuloso de "instintos obscuros", como um discurso contraditório, Eco constrói a sua tese sobre as 14 características que seriam definidoras desse discurso. Não é a nossa intenção reproduzir todos esses pontos, que podem ser facilmente encontrados para leitura, mas destacar aqueles pontos-chave que consideramos pertinentes, tendo em vista seus traços recentes na formação de uma cultura política irracionalista no Brasil.

Muitos autores apontam para o **obscurantismo** das teorias fascistas. Vizentini (2004), por exemplo, diz que o nazismo se apoiava em teorias nebulosas, românticas, místicas e medievais. O romantismo germânico nacionalista, em oposição ao projeto de primado da razão da modernidade, por suas razões filosóficas, éticas e estéticas próprias, exaltava o irracionalismo. Este, conforme visto por Eco, é a definição do protofacismo. No entanto, parece-nos que, na argumentação do autor, esse irracionalismo suplanta aquele da corrente romântica, manifestando-se sempre que ocorre "o culto à ação pela ação". Assim, o irracionalismo considera "a ação bela em si mesma", devendo ser "implementada antes de ou sem qualquer reflexão prévia" (Eco, 1998, p. 45):

> Pensar é uma forma de castração. Por isso, a cultura é suspeita na medida em que é identificada com

---

[viii]. Por se tratar de uma referência basilar nesta obra, consultamos diversas versões do texto de Umberto Eco sobre protofascismo. Optamos por utilizar a tradução de Samuel Titan Jr., publicada no *site* do jornal *Folha de S. Paulo*, para que a indicação pudesse ser facilmente acessível a você, leitor. Essa tradução também utiliza o termo *protofascismo*, que consideramos mais adequado, em vez *Ur-fascismo*, utilizado em outras traduções.

atitudes críticas. Da declaração atribuída a Goebbels ("Quando ouço falar em cultura, pego logo a pistola") ao uso frequente de expressões como 'porcos intelectuais', 'cabeças ocas', 'esnobes radicais', 'as universidades são um ninho de comunistas', a suspeita em relação ao mundo intelectual sempre foi um sintoma de protofascismo.

Outro aspecto relevante diz respeito ao **desacordo** e à **crítica**, elementos essencialmente democráticos e típicos da modernidade, considerados aspectos positivos, por exemplo, para a Ciência. O debate e a oposição de ideias, no entanto, são vistos como traição em uma cultura tradicionalista que se ampara no medo da diferença e na hipervalorização do consenso.

Para Eco, o protofascismo apresenta um **discurso apelativo**, na sua oposição aos "intrusos", por isso seu caráter eminentemente **racista**. A leitura de Vizentini (2004) corrobora essa visão. Para ambos os autores, o racismo esteve presente, de certa maneira, em maior ou menor medida, em todas as manifestações de fascismo, justamente pela consideração do nacionalismo como relacionado a um passado imemorial e à formação de uma raça, os quais fornecem a base para a identidade da nação. Os racismos dos discursos protofascistas, de forma similar ao antissemitismo alemão, buscam construir para os inimigos uma espécie de "bode expiatório" (Vizentini, 2004). Assim, os "outros" são os "causadores dos males sociais", e os problemas da sociedade estão personificados, claros, sendo o debate uma mera perda de tempo. A solução é a ação para o extermínio daquilo que constitui a ameaça à sociedade.

Entendemos que decorre daí o apelo desses discursos, uma vez que a complexidade da sociedade moderna torna os discursos políticos inoperantes e incapazes de trazer soluções para as demandas, enquanto que o protofascismo estabelece de forma simples – simplista, na realidade – os problemas: são eles os nordestinos, os judeus, os negros, os homossexuais, os muçulmanos, entre outros. O problema, sob essa ótica, são os grupos inimigos, que devem ser combatidos.

No protofascismo, há uma obsessão pela **conspiração**, tanto interna quanto externa, que emana da identidade nacional forjada em oposição aos "inimigos". Podemos considerar que emanou daí a noção de **guerra permanente** entre os ideólogos dos regimes de ultradireita do início do século XX. Seus efeitos na atualidade devem ser estudados mais a fundo, mas observamos facilmente indícios de **chauvinismo** e **xenofobia**, notadamente nas redes sociais virtuais. A esse respeito, podemos observar diversos projetos do Laboratório de Estudos sobre Imagem e Cibercultura (Labic)[ix], da Universidade Federal do Espírito Santo (UFES), bem como os indicadores de crimes virtuais, elaborados pelo instituto SaferNet Brasil[x].

O **papel do líder** é central para compreendermos o protofascismo. Embora o líder possa ser central em outras ideologias, o destaque aqui se assenta na **justificativa populista**. O regime fascista não reconhece o direito político do indivíduo, mas sim do povo, que se expressa qualitativamente, segundo uma suposta "vontade comum". Assim, diferente da democracia, na qual se expressa

---

ix. O Labic apresenta diversos trabalhos sobre as tendências de utilização das redes sociais, sobretudo aquelas relacionadas às violações de direitos humanos. O maior e mais recente entre eles é o Painel de Direitos Humanos, que auxiliará a Secretaria de Direitos Humanos da Presidência da República a investigar casos de racismo na internet (Weber, 2014).

x. O Instituto SaferNet Brasil é uma organização sem fins lucrativos que mantém parceria com diversos órgãos federais e estaduais, notadamente o Ministério Público, com vistas a denunciar casos de crimes virtuais. Sua base de dados mantém estatísticas sobre crimes virtuais diversos, como intolerância religiosa, racismo, xenofobia e homofobia, e pode ser consultada em: <http://indicadores.safernet.org.br/>.

pela quantidade (de votos, de representantes, de partidos etc.), o líder tem o papel de ser o legítimo intérprete dessa vontade, de onde também vem a lógica do **unipartidarismo**.

Central na conformação do protofascismo é a constituição de um **empobrecimento vernacular**, uma linguagem que se conforme ao irracionalismo, ao conhecimento meramente prático e voltado para o trabalho, não para a reflexão social, política, cultural, territorial, científica etc. Trata-se de um indivíduo preparado para a obediência cega ao Estado e aos seus arranjos de poder. Nas palavras de Eco (1995),

> O protofascismo fala Novilíngua. "Novilíngua" foi inventada por Orwell, em 1984, como a linguagem oficial do Ingsoc, ou "Socialismo Inglês". Mas elementos de protofascismo são comuns a formas diferentes de ditadura. Todos os textos escolares nazistas ou fascistas tinham base num léxico empobrecido e numa sintaxe elementar, de modo a limitar o desenvolvimento dos instrumentos do raciocínio complexo e crítico. Mas devemos estar prontos a identificar novas espécies de "Novilíngua", ainda que na forma inocente de um programa popular de auditório.

O filólogo Victor Klemperer (1881-1960), por meio de uma sistematização dos seus diários do período nazista, na obra *LTI: a linguagem do Terceiro Reich* (2009), elaborou a tese de que a consolidação do nazismo se deu com o **domínio da linguagem**, considerando que, no pós-guerra, somente com o desmantelamento dessa linguagem criada pelo regime seria extinta a mentalidade nazista. Para Klemperer, houve um processo coordenado de empobrecimento, de uniformização da linguagem (Klemperer, 2009).

Na linguagem do Terceiro Reich (LTI), verificamos alterações semânticas, como a identificação de **fanático** e **fanatismo** não mais como algo negativo, mas sim positivo, associado a **heroísmo**, que indicaria que o fanatismo dos nazistas era então algo glorioso. Também é característico um grande uso de **superlativos**, que faziam de todos os atos do líder algo histórico. Destaca-se, em especial, o uso de **expressões técnicas** para se referir aos fatos sociais. Assim, os inimigos eram "liquidados", como em uma operação contábil, e as atividades nazistas em dado território "operavam em capacidade total". Essa automatização linguística das dinâmicas humanas era concebida conforme a noção do ser humano para obedecer mecanicamente às ordens, sem possibilidade de arguição (Serpa; Assunção, 2011).

Novamente, para diversos analistas, os **discursos de ódio**, portanto, passam a ser relacionados à **alienação**, na acepção que esboçamos no primeiro capítulo desta obra. É a **coisificação** do ser humano, que o torna um **objeto**, restrito em sua capacidade de criticidade e destinado unicamente a produzir e consumir bens.

Nesse sentido, **o fascismo se constitui como um conjunto complexo de ideologias**, que naturalizam os conceitos de **nação**, **identidade**, **Estado** e **liderança**, socialmente construídos, tornando-os entidades inalteráveis, que legitimam a oposição acirrada entre os povos, base extrema para o **racismo**, o **preconceito**, a **xenofobia** e todos os tipos de discursos de ódio.

Nesse contexto de **objetificação**, de **negação** do indivíduo, das diferenças, da pluralidade, sob um discurso de **medo**, de **guerra constante**, a solução é um **Estado totalitário**, que pretende controlar todas as esferas da vida, da linguagem à sexualidade, do pensamento à ação, da iniciativa econômica à identidade.

2.3 O fascismo nosso de cada dia

Até aqui, discutimos alguns conceitos importantes, base dos discursos ideológicos de ódio (preconceito, discriminação, racismo etc.), bem como alguns casos identificados de sua manifestação em nosso país. Em seguida, vimos um **macrodiscurso**, que agrega todos esses sentimentos, discursos e atitudes de ódio, o **protofascismo**. Agora, discutiremos algumas manifestações recentes de indícios de protofascismo no Brasil, bem como o papel da Geografia do Brasil e do seu ensino na prevenção de sua expansão no ideário nacional e de suas nefastas consequências.

Nossa análise tem como foco o episódio de manifestações das chamadas **Jornadas de Junho**, ocorridas em junho de 2013. Os exemplos que trazemos para análise apresentam adequadamente o caráter de parte significativa das situações que observamos naquele momento, como ficou patente na cobertura jornalística, bem como no pensamento de diversos analistas. Adicionamos também exemplos que se tornaram notórios durante as eleições de 2014, que tiveram sua repercussão intimamente relacionada aos acontecimentos de junho de 2013.

Relembremos que as manifestações do Movimento Passe Livre (MPL), de orientação à esquerda do espectro político, principalmente anarquista, na região do Centro Novo da cidade de São Paulo, no mês de junho de 2013, em razão de um aumento de R$ 0,20 na cobrança da passagem de ônibus urbano na capital paulista, foram recebidas com truculência pela polícia do Estado, resultando em vários feridos, inclusive dois repórteres[xi], entre os quais um fotógrafo que perdeu a visão de um olho.

xi. O evento está registrado em Santos, 2013.

A repercussão na mídia dos atos da polícia paulista levou a uma resposta vigorosa da população. Nas redes sociais, os agendamentos das manifestações do MPL de São Paulo recebiam maciça confirmação de comparecimento, levando a manifestações com dezenas de milhares de pessoas, ao que se somaram manifestações organizadas pelo movimento em várias grandes cidades do país. Após algum tempo, as manifestações passaram a ter vários chamamentos públicos, sem necessariamente estar ligadas ao MPL.

De fato, em pouco tempo, participantes das manifestações começaram a repelir as identificações políticas, como as bandeiras partidárias. Eram comuns os gritos de "sem partido, sem partido!"[xii] que obrigavam qualquer partidário a baixar sua bandeira. As manifestações, que anteriormente tinham uma pauta clara, a redução do preço da passagem, considerada cara para os habitantes pobres do subúrbio, passou a ter reivindicações tidas como consensuais por alguns, tais como pautas que apontavam a insatisfação em relação à aplicação do dinheiro público em estádios para a Copa do Mundo da Federação Internacional de Futebol (Fifa), em vez de sua aplicação em áreas como saúde ou educação.

A ação dos chamados *black blocs*, ativistas com máscaras e que promoviam a depredação do patrimônio público e privado, foi rechaçada pela ampla maioria dos manifestantes. Dificilmente podendo ser chamado de *grupo*, esse ajuntamento orgânico sob máscaras precisa ainda ser mais bem compreendido, mas seus atos, sem uma proposta política clara, podem ter sido parte dos motivos do arrefecimento dos movimentos de junho.

Esse momento mostrou cismas com relação ao andamento do atual sistema constitucional brasileiro, que não se refere somente

---

xii. Você pode encontrar um exemplo desse repúdio às identidades partidárias em: Em protesto..., 2013.

à atual Constituição em si, mas à sua aplicação prática no quotidiano, em especial por meio dos diversos órgãos dos três Poderes. Por um mero "acidente de percurso", poderíamos estar falando agora de **rompimento com o sistema vigente**, em que a pressão popular poderia ter desembocado na queda da Constituição de 1988. Desse tipo de leitura, saiu do Palácio do Planalto uma proposta de convocação de plebiscito para uma Constituinte voltada para a reforma política, entre outras propostas.

Em todo o episódio, vemos aspectos que nos interessam particularmente como professores de Geografia e como pesquisadores de Geografia do Brasil. Em primeiro lugar, vemos um movimento com potência revolucionária, que poderia ter levado a um rompimento com o sistema constitucional vigente, cujas consequências ainda podem reverberar, atualmente, em uma profunda alteração do texto constitucional, conforme já apontaram os trâmites do Congresso Nacional no início de 2015.

Esse momento recente nos mostra conteúdos sociais, políticos e ideológicos importantes, que imprimem novas características aos desafios para a Geografia do Brasil. Em primeiro, a alteração constitucional é uma **alteração de projeto de país** – que vamos tratar mais a fundo no Capítulo 5 –, que inclui seu **Estado**, sua concepção de **sociedade**, de **economia**, os **princípios** e **instituições** que norteiam vários campos da vida em sociedade, bem como seu **território**. Em segundo lugar, mostra que há no país o espectro de um protofascismo, que se apresenta diluído em parcas ideias professadas de forma difusa, mas canalizadas nas redes sociais, formando um tipo de **discurso nebuloso**.

O aumento do uso das redes sociais virtuais foi marcante e trouxe para essas redes um papel relevante nas eleições de 2014: daquele momento em diante, houve a prática de propagação de discursos políticos, no formato de *memes* – mensagens curtas e com algum desenho, com apelo sarcástico. De junho de 2013 até 2014, portanto, vimos uma ascensão de mensagens que corroboram a nossa concepção da presença de um discurso protofascista em nosso país, ainda como ideias esparsas, que por vezes apresentam impulso em núcleos extremistas, são divulgadas randomicamente e formam uma orientação política extremista que vê a constituição de seus próximos líderes a arregimentá-la partidariamente no futuro próximo.

Posto isso, no quadro adiante apresentamos alguns elementos esparsos no tempo e com origem, muitas vezes, em atores diferentes. No entanto, essa disseminação, difusa na sua origem, teve – e ainda tem tido – nas **redes sociais** um canal preferencial de veiculação, sujeitando cotidianamente as pessoas a esse conjunto de ideias, que se articulam de forma nebulosa à maneira como observada por Umberto Eco.

O Quadro 2.1 mostra alguns elementos que encontramos e que apresentam evidências da formação desse **discurso de ódio**, que pode estar ainda latente, em formação, no Brasil. Em um primeiro momento, apresentamos a exaltação exacerbada de **símbolos nacionais** por um viés **unipartidarista**. Como demonstramos anteriormente, o discurso nacionalista tem dois vieses clássicos: um mais racial, outro por adesão. Nesse sentido, para as unidades políticas fundadas posteriormente à queda do absolutismo europeu, não há necessariamente uma avaliação de positividade ou negatividade em termos de exaltação desses símbolos, que podem até servir como elementos de coesão política e sociocultural, aspecto que somente poderia ganhar negatividade, diante de um projeto de superação dos Estados nacionais. A sua aliança, no entanto, com uma visão unipartidarista, nega a política e a democracia, que apresentamos aqui como bases de uma racionalidade moderna e calcada na possibilidade de diálogo e de ambiente para vitória dos melhores argumentos, na acepção de Habermas (1994, 2012).

Quadro 2.1 – Elementos protofascistas nos discursos das redes sociais virtuais, cartazes, gritos de ordem e vídeos, entre junho de 2013 e novembro de 2014

Elemento protofascista	Frase em rede social/cartaz/grito de ordem/vídeo
Exaltação exacerbada de símbolos nacionais por um viés unipartidarista/uniparditarismo	"Nem direita, nem esquerda, somos Brasil!" "Fora todos os partidos!" "Sem partido! Sem partido!" "Não temos partido! Nós somos Brasil!" "Meu partido é meu país!"
Valorização do consenso e repúdio à dissensão	O grupo *Anonimous* cria vídeo com as cinco causas para as manifestações (Grupo..., 2013).
Empobrecimento vernacular	Uso excessivo do modelo de *meme* como veiculador de discussão política.
Racismo/formação da identidade do inimigo	Ódio expresso contra os nordestinos e apologia ao separatismo após as eleições de 2014. Manifestações de ódio contra pobres, pelo mote de estes receberem auxílio de programas assistenciais.
Totalitarismo e ditadura, e negação da democracia	Manifestações após as eleições de 2014, com bandeiras que demandavam intervenção militar no país, em especial nas manifestações de 15 de março de 2015.

Sob essa ótica, vimos, no Brasil, inúmeras manifestações que negavam a política como espaço da diferença e do dissenso. O **consenso**, no entanto, perseguido como um fim sem a mediação da democracia, depende da reificação de laços identitários maiores, prévios, inatingíveis, por isso a exaltação exacerbada do **nacionalismo** e a negação das diferentes correntes de pensamento, manifestas pelas diferentes bandeiras de movimentos, partidos etc. Essa é, ao mesmo tempo, uma **negação da história**. As bandeiras de diferentes movimentos marcaram ao longo da história brasileira a presença de diferentes correntes de pensamento em coalizão por alguma causa, sejam as Diretas Já, sejam as próprias manifestações do MPL, que iniciaram os processos ocorridos em junho de 2013 e que sempre toleraram diferentes correntes progressistas, embora tenham um caráter marcado por influências anarquistas.

A **hiperexaltação do consenso** se baseia nessa **negação do dissenso**, na **reificação de símbolos nacionalistas**, bem como avança para outro elemento irracionalista, a **redução das pautas políticas a truísmos**, a **chavões** que compõem uma falsa pauta, formada, em especial, pela análise apressada dos fenômenos, negando a ponderação sobre os diferentes lados, os diferentes olhares políticos envolvidos.

Um exemplo característico foi a grande propagação das chamadas *cinco pautas*[xiii], organizadas pelo grupo de *hackers* chamado *Anonymous*. Buscando se instituir como a vanguarda do movimento, o grupo, em face das críticas midiáticas sobre a falta de pauta dos protestos, articulou essas pautas, entre as quais figurava a derrocada da Proposta de Emenda Constitucional (PEC) n. 37/2011 (Brasil, 2011), alegando que se tratava de uma manobra para ampliar a impunidade no país, pela supressão de poderes

---

xiii. Você pode encontrar as "5 causas" do grupo Anonymous em: Grupo..., 2013.

de investigação do Ministério Público (MP). Embora a preocupação com a impunidade e a busca de participação popular para combatê-la seja louvável do ponto de vista de tantas correntes do pensamento moderno, o que vimos foi uma **redução da pauta a truísmos e sofismas**, que negavam voz aos argumentos em debates já em andamento, em face de um **suposto consenso**. De fato, a Constituição Federal não reserva ao MP a atribuição de investigar, mas sim às polícias judiciárias (federal e civil). No entanto, surgiu, no seio do MP, uma teoria que defendia que esta instituição poderia fazer o papel de investigador, a despeito de a Constituição Federal de 1988 ser silente sobre o assunto. A PEC, portanto, estava relacionada às discussões de liberdades individuais e dos limites do Estado, em que se lança o debate de ser lícito aceitar provas produzidas pelo órgão que é responsável pela acusação.

Independentemente do posicionamento – se a favor ou contra a matéria –, o perigo se encontra na prática política baseada no **alarde** e no **esvaziamento do debate**. Tal esvaziamento tomou a forma de **redução vernacular**, pela alcunha de "PEC da Impunidade" a uma discussão jurídica que carece de apreciação popular mais qualificada. Trata-se, portanto, de um exemplo de **imaturidade na cultura política**, que é uma das fragilidades que permitem o **avanço dos discursos reducionistas**, embriões do protofascismo.

No caminho dessa observação sobre a redução do poder de uma linguagem mais complexa na avaliação dos debates políticos, o contexto atual nos mostra um desafio significativo pela generalização da **linguagem curta**, com base nos chamados *memes*, como definimos anteriormente, mensagens curtas e seguidas de algum desenho, com apelo sarcástico. O desafio, que tem repercussões sobre o ambiente de ensino em geral, toca em especial à geografia, por conta da utilização dessa linguagem como meio preferencial de formação das opiniões políticas. Não se trata de um perigo pela sua utilização, mas pela sua **generalização como mecanismo preferencial**, cujas implicações ainda necessitam ser estudadas mais a fundo.

Agrava o contexto que apresentamos até aqui a **formação da identidade do inimigo**, no lugar do **politicamente oposto**. Trata-se de um fenômeno que apresenta um desafio às disciplinas escolares, em especial à Geografia, sobretudo por meio de suas contribuições em Geografia do Brasil. Isso ocorre porque, nesse quadro de reducionismo da realidade política, social, cultural e, em especial, territorial, o **discurso irracionalista** deve constituir os inimigos, que vão garantir a busca pelo consenso. Nesse ínterim, temos os estrangeiros, os pobres e os habitantes de certas regiões do território como principais alvos.

Essa constatação traz um novo olhar ao episódio do ataque classista dos médicos cearenses aos cubanos recém-chegados em agosto de 2013, que referimos acima, bem como à escalada de manifestações de ódio regional que ocorreu em outubro e novembro de 2014, por ocasião das eleições presidenciais. A reeleição da presidente Dilma Rousseff, naquele momento, por votos de todo o país, foi reduzida a argumentos de vitória no Norte e no Nordeste, que passaram a ser diminuídos a redutos de "voto de cabresto", por conta de sua suposta orientação política baseada simplesmente nos programas de assistência à renda familiar.

O episódio contou com várias atitudes racistas e de injúria racial nas redes sociais virtuais, bem como apresentou até manifestações pró-intervenção militar. Embora essas manifestações tenham sido muito difundidas, sem necessariamente ter um pressuposto partidário mais organizado, compondo um racismo atrelado ao protofascismo que é identificado por Umberto Eco, não podemos deixar de notar, porém, a conveniência desse fato para a difusão de um ideário com origem mais clara e com agenda definida. Falamos aqui da utilização de argumentos difundidos por grupos extremistas organizados, identificados pelo Ministério Público Federal (Mags, 2014).

Esses fatos demonstram que os discursos racistas de base regional persistem no Brasil e que estes podem comprometer um projeto solidário de país. Novamente, podemos ponderar que seria difícil essas células nazistas ou de causas separatistas chauvinistas se consolidarem no cenário atual, mas o seu efeito sobre questões políticas territoriais pode ser pernicioso, com seu propagandismo embrutecendo a capacidade de enxergar a diversidade social no nosso território, de forma a impedir que se estabeleçam futuras propostas com vistas à erradicação da miséria, ao desenvolvimento regional e à redução das desigualdades regionais – aspectos importantes no nosso atual projeto constitucional, conforme discutiremos no Capítulo 5.

2.4 O desafio para o ensino de Geografia do Brasil

Como já nos posicionamos no primeiro capítulo, entendemos que não existe conhecimento científico isento, dos pontos de vista ético, filosófico e até mesmo estético – há uma noção daquilo que é belo no conhecimento, mesmo de admiração pelo avanço da ciência. Essa posição baseia-se em nossa leitura de Habermas (2012), filósofo cuja obra apresenta um profundo interesse sobre a **democracia** e sobre o **agir comunicativo,** bem como a capacidade de promover o trânsito dos diversos discursos para que a concordância e a discordância sejam atingidas em sociedade, com fundamento na apreciação clara das ideias, permitindo a vitória dos melhores argumentos.

Diante desse quadro, a teoria sobre **irracionalismo** que apresentamos até o momento, de forma ensaística, embora ainda se encontre em processo de manifestação, é um desafio para o fluxo do conhecimento, para a capacidade de intelecção do mundo, sendo, portanto, um desafio para a própria instituição escolar, dado que sua função é aquela mesma do enriquecimento do indivíduo pelo contato com os saberes historicamente construídos.

No caso específico da Geografia do Brasil, entendemos que a disciplina, ao tratar do território nacional, debate justamente um dos temas que podem fornecer substrato a esses discursos de ódio, compondo estes, portanto, um de seus maiores desafios na atualidade. No entanto, como contraponto, o **território** pode ser o lugar do **diálogo**, da **oposição** (científica, cultural, religiosa, filosófica e, principalmente, política) **saudável e necessária** para uma **visão multidimesional** da realidade e dos problemas comuns que a nossa sociedade enfrenta, por meio do exercício da tolerância.

A interligação dos fenômenos naturais, sociais, culturais e econômicos no território demonstra que carecemos de um ambiente democrático profícuo, para que possamos lidar com esses problemas. Essa é uma das vantagens da visão geográfica no que diz respeito à sociedade brasileira, como veremos nos próximos capítulos.

Síntese

Conforme apresentamos no primeiro capítulo, de forma sintética, a geografia, a Geografia do Brasil e a Geografia Escolar têm o papel de estimular o amadurecimento intelectual dos indivíduos, de forma que estes se posicionem conscientemente em face de seus papéis políticos e, também, diante dos discursos de ódio. Em face disso, no Capítulo 2, avançamos sobre aspectos relacionados a esses tipos de discursos.

Em primeiro lugar, buscamos qualificar o debate pela delimitação dos conceitos de **chauvinismo** (discurso nacionalista exacerbado), **xenofobia** (materializada, entre outras formas, em um medo desproporcional da figura do estrangeiro), **racismo** (discurso de ódio ligado a etnia, raça, origem, idade etc.), **preconceito** (antipatia baseada em generalizações falsas e inflexíveis) e **discriminação** (alijamento social causado por preconceito ou obediência a comandos preconceituosos).

Por estar intimamente atrelado ao objeto de estudo da Geografia em escala nacional e à origem dos discursos de ódio, vimos que o conceito de **nação** apresenta duas concepções principais: a de **adesão**, por considerar pontos culturais em comum a uma comunidade que pretende o autogoverno, e a **racial**, em que a comunidade é vista como autodeterminada por um passado imemorial.

Seguimos, de forma ensaística, na composição de um quadro que caracteriza o desafio da Geografia Escolar e da Geografia do Brasil em face do **protofascismo**, sobretudo na acepção de Umberto Eco, que o considera como um conjunto nebuloso de noções irracionalistas (racismo, nacionalismo exacerbado, antidemocracia, culto ao líder etc.), bem como demonstramos que o Brasil apresenta uma série de indícios – embora ainda passíveis de maior aprofundamento para seu correto diagnóstico – de formação desse protofascismo (negação da política como oposição de ideias, racismo, empobrecimento vernacular, apelo à ditadura etc.), por vezes nebuloso, emanado de diferentes atores, ocasionalmente com núcleos claros e com agendas definidas, que procuram cada vez mais ser influentes por meio das redes sociais virtuais.

Indicações culturais

O GRANDE ditador. Direção: Charles Chaplin. Los Angeles: Charles Chaplin Film Corporation, 1940. 126 min.

O grande ditador, *de Chaplin, é um entre os filmes que apresentam uma importante reflexão sobre a questão ética da convivência humana e sobre a redução da humanidade a comportamentos mecânicos, desprovidos de solidariedade.*

Atividades de autoavaliação

1. Sobre os conceitos que apresentamos neste capítulo, qual das afirmações a seguir é verdadeira?
   a) Por uma postura abrangente na sociedade brasileira de sempre ver positivamente a figura do estrangeiro, nunca se presenciou na história do país a instalação de políticas chauvinistas.
   b) A xenofobia tem um caráter de discurso que não se baseia em aspectos psicológicos do indivíduo.
   c) Do ponto de vista jurídico, racismo e injúria racial são diferentes, sendo o primeiro um ato hostil contra toda a comunidade pertencente a determinado grupo étnico, religioso, regional etc., enquanto a segunda é a depreciação a um indivíduo específico, baseada no pertencimento a um grupo.
   d) O preconceito, invariavelmente, manifesta-se em práticas discriminatórias.

2. De acordo com o que discutimos no capítulo, julgue as assertivas a seguir e marque a única correta:
   a) Embora possam estar entre as preocupações que levam às pesquisas em Geografia do Brasil, por conta de limites teórico-metodológicos rígidos para que a façam ser

considerada como ciência, a disciplina não serve para se contrapor aos discursos de ódio.

b) Na sua pesquisa sobre o território nacional, a Geografia do Brasil não deve se ocupar de questões como xenofobia e chauvinismo, devido ao caráter amigável da identidade brasileira, que não vê traços recentes de discursos de ódio.

c) A Geografia do Brasil, no decorrer de suas pesquisas, embora deva se preocupar com questões como xenofobia, chauvinismo e preconceito regional, não deve, no entanto, se ater ao racismo, por se tratar de um fenômeno inexpressivo no país, por ser um conceito que abarca somente diferenças fenotípicas, como cor da pele, perdendo seu sentido em um país de expressiva miscigenação.

d) A Geografia do Brasil trata do território nacional, uma das bases para muitos discursos de ódio, como o chauvinismo e a xenofobia. Assim sendo, ao desnaturalizar os discursos ideologizantes de base territorial, por meio das pesquisas que mostrem as relações socioespaciais historicamente construídas, a Geografia do Brasil pode servir para a formação de uma racionalidade refratária a esses discursos.

3. Qual(is) afirmação(ões) a seguir está(ão) correta(s), de acordo com o que discutimos no texto deste capítulo?

   I. O nacionalismo somente é possível em face de uma biologização do caráter identitário, que torna a nação um conceito ligado a uma noção de *laço territorial*, *biológico* e *cultural*, formado em tempos imemoriais.

   II. O nacionalismo foi o discurso identitário em que se pautou a legitimação da construção dos Estados-nacionais, em face da queda da legitimação do arranjo de poder absolutista, baseado no direito divino.

III. A formação do caráter nacional, muitas vezes, teve um discurso nacionalista pautado na oposição a um inimigo externo.
a) Apenas I está correta.
b) Apenas I e II estão corretas.
c) Apenas II e III estão corretas.
d) I, II e III estão corretas.

4. De acordo com o que discutimos no capítulo, julgue as assertivas a seguir e marque a única correta.
a) O fascismo foi uma corrente política, baseada, entre outras coisas, em discursos de ódio. Essa corrente tem uma expressão datada no tempo, sem repercussões atuais.
b) O fascismo pode ser concebido como um conjunto de correntes e partidos políticos que tiveram grande expressividade na primeira metade do século XX, pautados, em especial, em ideias nacionalistas exacerbadas, que reverberavam em discursos xenófobos e racistas. Pode também ser analisado por uma forma de discurso nebuloso que abarca diversos discursos de ódio, com uma base irracionalista, cuja expressão temporal e espacial não é necessariamente a mesma das correntes políticas instituídas, sendo, portanto, passível de identificação ainda nos dias de hoje.
c) Umberto Eco, renomado literato, filósofo e semiólogo, analisa o fascismo por meio de um conceito chamado protofascismo, que seria a base filosófica da corrente política de Mussolini, e que foi, portanto, extinta com a derrocada dos regimes totalitários ao fim da Segunda Guerra Mundial.
d) Por ser um fenômeno atinente à história, a possível disseminação de um protofascismo não é preocupação dos

estudos em geografia, que trata do território, sem se ater aos discursos que a ele se referem.

5. De acordo com o que discutimos no capítulo, julgue as assertivas a seguir e marque a única correta.
   a) Depreendemos, do ponto 2.4, que o ensino de Geografia do Brasil deve ser claramente isento.
   b) Depreendemos, do ponto 2.4, que o ensino de Geografia do Brasil deve ser marcadamente de orientação política à esquerda, para resistir aos movimentos de extrema direita.
   c) Depreendemos, do ponto 2.4, que os discursos de ódio são um desafio para a Geografia do Brasil, pois utilizam categorias territoriais para estimular o ódio, com base em falsas obviedades e preconceitos. Em contraponto, a disciplina pode levar para a sala de aula um ensino democrático, que valorize a pluralidade de ideias, a capacidade de diálogo e a tolerância.
   d) Depreendemos, do ponto 2.4, que, embora a isenção seja impossível para o conhecimento científico, a Geografia do Brasil não pode levantar ressalvas aos discursos protofascistas, por se tratar de discursos baseados na filosofia e na ciência, com tradição moderna, sendo apenas outra forma de conhecimento do mundo.

Atividades de aprendizagem

Questões para reflexão

1. Em redes sociais como o Twitter e o Facebook, as informações (sociais, políticas, culturais econômicas etc.) são divulgadas especialmente por pequenos conteúdos (textos curtos, vídeos apelativos e os chamados *memes*). Nesse contexto, considerando

que essas redes atualmente têm sido importantes canais de interação social, quais são os riscos que apresentam para a capacidade cognitiva das pessoas? Seria possível que a predominância desse formato fosse, na atualidade, um potencial canal de alienação? Qual é o papel das redes sociais virtuais na veiculação dos discursos de ódio na atualidade?

2. Ainda sobre os discursos de ódio, reflitamos sobre a capacidade destes de interferir no território. No regime do *apartheid* sul-africano fica muito clara para nós essa influência sobre a territorialidade, como é o caso dos discursos que baseavam a política de segregação racial, proibindo o acesso da população negra aos bairros brancos. Quanto ao Brasil, país em que esse tipo de política não é institucionalizada, como podemos observar o efeito territorial dos discursos de ódio? Estariam eles interferindo nas nossas cidades? Ou ainda na forma como fazemos política para o desenvolvimento regional ou na forma como muitos resistem a políticas que visem ao desenvolvimento de regiões mais pobres?

Atividades aplicadas: prática

1. A atividade aplicada que propomos aqui mantém o mesmo padrão daquela do primeiro capítulo, especialmente porque é interesse, na presente obra, a reflexão sobre a participação da geografia na capacitação intelectual dos indivíduos para os desafios humanos, sobretudo em relação ao seu espaço. Assim, observe novamente o que as pessoas estão dizendo

em comentários que aparecem abaixo das matérias de jornais *on-line*. Aqui, no entanto, atente para os discursos de ódio de base territorial. Procure matérias sobre questões nas quais seja possível encontrar comentários racistas, chauvinistas, xenófobos e de preconceito regional. Algumas matérias podem ser sobre o ebola na África, sobre os padrões de distribuição do voto nas regiões brasileiras, sobre ciganos, sobre os indígenas etc.

2. Como sugerimos no primeiro capítulo, construa um quadro com três colunas: na primeira, coloque o conteúdo dos discursos de ódio que você encontrar. Na segunda, sumarize esse conteúdo em palavras-chave e, na terceira, também com palavras-chave, coloque possíveis argumentos contrários às generalizações e aos truísmos encontrados. Essa prática deve levar você à reflexão sobre a simplificação extremada da realidade que ocorre nesses discursos enganosos.

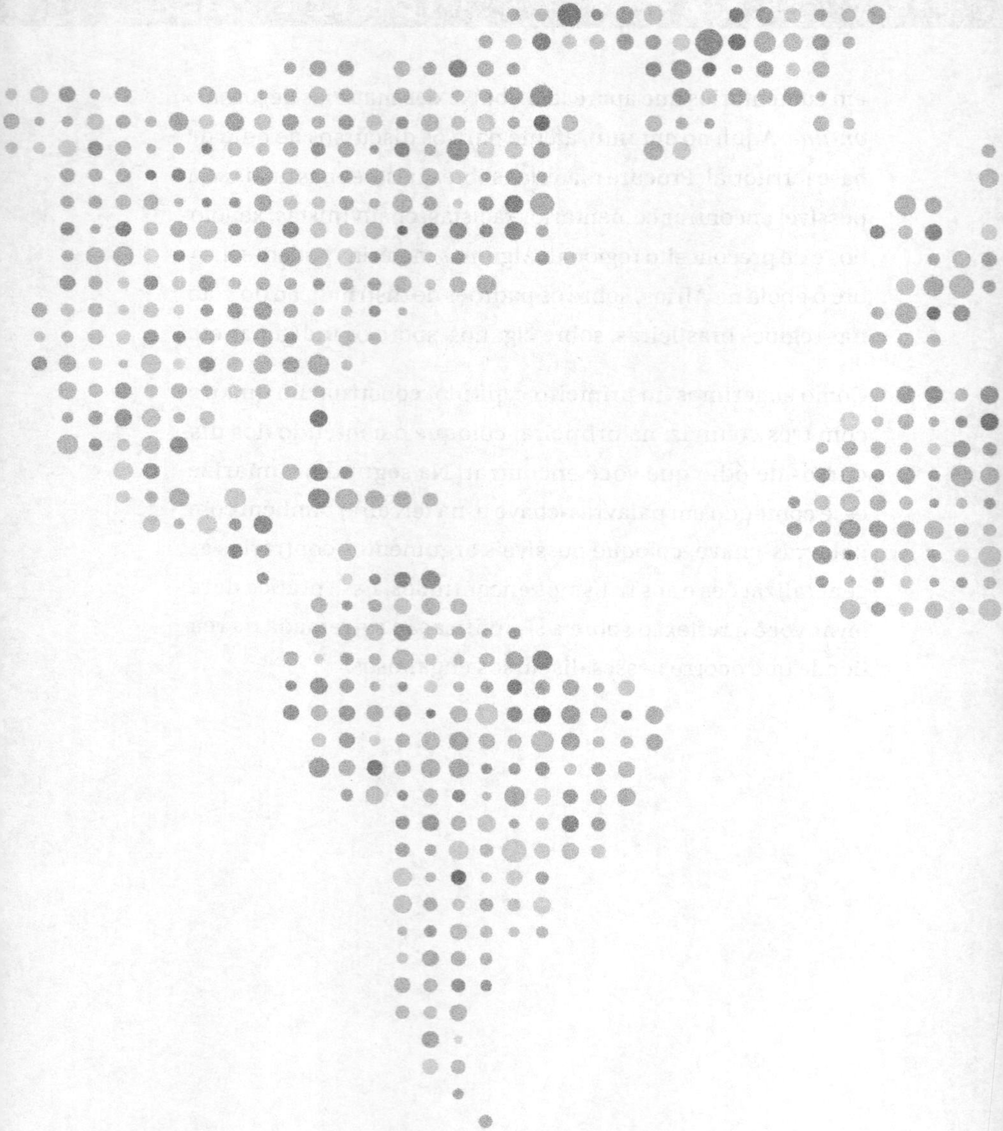

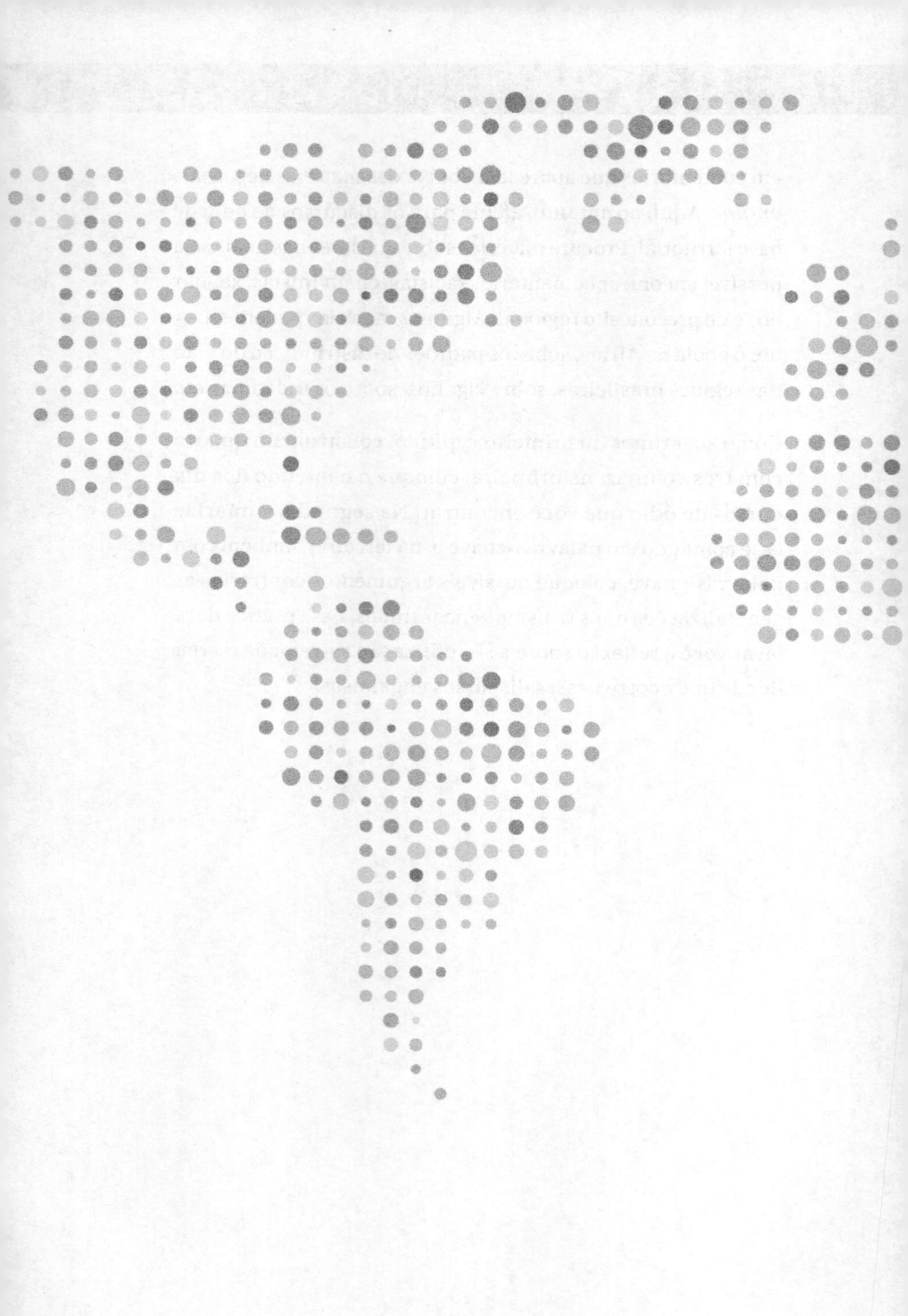

3 Quadro natural do Brasil

Como vimos anteriormente, a presente obra se pauta por diversas concepções, entre elas a ideia de que a **Geografia do Brasil**, sobretudo em nível escolar, pode servir como ferramenta para a construção do entendimento dos indivíduos sobre o caráter espacial das diversas questões políticas, econômicas, sociais, culturais e ambientais da atualidade no Brasil. Assim, a disciplina pode servir, sobretudo, como apoio à autoformação dos cidadãos, para que (quaisquer sejam as suas afiliações políticas e filosóficas) tenham capacidade de articular as questões territoriais como parte dos desafios coletivos.

No presente capítulo, avançamos na discussão sobre esse papel, por meio de uma revisão de aspectos do **quadro natural brasileiro**, que constituem não somente um substrato natural de ocupação populacional e econômica do território, mas também compõem uma dimensão de realidade da sociedade, influenciando-a e sendo influenciada por ela.

Assim sendo, adiante trataremos do quadro natural do Brasil, esquematicamente dividido em **geologia**, **geomorfologia**, **solos**, **clima** e **biomas**. Embora sintética, nossa abordagem procura enfatizar alguns conceitos que remetem aos processos constituintes de cada um desses campos do quadro natural, bem como salientar a interação dinâmica e o papel de cada um destes sobre os demais. Procuramos ainda tratar de algumas **restrições, fragilidades** e **potencialidades** desses elementos do quadro natural diante do processo de ocupação do território, além de alguns **riscos socioambientais** e elementos da **vulnerabilidade** da população a catástrofes e deterioração ambientais.

3.1 Quadro geológico brasileiro

Vejamos alguns elementos relevantes sobre a geologia do nosso território, primeiramente revisitando alguns aspectos básicos e estruturais da geologia brasileira, influências das características geológicas sobre os demais componentes do quadro natural e sobre alguns potenciais e fragilidades geológicas.

3.1.1 Processos geológicos, posição intracratônica do Brasil e sua macroestrutura litológica

A geologia do Brasil apresenta sua diversidade resultante de processos ocorridos no tempo geológico profundo, que suplanta a experiência humana e exige, para seu entendimento, grande poder de abstração de nossa parte. No decurso de seus 4,3 bilhões de anos, a Terra passou de um subproduto da formação do Sol, uma massa incandescente de material ferroso, a um planeta significativamente alterado, com estruturas geológicas diferenciadas, tanto em superfície quanto em grandes profundidades, contando ainda com uma atmosfera estratificada e abundantes massas de água em estado líquido, quadro que compõe um planeta capaz de desenvolver e abrigar a vida.

Nesse processo, as interações de **núcleo**, **manto** e **crosta terrestre** produziram a **deriva continental**, pelo processo de **tectônica** de placas, que levou a sucessivas quebras de supercontinentes[i], com separações crustais e posteriores reaglutinações. A inferência desse processo envolve a descoberta das cadeias **meso-oceânicas** e das **fossas tectônicas** (que indicam o processo de afastamento e aproximação continental), as comparações de **sequências estratigráficas** e **fósseis** em diferentes continentes (indicando áreas afastadas que já foram adjacentes), bem como a presença de **ofiólitos** (fragmentos de assoalhos oceânicos entre porções continentais), que indicam áreas onde houve a "colagem" de unidades de crostas continentais anteriormente distantes (Hasui, 2012).

Recentemente, ainda considerando o tempo geológico, o Brasil se encontra em uma **região intracratônica**, ou seja, distante das regiões em que os processos tectônicos são mais evidentes, como na cadeia meso-oceânica (bordas divergentes) e nos Andes (bordas convergentes). Isso é o que confere **estabilidade geológica** ao nosso território, com ausência de vulcanismo e terremotos destruidores, embora existam algumas falhas no embasamento, sobretudo no Nordeste, onde a energia da tensão entre placas pode se reverter em tremores de pequena escala, sensíveis para a população (Almeida et al., 2012, p. 136). Adiante, veremos que a situação de estabilidade tectônica nem sempre esteve presente no contexto geológico-estrutural em que atualmente se encontra o território brasileiro.

---

i. Podemos citar: o supercontinente Kernorano, durante o Arqueano (4 a 2,5 bilhões de anos); o supercontinente Colúmbia, que teve sua constituição durante o Paleoproterozoico (2,5 a 1,6 bilhões de anos); o supercontinente Rodínia, com seu ápice no Mesoproterozóico (1,6 a 1 bilhão de anos); o megacontinente Gondwana, que coexistiu com outras massas continentais menores, entre o Neoproterozoico (1 bilhão de anos a aproximadamente 550 a 600 milhões de anos) e o Siluriano (segunda grande divisão do Paleozoico, que se estendeu de 440 a 420 milhões de anos); por fim, o supercontinente Pangea, aglutinado no Triássico (primeira grande divisão do Mesozoico, de 250 a 200 milhões de anos) e subdivido no Jurássico (segunda grande divisão do Mesozoico, que durou de 200 a 145 milhões de anos)(Hasui, 2012).

Além da estabilidade tectônica, na escala nacional, em termos geológicos, devemos destacar a presença de dois grandes **domínios** indicados por Almeida et al. (1979), que pode ser visto no Mapa A, disponível no Apêndice ao final deste livro. Em tons de roxo, temos as **rochas mais antigas**, que vão do Arqueano (4 a 2,5 bilhões de anos) ao Proterozoico (2,5 bilhões de anos a 600 milhões de anos, aproximadamente), Éons Pré-cambrianos que se relacionam ao que Almeida e outros (1979) chamaram de **embasamento cristalino**[ii]. Por outro lado, os tons de marrom e bege formam o domínio geológico das **coberturas fanerozoicas**, incluindo rochas e sedimentos oriundos de processos do Paleozoico (550 a 250 milhões de anos), do Mesozoico (250 a 66 milhões de anos) e do Cenozoico (66 milhões de anos até o presente).

Em termos litológicos, o embasamento cristalino é composto principalmente por **rochas ígneas** (granitos e riolitos, por exemplo) e **metamórficas** (migmatitos, gnaisses e quartzitos, por exemplo), rochas muito antigas, mas preservadas por sua elevada resistência ao intemperismo. Há variações significativas no embasamento cristalino, oriundas de processos tectônicos muito antigos na escala geológica. Por exemplo, na separação do antigo supercontinente Rodínia e sua posterior reaglutinação em um novo megacontinente (grande massa continental, cercada por oceanos e outras massas continentais), o Gondwana (Ciclo

---

ii. Yociteru Hasui (2012) considera imprecisa a expressão *embasamento cristalino*, por conta de a macroestrutura contar também com rochas sedimentares e formações metavulcano-sedimentares. Na presente obra, no entanto, tomamos a expressão *embasamento cristalino* por conta da adaptação didática necessária para a discussão do tema, com vistas a atender ao preparo dos professores para ensino nos níveis médio e fundamental. O embasamento cristalino mantém ainda caráter de antiguidade, prevalência pré-cambriana, bem como de domínio de rochas cristalinas, sem necessariamente deixarmos de reconhecer que haja, também, algumas faixas de antigas rochas sedimentares.

Brasiliano), do período Neoproterozoico ao Ordoviciano[iii], de 1 milhão de anos a 440 mil anos atrás, os eventos tectônicos convergentes criaram grandes elevações, de até 4 mil metros à época, nos sistemas orogênicos de Borborema (a nordeste), Tocantins (centro-norte do território) e Mantiqueira (compreendendo o que atualmente são os pontos mais elevados do Sudeste brasileiro, como a Serra da Mantiqueira e a Serra do Mar) (Hasui, 2012).

As cadeias de dobramentos de antigos ciclos orogenéticos, como o Ciclo Brasiliano, soerguidas em momentos muito anteriores à elevação dos atuais *dobramentos modernos*, como os Andes, foram significativamente erodidas, apresentando na atualidade altitudes elevadas no território, com mais de 1.000 metros acima do nível do mar, mas muito modestas em relação ao seu ápice no passado e à altitude atual de dobramentos como aqueles dos Andes, das Montanhas Rochosas e do Himalaia. Essa é a razão pela qual é comum, em geomorfologia, ouvirmos que o relevo brasileiro é um **relevo velho** e de **altitudes pouco elevadas**, pois o território conta com embasamento em áreas cratônicas baixas ou em sistemas orogênicos bastante erodidos; contando, ainda, com **bacias sedimentares fanerozoicas**, formadas por áreas notadamente baixas[iv].

iii. Entre 1 milhão de anos e 580 milhões de anos, ocorreu o processo de **convergência e choque de placas**, causando principalmente soerguimentos (Neoproterozoico), além de outras estruturas, como falhamentos etc. Esse ciclo orogenético é denominado Ciclo Brasiliano. Há indicações no território de dois outros ciclos: Jequié, que envolveu a aglutinação de antigas peças do supercontinente Kernorano, formando o supercontinente Colúmbia; e o Ciclo Transamazônico, com a formação do supercontinente Rondínia, a partir de partes da antiga crosta do supercontinente Colúmbia.

iv. Schobbenhaus (1984) apresenta uma estrutura de menor participação no território nacional, os **depósitos sedimentares correlativos do Brasiliano**. São áreas que, embora sedimentares, não podem ser consideradas como parte das coberturas fanerozoicas, pois são remanescentes de depósitos formados ainda no Proterozoico pela erosão das zonas soerguidas no Ciclo Brasiliano. Podem ser encontradas no norte do Mato Grosso e no Sul do Pará, além de em Minas Gerais e na Bahia.

As bacias fanerozoicas são formadas por regiões que, ao longo de processos geológicos diversos no tempo, apresentaram maior competência para o acúmulo de materiais, seja recebendo material erodido de áreas mais elevadas, seja como antigas zonas áridas em que ocorreu o depósito de material detrítico, seja como áreas que contaram com avanço de antigas geleiras ou mares interiores etc. Como resultado, encontramos profundos pacotes de rochas sedimentares, cortadas por depósitos de sedimentos inconsolidados recentes, do Quaternário. Por essas razões, as estruturas são também chamadas de *bacias sedimentares fanerozoicas* (Ross, 2014).

Devemos ter em mente, no entanto, que na grande variedade litoestratigráfica no território brasileiro, encontramos também **rochas ígneas**, como os basaltos entre porções dos estados de Mato Grosso do Sul, São Paulo, Paraná, Santa Catarina e Rio Grande do Sul. Essas rochas ígneas, no entanto, não estão associadas ao embasamento cristalino e não indicam, como este, a constituição mais antiga da crosta continental. Trata-se de **derrames vulcânicos** ocorridos no Mesozoico. Da mesma forma, encontramos, ainda, **rochas metamórficas**, cujos processos genéticos se deram ao longo do Fanerozoico sobre pacotes litológicos diferentes daqueles do embasamento cristalino, e que deram origem a um arranjo bastante diversificado de rochas.

Dessa forma, a macroestrutura geológica das bacias sedimentares fanerozoicas apresenta uma litologia bastante diversificada, com **rochas sedimentares** (argilitos, siltitos, arenitos, conglomerados, calcários etc.), **magmáticas** (basaltos, diabásios etc.) e **metamórficas** (mármores, filitos, xistos etc.) (Almeida et al, 2012).

3.1.2 Algumas influências da geologia sobre os demais componentes do quadro natural brasileiro

A geologia tem um papel fundamental na evolução e na dinâmica recente de todos os demais componentes do quadro natural, o que não se encerra somente ao território brasileiro. Do ponto de vista climático, o aprisionamento, ao longo do tempo geológico profundo, de grandes quantidades de carbono em rochas, como o calcário é um dos fatores que permitem que a atmosfera terrestre tenha níveis muito inferiores de CO_2, em comparação com Vênus, por exemplo, o que faz com que o clima na Terra seja bem mais ameno do que em seu vizinho mais próximo do Sistema Solar. No caso específico da geologia do Brasil, vemos que essa fornece a base estrutural para o seu relevo. Vemos, ainda, que zonas de falhas conformam controles sobre a direção de rios importantes do nosso país. Rochas sedimentares escondidas em profundidade, com alguns pontos de captação, tornam-se aquíferos importantes, como o Aquífero Guarani. Das rochas emanam minerais que serão absorvidos pelo ambiente e incorporados às trocas de energia e matéria de plantas e animais.

Rochas básicas, como o **basalto** – comumente encontrado entre o sul do Mato Grosso, oeste de São Paulo, centro-oeste e norte do Paraná e grande parte de Santa Catarina e do Rio Grande do Sul – apresentam mais minerais ferromagnesianos, sendo propícias para a formação de solos com maior participação da fração **argila**, o que pode garantir mais estabilidade, capacidade de filtro e fertilidade, dependendo, obviamente, dos processos específicos de formação do solo. Por outro lado, **rochas mais ácidas**, com maior teor de sílica, usualmente produzem solos mais arenosos, que podem ser menos estáveis, com menor capacidade de filtro e fertilidade, ressavaldos, notadamente, os demais processos que dão origem aos diferentes tipos de solo, que podem garantir maior ou menor presença dos elementos que descrevemos.

3.1.3 Potencialidades, fragilidades, riscos e vulnerabilidades socioambientais e geológicas do território brasileiro

Observamos que a geologia brasileira apresenta **potencialidades**, sobretudo do ponto de vista do **aproveitamento econômico**. Em áreas do embasamento cristalino, por exemplo, encontramos inúmeras reservas minerais economicamente importantes para o Brasil, dentre as quais podemos destacar o **Quadrilátero Ferrífero** (ferro, manganês e ouro) em Minas Gerais; a **Serra dos Carajás** (extração de ferro e manganês, principalmente, além de cobre, ouro, platina e níquel) no Pará; a **Serra de Oriximiná** (extração de bauxita, minério de alumínio), também no Pará; além do **Maciço do Urucum** (extração de ferro, principalmente) no Mato Grosso do Sul.

Nosso país conta ainda com as maiores reservas de nióbio do mundo, 98% das reservas mundiais (Ibram, 2012), com jazidas nos seguintes estados: Amazonas, Bahia, Rondônia, Minas Gerais e Goiás. Esse minério é fundamental para a fabricação de ligas metálicas leves e resistentes, com o emprego de alta tecnologia, como as utilizadas para motores de aviões.

As áreas de bacias fanerozoicas também têm grande importância econômica, tanto por também apresentarem um pouco das riquezas minerais mais abundantes nas áreas cristalinas, quanto por apresentarem predomínio em outros itens, como areias, argilas, calcário, folhelhos etc., que são importantes insumos para diversos ramos da economia. Devemos destacar, ainda, que as grandes reservas de água em aquíferos se encontram em arenitos, nesse grande domínio litoestrutural.

Na **plataforma continental**, para além da estrutura que expusemos até aqui, merecem destaque as **reservas petrolíferas** brasileiras, em especial as **reservas do pré-sal**, exploradas a mais de 7 mil metros abaixo da lâmina d'água.

Contudo, também podemos observar algumas **fragilidades** em nosso território. No tênue equilíbrio do ambiente, as especificidades da geologia na composição do quadro natural podem indicar diferentes tipos e graus de riscos socioambientais. Tomemos, por exemplo, as áreas com **rochas carbonáticas**, como mármores e calcários que se estendem entre parte de Minas Gerais, Bahia, Goiás e Tocantins. Nessas áreas, os aquíferos subterrâneos que se formam nas cavernas, típicas de ambientes carbonáticos, são suscetíveis a contaminantes químicos, dado que tais rochas geralmente permitem a rápida percolação de líquidos derramados na superfície.

Em áreas com rochas de sedimentos grosseiros, como o arenito, é comum que haja uma maior tendência, por exemplo, a **processos erosivos**, devido a uma maior participação da fração arenosa na textura do solo. Esse é o caso do **arenito caiuá**, encontrado entre Mato Grosso do Sul, São Paulo e Paraná.

Como podemos ver, a diversa geologia do Brasil garante ao seu território um notável potencial para o aproveitamento econômico, mas também produz riscos socioambientais, que, no conflito entre as atividades humanas e o equilíbrio ambiental, podem gerar revezes para o ambiente e para a população como um todo.

3.2 Quadro geomorfológico brasileiro

Adiante, veremos, sinteticamente, algumas características básicas do relevo brasileiro, algumas influências do relevo sobre os demais componentes do quadro natural, além de seus potenciais e fragilidades em face das atividades humanas.

3.2.1 Apontamentos sobre morfogênese, unidades brasileiras de relevo e estabilidade geomorfológica

Para efeitos didáticos, podemos realizar uma separação da estrutura geológica e da geomorfologia do Brasil em termos de **gênese**. As áreas cratônicas, os cinturões orogenéticos, bem como seus depósitos sedimentares contemporâneos, que datam do Arqueozoico e do Proterozoico (muito antigos, pré-cambrianos), dão base para o território juntamente com bacias sedimentares fanerozoicas, depósitos sedimentares entremeados por áreas vulcânicas e metamórficas que datam do Fanerozoico, ou seja, os últimos 600 milhões de anos, compreendendo o Paleozoico, o Mesozoico e o Cenozoico.

Os processos de formação dessas rochas são extremamente variados, mas podemos colocar como marco os chamados **Ciclos de Wilson**, por meio dos quais supercontinentes se separam e colidem, formando novos supercontinentes (Kernorano, Colúmbia, Rondínia, Gondwana e Pangea). Correlato a esse macroprocesso terrestre, que engendra **macroestruturas**, como a **forma dos continentes** e os **dobramentos** (orogênese), outros processos também ocorrem, como a **epirogênese** (variação isostática, positiva ou negativa, da camada crustal continental em relação ao manto), o avanço de mares em áreas interiores, o avanço de geleiras, grandes períodos secos, derrames vulcânicos etc. Tudo isso fornece a estrutura para a formação do relevo atual (Hasui, 2012; Ross, 2014).

Para entendermos o relevo do Brasil, podemos manter nosso foco nesse processo do ponto de vista geológico até o Mesozoico, com a separação do supercontinente Pangea, com a posterior epirogênese da placa sul-americana, ou seja, a variação isostática da placa sul-americana no sentido geral oeste-leste, o que aumentou, por exemplo, as altitudes da Serra do Mar. Esse soerguimento realiza o que se chama de **rebaixamento do nível de base**, o aumento do desnível entre um ponto do relevo e a porção mais baixa, o que aumenta a velocidade dos rios, fazendo com que os processos erosivos sejam reativados e acelerados (Ross, 2014).

À estrutura geológica básica (composta por coberturas fanerozoicas e por domínios cristalinos) e ao processo de epirogênese (variação isostática, com acréscimo de terrenos, sobretudo a leste) combinam-se as **variações paleoclimáticas** do Terciário e do Quaternário, com períodos secos e úmidos, de acordo com os períodos glaciais e interglaciais. Assim, essas variações climáticas ditam os ritmos da dinâmica recente – no tempo geológico – da formação do relevo, em seu processo de **esculturação**.

Esse preâmbulo é importante, para que não confundamos, por exemplo, as **antigas áreas orogenéticas**, identificadas pelos geólogos, com os nossos **pontos mais altos atuais**, que se encontram nos planaltos brasileiros. Também não podemos confundir as **bacias sedimentares**, que, na geologia, foram áreas que encobriram as primeiras estruturas da crosta, recebendo sedimentos, derrames vulcânicos e, por vezes, sofrendo metamorfismo, com **áreas mais baixas**, nas planícies.

Para compreendermos gradualmente as interações da geologia com a geomorfologia, apresentamos, no item anterior, a classificação de Almeida et al. (1979), na qual a estrutura era dividida em dois grandes domínios, **bacias fanerozoicas** e **embasamento cristalino**. Na realidade, essa estrutura já recebeu algumas subdivisões para os propósitos das pesquisas em Geologia e Geomorfologia. No caso da Geomorfologia, o Instituto Brasileiro de Geografia e Estatística (IBGE) separa as bacias e coberturas sedimentares fanerozoicas dos **depósitos sedimentares quaternários ou terciários**, formados predominantemente por **sedimentos muito recentes**, que ainda não sofreram **diagênese**, ou seja, não passaram por processo de formação de novas rochas, estando, portanto, inconsolidados no terreno. Da mesma forma, o IBGE considera que há dois **domínios morfoestruturais** naquilo que chamamos anteriormente de **embasamento cristalino**. Para o órgão, esses terrenos mais antigos são formados por **cinturões móveis neoproterozoicos** e **crátons neoproterozoicos**. De maneira didática, podemos entender que a grande diferença entre ambos é que o cráton é uma área de estrutura geológica antiga, pré-cambriana, que não sofreu os soerguimentos pelos quais passaram os também antigos cinturões móveis, que passaram por processos de orogênese durante choques de placas tectônicas. Nos termos do próprio IBGE (2009, p. 28):

> Os Domínios Morfoestruturais compreendem os maiores táxons na compartimentação do relevo. Ocorrem em escala regional e organizam os fatos geomorfológicos segundo o arcabouço geológico marcado pela natureza das rochas e pela tectônica que atua sobre elas. Esses fatores, sob efeitos climáticos variáveis ao longo do tempo geológico, geraram amplos

conjuntos de relevos com características próprias, cujas feições embora diversas, guardam, entre si, as relações comuns com a estrutura geológica a partir da qual se formaram.

Portanto, temos, de um lado, uma estrutura composta pelas formas continentais e regionais do embasamento geológico (crátons, bacias fanerozoicas, depósitos recentes e cadeias orogênicas antigas, ou cinturões orogenéticos) e pelos seus materiais – rochas e sedimentos, que apresentam suas propriedades particulares, como diferentes níveis de resistência ao intemperismo, por exemplo. De outro lado, temos um processo de **esculturação**, criado pelos agentes externos de formação do relevo (ação dos rios, dos mares, dos ventos, da chuva etc.).

A classificação brasileira dos compartimentos do relevo (**planaltos**, **planícies**, **depressões**, **patamares**, **tabuleiros**, **chapadas** e **serras**) parte de uma conjugação entre a morfoestrutura, forma e processo de constituição da unidade. Assim, uma depressão, por exemplo, não é íngreme como uma serra. Ambas têm uma diferença, portanto, de **forma**. As depressões, como veremos adiante, têm um processo que também as define. Quando comparadas a planaltos adjacentes a essas, por exemplo, as depressões sofreram um **processo** muito maior de rebaixamento, por terem criado menor resistência aos processos de erosão. Podemos dizer, ainda, que duas depressões, em **morfoestruturas** diferentes, tendem a apresentar rochas com características distintas entre si. Assim, uma depressão em áreas de dobramentos antigos pode ter características estruturalmente diferentes daquelas encontradas em depressões de bacias fanerozoicas. Essas duas hipotéticas depressões podem diferir, assim, em sua composição litológica predominante, o que pode causar diferentes resistências aos processos erosivos.

Precisamos ter em mente, portanto, que a classificação do relevo que consideramos aqui não está relacionada meramente a recortes de **altitude**, mas de **forma** e **processo**, ou seja, os **planaltos** são unidades do relevo que são fontes de sedimentos, as **depressões** são unidades geomorfológicas que passaram por grandes processos de rebaixamento, enquanto as **planícies** são áreas receptoras de sedimentos, que são muito aplainadas pelo processo deposicional (Ross, 2014). Dessa forma, um planalto não é assim classificado por se elevar acima de determinada cota altimétrica, mas por ser mais elevado do que a planície a ele associada – ou outra unidade para a qual aporta sedimentos –, sendo, portanto, essa área uma fonte de sedimentos depositados naquela planície.

O Mapa B (disponível no Apêndice deste livro) apresenta os chamados compartimentos de relevo, ou seja, os planaltos, planícies, depressões, patamares, tabuleiros, chapadas e serras. Tratemos primeiramente dos **planaltos**, os quais, segundo o IBGE, são "conjuntos de relevos planos ou dissecados, de altitudes elevadas, limitados, pelo menos em um lado, por superfícies mais baixas, onde os processos de erosão superam os de sedimentação" (IBGE, 2009, p. 13).

Como podemos perceber a partir da definição dada, o topo dos planaltos pode ser plano ou dissecado, ou seja, ter um relevo mais ondulado. É relevante termos em mente que, em geral, estão em posições mais elevadas, mas mais do que isso: o processo geomorfológico dominante no planalto é a **erosão**, cujos sedimentos resultantes direcionam-se predominantemente para unidades mais baixas adjacentes, como as planícies.

Evidentemente, os planaltos não estão associados às morfoestruturas deposicionais, os chamados *depósitos sedimentares terciários ou quaternários*, unidades morfoestruturais que são formadas predominantemente por sedimentos inconsolidados, incapazes de ser a estrutura de uma forma elevada de relevo. Encontram-se, no entanto, em todas as outras unidades morfoestruturais, em áreas que foram mais resistentes aos processos de denudação.

Os planaltos correspondem a 24,7% do relevo brasileiro[v]. No que tange à sua distribuição, no Mapa B, notamos que há uma grande mancha de planaltos que se estende desde o Rio Grande do Sul, passando por Santa Catarina, Paraná, São Paulo, Minas Gerais, Mato Grosso do Sul, Mato Grosso, Goiás e Distrito Federal. A maior parte desses planaltos está localizada sobre bacias fanerozoicas sedimentares: Planalto da Campanha Gaúcha (Rio Grande do Sul); Planalto das Araucárias (Rio Grande do Sul até a porção centro-sul do estado do Paraná); Planalto Central da Bacia do Rio Paraná (desde o oeste e norte do estado do Paraná, passando pela porção central e oeste de São Paulo, oeste de Minas Gerais, sul de Goiás e leste do Mato Grosso do Sul e sudeste do Mato Grosso); Planalto dos Guimarães e Planalto do Rio Verde, ambos entre os estados de Goiás, Mato Grosso do Sul e Mato Grosso. Há ainda o Planalto dos Parecis, entre o centro-leste de Mato Grosso e o oeste de Rondônia.

Como parte dessa grande mancha de planaltos no centro-sul do Brasil, encontramos ainda o Planalto Centro-sul Mineiro, o Planalto do Alto Rio Grande, Planalto de Poços de Caldas, na faixa do sul ao centro de Minas Gerais e o Planalto Central Brasileiro, desde os limites entre Minas Gerais e Goiás, passando pela porção centro-leste desse estado até o sul de Tocantins. Diferem, no entanto, dos planaltos que já indicamos por estarem não em

---

v. Calculamos essa informação por um *software* de geoprocessamento, com base no mapa de unidades geomorfológicas do IBGE (IBGE, 2006g). Aproximadamente 1,98% das unidades estavam classificadas como corpos d'água e foram ignoradas na distribuição. Optamos por não atribuir a esses terrenos a sua classificação mais próxima, por haver casos de corpos d'água no limite entre duas unidades morfológicas.

domínios de coberturas fanerozoicas, mas em cinturões móveis neoproterozoicos.

Entre Pernambuco, Rio Grande do Norte, Paraíba e Alagoas, encontramos o Planalto de Borborema, enquanto, entre o Ceará e o Piauí, encontramos o Planalto Sertanejo, ambos sobre cinturões móveis neoproterozoicos.

No Mapa B, destacamos também os planaltos residuais do norte da Amazônia (ao norte do Rio Amazonas, entre os estados do Amapá, Pará, Roraima e Amazonas) e os planaltos residuais da Amazônia meridional (ao sul do rio Amazonas, entre os estados do Pará, Amazonas e Mato Grosso), que se encontram sobre crátons neoproterozoicos.

Para abordarmos as **planícies**, podemos considerar a sua definição dada pelo IBGE: "são conjuntos de formas de relevo planas ou suavemente onduladas, em geral posicionadas a baixa altitude, e em que processos de sedimentação superam os de erosão" (IBGE, 2009, p. 13).

Aproximadamente 7,9% do relevo brasileiro são formados por planícies. No Mapa B, observamos diversas planícies, como as da Bacia Amazônica, a Planície do Pantanal Mato-grossense, entre o Mato Grosso e o Mato Grosso do Sul, as planícies litorâneas ao longo de toda a costa, além de planícies de outros rios importantes como o Araguaia (Mato Grosso do Sul, Mato Grosso, Goiás e Tocantins), o Tocantins (Tocantins, Maranhão e Pará), o Paraná (São Paulo, Paraná e Mato Grosso do Sul), Jacuí e Ibicuí, e a Lagoa dos Patos (Rio Grande do Sul), além do Rio Guaporé, entre Mato Grosso e Rondônia, nos limites brasileiros com a Bolívia.

No que tange às **depressões**, o IBGE (2009) as classifica como "conjuntos de relevos planos ou ondulados situados abaixo do nível das regiões vizinhas, elaborados em rochas de classes variadas". Nas palavras de Ross (2014, p. 60), as depressões apresentam uma característica genética muito marcante, que é o fato de terem sido geradas por processos erosivos com grande atuação nas bordas das bacias sedimentares. As atividades erosivas com alternância de ciclos secos e úmidos esculpiram, ao longo do Terciário e do Quaternário, as depressões periféricas, as marginais e as monoclinais que aparecem circundando as bordas das bacias e se interpondo entre estas e os maciços antigos do cristalino. A atuação das atividades erosivas evidentemente ocorreram [sic] não somente ao longo das atuais depressões, mas também sobre os planaltos, mas é nas primeiras que as marcas paleoclimáticas são mais evidentes. É fato também marcante a extensividade dessas depressões por estruturas muito diferenciadas. Isto certamente se deve às alternâncias das fases erosivas dos períodos secos com as de meteorização química e erosão linear dos períodos úmidos.

No Mapa B, podemos observar amplas porções formadas por depressões desde o centro para o norte do país. Conforme a definição do IBGE (2009), essas depressões se encontram em classes de rochas variadas, o que significa que podem ser encontradas em diferentes domínios morfoestruturais (bacias e coberturas sedimentares fanerozoicas, depósitos sedimentares quaternários, cinturões móveis neoproterozoicos e crátons neoproterozoicos), contanto que o processo dominante tenha sido o do rebaixamento, conforme afirma Ross (2014).

Assim, nos domínios dos crátons, encontramos as seguintes depressões: Depressão da Amazônia Setentrional (Amapá e norte do Pará); Depressão da Amazônia Meridional (sul do Rio Amazonas,

Pará, Mato Grosso, sul do Amazonas e ampla parte de Rondônia), depressões do Rio Guaporé, do Alto Paraguai e Sul-Mato-grossense (sudoeste de Rondônia e oeste do Mato Grosso).

Nos domínios das bacias e coberturas fanerozoicas, por sua vez, encontramos as seguintes depressões: depressões dos rios Solimões, Madeira, Negro, Japurá e Purus, desde o sul do Acre, passando por quase todo o território do Amazonas; depressões do meio norte, nos estados do Maranhão e do Piauí; Depressão Periférica Paulista, no estado de São Paulo; e Depressão Central Gaúcha, no Rio Grande do Sul.

Encontramos ainda depressões nos chamados **depósitos sedimentares terciários ou quaternários**: depressões dos rios Branco e Negro, na porção sudeste de Roraima e norte do Amazonas, e Depressão de Boa Vista, no noroeste do Amazonas.

Observamos ainda depressões em cinturões móveis neoproterozoicos, tais como: Depressão do Médio Rio Araguaia (Tocantins e Pará); Depressão dos Altos Rios Tocantins, Araguaia e Cuiabá-Paranatinga (entre Mato Grosso, Tocantins e Goiás); Depressão Sertaneja, entre Ceará, Rio Grande do Norte, Pernambuco, Paraíba, Bahia, Alagas e Sergipe.

As depressões conformam o maior conjunto de compartimentos do relevo no Brasil, com aproximadamente 43% da porção continental, e demonstram a visão clássica de o relevo brasileiro ser "velho", ou seja, ser bastante rebaixado pela ação dos agentes externos de morfoescultura.

Por sua vez, segundo o IBGE, as **chapadas** são "conjuntos de formas de relevo de topo plano, elaboradas em rochas sedimentares, em geral limitadas por escarpas" (IBGE, 2009, p. 13) e são mais elevadas do que os tabuleiros. Por serem elaboradas em rochas sedimentares, esses compartimentos do relevo são encontrados notadamente em domínio de bacias e coberturas sedimentares fanerozoicas, embora ocorram também em outros domínios.

As chapadas correspondem a 3,5% do relevo brasileiro. No Mapa B, podemos encontrar a Chapada dos Parecis (a oeste do Mato Grosso), as chapadas do Rio São Francisco (ladeando as duas margens do rio, principalmente em Minas Gerais e na Bahia), as chapadas do meio-norte, dos rios Itaperuçu e Parnaíba (Piauí, Mato Grosso, Tocantins e Pará), chapadas do Rio Jequitinhonha, em Minas Gerais; chapadas do Araripe, nos limites entre o sul do Ceará e Pernambuco; chapadas do Recôncavo, Tucano, Tonã e Jatobá, em faixa no sentido norte-sul na porção leste do estado da Bahia e em uma pequena faixa na porção central de Pernambuco.

Há alguns casos, porém, de chapadas em domínios morfoestruturais fora das bacias fanerozoicas. Contíguas às chapadas do Rio Jequitinhonha, em terrenos fanerozoicos, por exemplo, encontramos as chapadas do Rio Jequitinhonha e Mucuri sobre cinturões móveis neoproterozoicos, nos limites entre Minas Gerais, Espírito Santo e Bahia. Sobre crátons neoproterozoicos na região central do estado da Bahia, encontramos as chapadas de Irecê e Utinga.

Assim como as chapadas, os **tabuleiros** apresentam topo plano em rochas sedimentares, mas estes são menos elevados que aquelas (IBGE, 2009). Damos destaque, no Mapa B, para os chamados **tabuleiros costeiros**, que podemos observar desde o norte do Rio de Janeiro, passando pelo Espírito Santo, com faixas variadas em todos os estados do Nordeste, sendo verificados também no Pará. Os tabuleiros conformam aproximadamente 6,1% do relevo brasileiro.

Chapadas e tabuleiros reforçam a grande quantidade de compartimentos do relevo no Brasil que não apresentam grandes elevações e que são planos, juntamente com nossos planaltos, não tão altos como outros planaltos encontrados no mundo, e com nossas planícies.

Em geomorfologia, quando tratamos de **patamares**, precisamos ter em mente um degrau no relevo. Podemos ter dois planaltos, por exemplo, um com áreas mais elevadas, enquanto o outro se encontra em áreas menos elevadas. Entre ambos, podemos encontrar uma superfície regional intermediária: nesse caso, vemos um patamar. O patamar pode estar também, por exemplo, entre uma chapada e uma depressão, ou entre um planalto e uma depressão. Segundo o IBGE, "os patamares são relevos planos ou ondulados, elaborados em diferentes classes de rochas, constituindo superfícies intermediárias ou degraus entre áreas de relevos mais elevados e áreas topograficamente mais baixas" (IBGE, 2009, p. 13).

Os patamares conformam aproximadamente 8,4% do relevo brasileiro. No Mapa B, vemos que, entre o Rio Grande do Sul e São Paulo, encontramos amplas faixas de patamares da borda oriental da Bacia do Paraná, em contexto de bacias fanerozoicas; patamares do Rio São Francisco e Tocantins, sobre crátons neoproterozoicos, desde Minas Gerais, passando por Bahia e Tocantins; Patamar Sertanejo, entre o Piauí, Ceará, Pernambuco e Bahia, em cinturões móveis neoproterozoicos.

As **serras**, segundo o IBGE, "constituem relevos acidentados, elaborados em rochas diversas, formando cristas e cumeadas ou as bordas escarpadas de planaltos" (IBGE, 2009, p. 13). Por serem formadas por terrenos muito acidentados, as porções mais propícias para que encontremos essas unidades são os cinturões neoproterozoicos. Isso pode se tornar óbvio para nós, se pensarmos que os **cinturões** são formados por rochas antigas e resistentes que passaram por processos de orogênese, que foram muito dobrados e elevados por choques continentais do passado.

As serras correspondem a 4,2% do relevo brasileiro. Quanto à sua distribuição, no Mapa B, podemos observar as Serras do Leste Catarinense, que se encontram próximas às áreas litorâneas de Santa Catarina. A Serra do Mar liga as regiões planálticas às áreas de costa nos estados do Paraná, São Paulo e Rio de Janeiro. Vemos também as serras da Mantiqueira, entre São Paulo e Minas Gerais; Itatiaia, entre Minas Gerais e Rio de Janeiro; Caparaó, entre Minas Gerais e Espírito Santo; Serra do Quadrilátero Ferrífero, na porção central de Minas Gerais; e a Serra do Espinhaço, na faixa que vai do centro de Minas Gerais até os limites entre Bahia e Piauí. Todas essas cadeias serranas se encontram em cinturões móveis neoproterozoicos, o que confirma a importância dessa morfoestrutura para a formação de terrenos mais acidentados.

Embora os cinturões sejam mais propícios para que encontremos regiões serranas, entre os estados do Mato Grosso, Pará e Amazonas, encontramos as chamadas *Serras da Amazônia Meridional*, em crátons neoproterozoicos.

Dito isso, vemos que o relevo do Brasil conta com predomínio de altitudes modestas, sem grandes cadeias montanhosas, mas uma grande quantidade de planaltos a consideráveis altitudes, por vezes com mais de mil metros, ladeados por porções mais dissecadas, como depressões e patamares, bem como grandes domínios de planícies. Essas características básicas do relevo na escala observada são importantes para a conformação dos processos geomorfológicos em escalas de maior detalhe. As formas de morros, colinas, várzeas, terraços, deltas, falésias, praias, recifes, restingas, dunas, dolinas, sumidouros etc., portanto estão associadas a esse quadro geral que expusemos e às dinâmicas de esculturação particulares sobre cada área.

Essas características básicas do relevo brasileiro também repercutem de maneira dinâmica sobre os demais componentes do quadro natural e sobre a forma de ocupação do território.

3.2.2 Algumas influências da geomorfologia sobre os demais componentes do quadro natural brasileiro

Podemos, a princípio, tratar brevemente do papel do **relevo** na conformação dos demais elementos do quadro natural. O relevo brasileiro, eminentemente de baixas altitudes, apresenta poucas resistências à penetração de massas de ar. Ainda assim, elevações, como a da Serrar do Mar, conformam áreas de maior pluviosidade a barlavento – lado do relevo que recebe os ventos dominantes – e é possível evidenciar a diminuição de temperatura rumo às maiores altitudes. O relevo tem efeito ainda sobre a **distribuição da vida**, como as zonas de endemismos – zonas às quais estão restritas certas espécies – que são observadas em topos de serras, ou a variação da cobertura vegetal, que chega a merecer classificação orientada pelo relevo para o IBGE (2012).

Ainda acerca do efeito do relevo sobre os biomas, vemos que as áreas planálticas elevadas configuram porções específicas dos nossos biomas, como é o caso dos chamados **planaltos com araucárias**, porções da Mata Atlântica que se diferenciam por apresentarem capões de **floresta ombrófila densa** com inúmeras araucárias (*Araucaria angustifolia*). Vemos também que as planícies condicionam características específicas de nossos biomas, como as vegetações próprias de dunas, os manguezais ou as matas de várzea e de igapó. Como outro exemplo, as serras modificam claramente a distribuição das formações vegetais de seus biomas, com distribuição de diferentes formações adaptadas às condições impostas por cada faixa altimétrica de seu relevo acidentado.

Os **rios** derivam sua forma, energia e competência para o carreamento de sedimentos de acordo com as variações do relevo, sendo a hidrografia brasileira formada por rios com significativo desnível, contando, portanto, com grande potencial energético – com exceção da Bacia do Rio Amazonas, que tem predomínio de baixa variação altimétrica em solo brasileiro, mas apresenta grande potencial energético pelo grande volume de água existente nos rios.

Grosso modo, **solos** mais profundos são encontrados em áreas mais aplainadas, enquanto que, em áreas mais íngremes, os solos se tornam mais rasos. Dessa forma, há uma significativa quantidade de solos profundos em nosso país. Assim, brevemente, observamos que o relevo, de maneira geral, tem um papel preponderante na conformação dos demais elementos do quadro natural, apresentando interação dinâmica com eles.

3.2.3 Potencialidades, fragilidades, riscos e vulnerabilidades socioambientais/geomorfológicas do território brasileiro

Em termos territoriais, que evidenciam a **apropriação humana do espaço**, vemos que o relevo apresenta inúmeras questões. A grande proporção de áreas planas é um facilitador para as **frentes de colonização** e, sobretudo, para os **cinturões agrícolas**, pela baixa limitação para a mecanização de grandes áreas, como vemos em curso no Centro-Oeste e no Norte do Brasil. Nas porções íngremes das serras, porém, essa ocupação muitas vezes não ocorreu, sendo essa uma das razões pelas quais encontramos maiores remanescentes de vegetação conservada em áreas serranas.

Quanto à **alocação de infraestrutura**, a geomorfologia plana de boa parte do nosso território é um fator de **redução de custos** de implantação. Entretanto, a alocação de infraestruturas de transporte em áreas de serra é, não raro, um grande desafio, com altos custos e exigência de tecnologia. Exemplo claro disso é a Rodovia dos Imigrantes, entre as cidades de São Paulo e Santos.

Muitos dos planaltos brasileiros se encontram ocupados por parte significativa de nossos centros econômicos de economia mais dinâmica no Centro-Sul do país. Também áreas de economia agrícola mais intensa se encontram nessas áreas. Elevados custos de exportação são adicionados devido à infraestrutura necessária para a transposição de serras que fazem o limite entre os planaltos e as planícies litorâneas, onde se encontram nossos portos exportadores.

Encontramos ainda **potenciais turísticos** relacionados às características do relevo. Chapadas, serras e escarpas, entre outras unidades, são comumente fatores de atração de visitação em diversos parques brasileiros.

Destacamos também que as condicionantes geomorfológicas sobre os **rios** brasileiros conferem a eles maior potencial energético, o que caracteriza uma grande capacidade para a instalação de usinas hidrelétricas.

Também podemos verificar que, de maneira geral, há **conflitos, riscos e vulnerabilidades socioambientais** que, se não específicos, são mais comuns em certas unidades do relevo do que em outras. Assim, é comum em áreas de planícies fluviais que haja um ritmo de inundações, que é uma das razões próprias do processo deposicional. Parte significativa das cidades brasileiras se encontra nessas áreas, tendo em vista que os rios importantes do país foram relevantes no processo de interiorização populacional. A conjugação desses ritmos de cheias com a ocupação das margens dos rios por diversos centros urbanos tem colaborado para as grandes inundações urbanas nos períodos mais chuvosos.

Da mesma forma, a Planície Litorânea, que conta com parte significativa da população brasileira e de suas maiores e mais antigas cidades, enfrenta problemas no conflito entre as dinâmicas imobiliárias, que valorizam e ocupam as porções mais próximas do mar, e as formas de relevo particulares dessa planície, como as dunas, as reentrâncias típicas de manguezais e as restingas, entre outros.

As porções serranas estão muitas vezes sujeitas a movimentos de massa, quando ocorrem eventos extremos de precipitação. Nessas condições, as populações nelas distribuídas se encontram mais vulneráveis a esses tipos de risco. Temos os exemplos recentes das catástrofes na Serra do Leste Catarinense, em 2008, e na Região Serrana do Rio de Janeiro em 2011.

Assim, cada contexto geomorfológico confere um maior risco de catástrofes socioambientais para as quais a população estará mais ou menos vulnerável, de acordo com suas interações socioambientais diversas (qualidade das moradias, infraestrutura viária, condições socioeconômicas etc.).

No que tange à fragilidade ambiental, podemos dar o exemplo do efeito da geomorfologia em contato com a **agricultura** e a **pecuária**. Essas atividades, quando executadas em áreas mais íngremes, estão comumente associadas à maior suscetibilidade de erosão, implicando perda de solo e assoreamento de rios, lagos e baías.

Cabe-nos lembrar que apresentamos essas questões, no contexto da presente obra, mais como apontamentos, como caminhos para a discussão e para a reflexão, pois são necessários verdadeiros tratados para abordar profundamente a menor delas. O que importa aqui é mantermos a noção **básica da estrutura do relevo** em meio aos demais componentes do quadro natural brasileiro, seu potencial para a reflexão sobre os padrões de ocupação do território e suas consequências diversas, tanto sociais, quanto econômicas e ambientais.

3.3 Quadro pedológico brasileiro

Passemos a tratar dos solos brasileiros, primeiramente abordando algumas características básicas destes, para, em seguida, tratarmos de seus potenciais e fragilidades.

3.3.1 Apontamentos sobre fatores pedogenéticos e características básicas do solo

O **solo** é um elemento do quadro natural brasileiro que nos convém tratar com base numa recapitulação de certos conceitos básicos. Num primeiro momento, devemos lembrar que, segundo o Sistema Brasileiro de Classificação de Solos (SIBCS), elaborado pela Empresa Brasileira de Pesquisa Agropecuária (Embrapa), solos são

> uma coleção de corpos naturais, constituídos por partes sólidas, líquidas e gasosas, tridimensionais, dinâmicos, formados por materiais minerais e orgânicos que ocupam a maior parte do manto superficial das extensões continentais do nosso planeta, contêm matéria viva e podem ser vegetados na natureza onde ocorrem e, eventualmente, terem sido modificados por interferências antrópicas.

[...] consistem de seções aproximadamente paralelas, organizadas em camadas e/ou, horizontes que se distinguem do material de origem inicial, como resultado de adições, perdas, translocações e transformações de energia e matéria, que ocorrem ao longo do tempo e sob a influência dos fatores como clima, organismos e relevo. (Embrapa, 2006, p. 22)

Como podemos apreender do excerto acima, a **pedogênese**, ou seja, o processo de origem do solo tem estreita relação com o material mineral oriundo das rochas e sedimentos disponíveis, o relevo, o clima e os organismos. Adiante, apresentamos alguns exemplos simplificados de **características dos solos**, considerando-se os processos constituintes predominantes, o potencial agrícola, o papel no quadro natural e sua participação no território.

Os solos variam segundo a **profundidade**, resultando esta, de maneira geral, de diversos condicionantes. Podemos destacar que os relevos mais planos permitem a existência de solos mais profundos, enquanto relevos íngremes geram solos mais rasos. Rochas que oferecem maior resistência ao intemperismo fornecem menos material mineral para a formação de solos profundos, enquanto rochas menos resistentes fornecem maior quantidade de material mineral para os solos.

No que tange às **condições climáticas**, áreas com maior pluviosidade operam maior aprofundamento do solo do que áreas mais secas. A maior profundidade indica solos mais desenvolvidos e estruturados. De maneira geral, esses solos mais desenvolvidos apresentam maior estabilidade e resistência à erosão.

O Brasil, portanto, apresenta **solos mais profundos** em seus terrenos planos, com domínio de solos mais rasos nas encostas íngremes de suas serras, sobretudo nos chamados *mares de morros*.

A **elevada pluviosidade**, por sua característica predominantemente tropical, também adiciona mais um fator pedogenético que garante maior aprofundamento dos horizontes pedológicos. Em algumas regiões do território, com clima menos úmido do que nas porções equatoriais e sem grandes pacotes de sedimentos aluviais, encontramos áreas com predomínio de rochas mais resistentes ao intemperismo, que produzem solos menos profundos, como aqueles próprios das áreas de campos.

Quanto à **textura**, os solos são classificados conforme a participação de areia, silte e argila em sua composição mineral. Rochas e sedimentos ricos em sílica produzem solos mais arenosos. Por outro lado, rochas ricas em minerais como os ferromagnesianos – caso do basalto, por exemplo – ocasionam solos com maior teor de argila. De acordo com a variação do processo de transporte e deposição de sedimentos no relevo, o mineral secundário pode ser mais retrabalhado e reduzido. Cada um desses sedimentos apresenta um grau inerente de suscetibilidade à erosão. A areia[vi], por ser mais pesada do que o silte, apresenta um pouco mais de resistência à erosão do que este. A argila, embora menor do que ambos, é mais resistente à erosão, pois sua morfologia plana gera cargas elétricas positiva e negativa, permitindo que ocorra floculação.

Contudo, não podemos tomar essa relação individual de forma simplista. Um solo bem estruturado apresenta uma composição determinada pela participação de cada um desses elementos em condições tais que cada um exerça um papel no conjunto: o "esqueleto" é dado pela areia, que permite a **porosidade**, por onde circulam ar, água e nutrientes; o silte, que serve como **agente cimentante**; e a argila, que confere **coesão** ao conjunto, além de

---

vi. Areia, silte e argila são diferenciados segundo medidas granulométricas, tendo a areia grossa de 2,0 a 0,2 mm, a areia fina, de 0,2 a 0,005 mm, o silte, de 0,05 a 0,002 mm, e a argila, tendo menos do que 0,002 mm (Embrapa, 2006).

outras características físico-químicas que atribuem maior fertilidade ao solo.

Com isso, o território brasileiro, com base em sua diversidade climática, geomorfológica e geológica, garante a existência de uma grande variedade de classes texturais nos horizontes dos solos, havendo solos bastante arenosos, siltosos ou argilosos.

A **fertilidade** do solo está diretamente relacionada aos **nutrientes** disponíveis nos minerais das rochas e dos sedimentos originais, bem como àqueles liberados pelas matérias orgânicas disponíveis no solo, ou, ainda, depositados por inundações etc. A fertilidade, no entanto, não pode ser mensurada somente em relação à presença de nutrientes, mas também quanto à disponibilidade destes para as raízes das plantas, o que depende de vários fatores, em especial da capacidade de carga dada pela presença de uma quantidade adequada de argila e matéria orgânica no solo.

A geologia brasileira é, portanto, fator de uma grande variedade de fontes de diferentes nutrientes para o solo. Ocorre, no entanto, que solos expostos a grande pluviosidade sofrem o processo de **lixiviação**, a "lavagem" dos nutrientes, o que não é incomum em meio à frequência regular de chuvas torrenciais no contexto tropical brasileiro.

A posição do solo em relação ao **lençol freático** determina a maior ou menor presença de água em seus horizontes ao longo do tempo. Solos **hidromórficos** são aqueles mais próximos do nível superior do lençol freático na maior parte do tempo e, por vezes, até abaixo do nível do lençol. Solos **semi-hidromórficos** são aqueles cuja superfície se encontra de 50 a 100 cm do lençol na maior parte do ano, enquanto que os **solos não hidromórficos** são aqueles cuja superfície se encontra acima de 1 metro do lençol (Embrapa, 2006).

No Brasil, com a presença de grandes redes hidrográficas, considerável extensão inundável e biomas complexos, como o Pantanal, e formações hidrófilas, como os manguezais, encontramos significativa extensão de solos hidromórficos e semi-hidromórficos, cuja capacidade de filtro se torna reduzida, dado o contato direto com a água.

Outra característica relevante do solo é a sua **saturação por alumínio**, que pode ser um fator limitante para o desenvolvimento de diversos tipos vegetais. Sabemos que as espécies do bioma Cerrado são bastante adaptadas a essa condição, cuja origem está bastante relacionada à alternância entre períodos chuvosos e secos. No Brasil, o predomínio de **clima tropical**, com alternância entre uma estação seca e uma chuvosa, é, portanto, fator de gênese de muitos solos saturados por alumínio (Embrapa, 2006).

3.3.2 Influências do solo sobre os demais componentes do quadro natural brasileiro

Em face do que expusemos anteriormente, devemos considerar o **papel do solo como fator condicionante dos demais elementos do quadro natural**. Como exemplo, podemos destacar que os solos, na **geomorfologia**, podem contribuir para os diferentes graus de estabilidade das encostas. Na **hidrografia**, eles podem indicar as fontes de nutrientes e sedimentos aportados às redes de drenagem, bem como o filtro de contaminantes para as águas superficiais e subterrâneas. Os solos são, ainda, uma das bases que garantem o sucesso de expansão de cada um dos **biomas**. Solos rasos, por exemplo, não comportam formações florestais robustas, de raízes profundas, sendo áreas em que apresentam mais relação com formações vegetacionais rasteiras e arbustivas.

Sobre esse papel dos solos no quadro natural, cabe destacarmos sua função no **equilíbrio climático**. A matéria orgânica acumulada no solo indica um processo bastante sofisticado e relevante no **sequestro de carbono da atmosfera**. Os horizontes orgânicos são formados pelas mais diversas dinâmicas, das quais, no caso brasileiro, podemos destacar o elevado acúmulo de **serrapilheira**, em especial na Amazônia. Podemos observar, ainda, um caso menos conhecido, mas muito efetivo, que é o dos terrenos de campos, encontrados no bioma do Pampa, bem como em faixas nos demais biomas. Nessas áreas, encontramos algumas espécies vegetais rasteiras que, no seu processo de crescimento, liberam enzimas que "matam" as suas folhas mais antigas. Assim, essas espécies se encontram em processo de constante geração de biomassa, enquanto liberam matéria orgânica descartada para o solo. Em contraste com florestas bem desenvolvidas, que já chegaram a um pico de geração de biomassa, os chamados **organossolos** dessas áreas permanecem em seu processo de acúmulo de matéria orgânica a elevadas taxas.[vii]

---

vii. Como exemplo de estudos que apontam para a importância dos organossolos, temos Rachwal (2013), que desenvolveu pesquisa sobre os organossolos das regiões de campos do Paraná, demonstrando a grande capacidade destes em armazenar gases de efeito estufa, potencial dramaticamente inferior quando os solos são drenados para ocupações econômicas. Scheer (2010), entre seus diversos resultados, mostra que, nos ambientes altomontanos estudados, havia maior estoque de carbono do que os encontrados em diversos biomas brasileiros. Esse autor concluiu também que, nas próprias áreas em estudo, os organossolos ligados às áreas de campos apresentavam ainda maior capacidade de armazenamento de carbono do que aqueles de outras classes de solos associadas às florestas altomontanas.

3.3.3 Potencialidade agrícola e principais limitações dos solos brasileiros

As características do solo e os fatores pedogenéticos são bastante complexos e variados para serem trabalhados de forma detalhada no presente texto. A descrição que realizamos anteriormente é extremamente simplificada e serve para que retomemos assuntos básicos de pedologia, que são indicadores do **caráter dinâmico** da formação dos solos, sob a influência de diversos determinantes climáticos, geológicos, biológicos e geomorfológicos. Serve, ainda, para que relembremos o **papel do solo no quadro natural**, bem como suas potencialidades e fragilidades em face da ocupação humana. Assim, diante do que expusemos, torna-se mais fácil avaliarmos a Tabela 3.1 e o Mapa C (disponível no Apêndice ao final deste livro), que apresentam os solos do Brasil segundo o seu potencial agrícola.

Potencialidade agrícola	Fertilidade	Características	Relevo	Principais limitações	Porcentagem (%) de área
1 – Boa	Alta	Boas	Plano e suavemente ondulado	Praticamente sem limitações	2,97
2 – Boa a regular	Média	Boas	Plano e suavemente ondulado	Média a baixa disponibilidade de nutrientes	3,51
3 – Regular a boa	Média a alta	Regulares	Plano e suavemente ondulado	Riscos de inundações, impedimento de drenagem	2,90
4 – Regular	Baixa	Boas	Plano e suavemente ondulado	Baixa disponibilidade de nutrientes, excesso de alumínio	39,25
5a – Regular a restrita	Baixa	Regulares	Plano e suavemente ondulado	Baixa disponibilidade de nutrientes, excesso de alumínio, textura grosseira	1,35
5b – Regular a restrita	Média a alta	Regulares	Plano a ondulado	Declives acentuados, pouca profundidade, textura grosseira	5,58
6a – Restrita	Média a alta	Boas	Fortemente ondulado	Declives acentuados	0,72
6b – Restrita	Baixa	Regulares	Ondulado amontonhoso	Declives acentuados, restrição de drenagem, excesso de alumínio	12,07
7 – Restrita a desfavorável	Baixa	Regulares	Plano e suavemente ondulado	Excesso de sódio, restrição de drenagem, risco de inundação	1,87
8 – Desaconselhável	Muito baixa	Ruins	Montanhoso a escarpado	Alta salinidade/reduzida profundidade / presença de pedregosidade ou rochosidade / textura arenosa	29,78
Total geral					100,00

Fonte: IBGE, 2006h.

Nota: Os solos classificados conforme a potencialidade agrícola, tal como adotada pelo IBGE, no *Atlas Nacional do Brasil Milton Santos* (IBGE, 2010), não são agrupados necessariamente segundo a taxonomia do SIBCS da Embrapa, agrupando, assim, em um mesmo potencial, diferentes tipos de solos.

Na Tabela 3.1, vemos que há em nosso território 2,97% de áreas em que a **potencialidade agrícola** é considerada **boa**, com fertilidade alta, características positivas (porosidade, estrutura e textura, por exemplo), com relevo plano e suavemente ondulado e quase ausência de limitações, como as presentes nas demais categorias.

A classe 2 da Tabela 3.1 é formada por solos que apresentam **fertilidade média**, demais características pedológicas boas, em relevo plano e suavemente ondulado. Esses solos, com 3,51%, do território nacional, têm significativa representatividade no estado do Pará e, embora estejam sobre uma grande diversidade de rochas pré-cambrianas, apresentam restrição quanto à disponibilidade de nutrientes, aspecto comum na Região Norte do país, dadas as intensas chuvas.

A classe 3, com solos que apresentam **potencialidade agrícola de regular a boa**, abrange uma longa faixa no Rio Grande do Sul, que acompanha alguns rios importantes do estado, como o Jacuí, sobre base geológica formada por sedimentos argilosos. Compreende, ainda, solos nas margens inundáveis da Bacia Amazônica, bem como em sua foz, com depósitos sedimentares recentes. Essa classe representa 2,9% dos solos brasileiros. Sua **fertilidade média e alta** está significativamente associada à deposição de uma grande quantidade de nutrientes nas cheias dos rios. Também é a dinâmica dos rios que cria os riscos de inundação e o impedimento de drenagem como fatores limitantes ao seu uso.

No Mapa C, vemos esses solos distribuídos pelo território em pequenas faixas, como em porções dos estados de Mato Grosso, Mato Grosso do Sul, Bahia, Ceará, Rio Grande do Norte, Minas Gerais e Rio Grande do Sul. Destaca-se uma área maior e mais contínua entre os estados de São Paulo e do Paraná, em que as rochas basálticas permitiram a formação de solos profundos, férteis e ricos em argila, conhecidos popularmente como **terra roxa**.

Assim, vemos que os solos com **potencialidade agrícola regular** formam a maior classe em percentual de área ocupada, com 39,25%. São solos em terreno plano ou suavemente ondulado e que contam, ainda, com características de textura, estrutura, porosidade, entre outras, consideradas boas. Apresentam, no entanto, fertilidade baixa, sendo, assim, a baixa disponibilidade de nutrientes uma de suas limitações. A outra grande limitação desses solos é o excesso de alumínio. Como vimos anteriormente, na maior parte do país, o excesso de alumínio está relacionado significativamente à variação entre os períodos seco e chuvoso.

Os solos com **potencialidade agrícola entre regular e restrita** têm em comum algumas características pedológicas consideradas regulares pela classificação do IBGE e ocupam 6,93% do território brasileiro, mas são divididos em duas categorias (linhas 5a e 5b da Tabela 3.1). A primeira (5a) é formada por uma faixa em extensão latitudinal, do norte de Minas Gerais ao estado da Bahia. Esses solos apresentam fertilidade baixa, em relevo suavemente ondulado, sendo a baixa disponibilidade de nutrientes a sua principal limitação (IBGE, 2006h).

A segunda categoria (5b) apresenta baixa fertilidade, presença em relevo plano e suavemente ondulado, e baixa disponibilidade de nutrientes como principal fator limitante (IBGE, 2006h). Pode ser encontrada, segundo o Mapa C, em diversos estados de todas as regiões do país, em maior ou menor proporção, com destaque para os estados do Nordeste, além do Acre e parte do Amazonas. Em ambientes tão distintos do ponto de vista geológico, geomorfológico e climático, não é difícil compreendermos que os processos pedogenéticos envolvidos são bastante diferentes e formam, portanto, solos taxonomicamente diferentes. Em termos de potencial agrícola, para uma avaliação em escala nacional, no entanto, o resultado é bastante comum, com condições regulares para agricultura e restrições.

Encontramos 13,94% da cobertura de solos brasileiros compostos por unidades classificadas pelo IBGE como de **potencialidade agrícola restrita**. Uma pequena proporção de solos assim classificados é formada por solos com **média e alta fertilidade**, relevo fortemente ondulado, cujos declives acentuados conformam sua principal limitação. A maior parte, que corresponde a 12,07% da cobertura de solo do país, tem fertilidade baixa, demais características pedológicas regulares e está em relevo considerado ondulado a montanhoso, sendo esse o seu principal fator limitante, em função dos declives acentuados, juntamente à restrição de drenagem em algumas áreas e ao excesso de alumínio. Em uma faixa que vai do Nordeste ao Sudeste, temos os solos em posições serranas ou de relevo fortemente ondulado, sobre dobramentos antigos do embasamento cristalino. No Norte do país, esses solos são encontrados em depressões e nos planaltos amazônicos.

Os solos classificados como de **potencialidade agrícola restrita a desfavorável** apresentam baixa fertilidade, demais características pedológicas regulares, em relevos planos e suavemente ondulados do semiárido nordestino, presentes, ainda, em pequenas porções dos estados de Rondônia, Mato Grosso do Sul e Rio Grande do Sul (IBGE, 2006h). Essa categoria é formada principalmente por solos que apresentam baixíssima permeabilidade nas camadas subsuperficiais, com uma mudança abrupta de textura do horizonte superficial, pobre em argila, para o horizonte subsuperficial (horizonte B), rico nesse tipo de sedimento (Embrapa, 2006). As principais restrições desses solos, que ocupam 1,87% do território, são o excesso de sódio, a limitação de drenagem e o risco de inundação.

Na Tabela 3.1, vemos que 29,78% dos solos apresentam **características desaconselháveis para a agricultura**, com fertilidade muito baixa, estruturas ruins, por vezes em regiões montanhosas e escarpadas. São solos que se encontram em quase todos os estados brasileiros e apresentam grandes variações de área para área, ou mesmo em uma mesma área e, portanto, seus fatores limitantes são diversos, como alta salinidade, reduzida profundidade, presença de pedregosidade e elevada textura arenosa.

Assim, vemos que, diferentemente do que pode parecer ao senso comum, grande parte dos solos brasileiros apresenta baixa fertilidade ou algum tipo de empecilho à agricultura. Muitas dessas questões podem ser contornadas por meio das modernas tecnologias agrícolas, mas é preciso termos em mente os riscos ambientais do uso de determinados solos. Comumente, ao liberar para a produção agropecuária áreas consideradas erroneamente como "ambientalmente pobres", por não comportarem florestas exuberantes, podemos justamente estar utilizando áreas cujos solos apresentam papel importante para o quadro natural, como o fato de serem reservas de água e de carbono, por exemplo.

3.4 Quadro climático brasileiro

Neste tópico, trataremos brevemente do **clima**, relembrando primeiramente alguns fatores geográficos importantes para a conformação do clima brasileiro, para, em seguida, caracterizarmos os diferentes tipos climáticos que existem no país. Após, veremos o papel do clima sobre os demais componentes do quadro natural, bem como alguns potenciais econômicos e riscos socioambientais relacionados às características climáticas brasileiras.

3.4.1 Alguns conceitos preliminares do clima

Sabemos que existe uma interação dinâmica dos **elementos do clima** (temperatura, umidade e pressão, em todas as suas variáveis) entre si, e também com os **fatores geográficos do clima** (latitude, altitude, maritimidade, correntes marítimas, vegetação, atividades humanas etc.). Nesse sentido, consideremos, por exemplo, a forma pela qual o aumento do elemento *temperatura* causa a diminuição do elemento *pressão*, ou a forma como o fator geográfico *latitude* condiciona as temperaturas – em geral, as temperaturas são mais quentes quanto mais próximos estamos da latitude 0 (zero), e mais frias quanto mais próximos das latitudes 90° Sul ou Norte.

Essas interações dinâmicas, no contexto da circulação geral da atmosfera, estão relacionadas a constantes **movimentos do ar**, com **centros de ação positivos** (geralmente formados por **sistemas de alta pressão**, como os anticiclones, onde se originam as massas de ar) e **negativos** (geralmente formados por áreas de **baixa pressão**, para onde afluem massas de ar), engendrando massas de ar frias ou quentes, úmidas ou secas, de maneira que vemos aqui uma delicada teia de influências climáticas, desde a escala macro à escala microclimática (Conti; Furlan, 2014).

Nesse contexto, o que nos resta guardar para a avaliação do clima brasileiro é, em parte, a **cadeia de influências** que constitui os padrões de sucessão habitual do nosso clima, bem como as possíveis **alterações climáticas** que podem ocorrer pela alteração significativa dos fatores climáticos e dos padrões de massas de ar.

Por fim, é preciso que compreendamos que o clima brasileiro também tem seu **papel na conformação dos demais componentes**

do quadro natural do nosso país, além de influência sobre a organização das atividades socioeconômicas.

Em um primeiro momento, portanto, cabe-nos destacar que, para a configuração de suas características climáticas, o imenso território brasileiro conta com a contribuição significativa da **variação latitudinal**, do predomínio das **baixas altitude**s, com alguns planaltos de altitudes mais elevadas e porções serranas, presença marcante de **correntes quentes no Atlântico**, notável ocupação por **vegetação florestal densa**, com destaque para o bioma amazônico (Conti; Furlan, 2014).

O Brasil tem a maior parte do seu território entre a latitude 5° Norte, próxima do Equador, e a latitude 23,5° Sul. O Trópico de Capricórnio está, portanto, predominantemente na **zona intertropical**, caracterizada pela presença dos climas mais quentes do planeta, se comparados aos das zonas subtropicais e aos das zonas polares. O restante da porção meridional do território se estende até a latitude 33,5° Sul, ficando na **zona subtropical** e, portanto, apresentando temperaturas mais baixas em geral, por conta da menor disponibilidade de energia solar, notoriamente no inverno.

Conti e Furlan (2014) demonstram que as características comumente consideradas como típicas dos domínios tropicais estão presentes de forma notável no território brasileiro, como podemos observar no Quadro 3.1.

Quadro 3.1 – Características tropicais típicas e sua representatividade no território brasileiro

Características	Papel no espaço brasileiro
1. Temperaturas médias superiores a 18 °C e diferenças sazonais marcadas pelo regime de chuvas.	Ocorre em 95% do território.

(continua)

(quadro 3.1 – conclusão)

Características	Papel no espaço brasileiro
2. Amplitude térmica anual inferior a 6 °C (isotermia).	Registra-se desde o extremo norte até o paralelo de 20° de latitude sul, aproximadamente.
3. Circulação atmosférica controlada pela zona de convergência intertropical (ZCIT), baixas pressões equatoriais (*doldrums*), ventos alísios e altas pressões subtropicais.	Afeta quase todo o espaço do nosso país, exceto ao sul do Trópico de Capricórnio e onde é mais relevante a ação das frentes polares.
4. Cobertura vegetal que vai do deserto quente à floresta ombrófila, passando pela savana.	Embora os desertos quentes estejam ausentes, a floresta ombrófila e as savanas originalmente* cobriam 94% do território brasileiro.
5. Regimes fluviais controlados pelo comportamento de precipitação.	É o que se verifica em todas as bacias hidrográficas, com exceção da Amazônica, onde alguns afluentes dependem da fusão ou derretimento das neves andinas.

* Apenas 5,63% eram ocupados por formações não tropicais: araucárias e campos meridionais.

Fonte: Adaptado de Conti; Furlan, 2014, p. 101.

    O predomínio de altitudes modestas permite que adentrem o continente as massas de ar oriundas de diversos centros de ação positivos. As regiões onde ocorrem maiores elevações, por sua vez, proporcionam uma variação das temperaturas, como no primeiro planalto paranaense, onde se localiza Curitiba, que se encontra a 1.000 metros acima do nível do mar, tendo, usualmente, temperatura 6 ºC menor do que aquelas aferidas no litoral paranaense.

    Ainda a respeito do efeito do relevo sobre o comportamento climático, cabe destacarmos que as **serras**, em especial aquelas mais próximas ao Oceano Atlântico, têm efeito claro sobre as massas de ar. Em sua porção a barlavento, essas serras provocam a elevação das massas de ar, que sofrem resfriamento adiabático (ou seja, o resfriamento por diminuição significativa de pressão), ensejando a condensação da sua umidade e provocando enorme pluviosidade. É comum, por esse motivo, que certos pontos da Serra do Mar apresentem pluviosidade anual acima dos 2.000 mm, chegando até mesmo a mais de 4.000 mm.

Presentes na maior parte do litoral brasileiro, as **correntes quentes do Atlântico** aportam maior umidade ao território. As vastas áreas ocupadas por vegetação florestal densa também contribuem para o aumento da umidade, pelo mecanismo da **evapotranspiração** das árvores (Conti; Furlan, 2014).

Quando pensamos no sistema climático em movimento, devemos considerar a interação das características climáticas oriundas de diferentes regiões, por meio de massas de ar (frias, quentes, tanto úmidas quanto secas), que conectam centros de ação positivos e negativos, e comandam a circulação atmosférica na América do Sul. Assim, não podemos ignorar, na dinâmica climática brasileira, os diferentes ritmos de avanço e predomínio das diversas massas climáticas (equatoriais, tropicais e polares, tanto úmidas como secas).

3.4.2 Classificação do clima brasileiro

No item anterior, vimos sinteticamente alguns elementos climáticos e, principalmente, alguns fatores geográficos que influenciam o clima brasileiro: correntes marítimas quentes, predomínio de baixas latitudes, predomínio de baixas altitudes, com algumas porções mais elevadas e abruptas, grandes domínios de vegetação exuberante, elevado número de massas de ar, com diferentes características etc.

Adiante, para que possamos entender o clima brasileiro resultante da interação dinâmica entre esses diversos fatores mencionados, observemos conjuntamente os Mapas D e E, disponíveis no Apêndice ao final deste livro. O primeiro apresenta os climas zonais do nosso país e as massas de ar que predominam sobre cada região do território nacional. Os climas zonais, portanto, enfatizam a posição latitudinal – se equatorial, tropical ou subtropical –, as características habituais de elementos climáticos, em especial temperatura e pluviosidade, e os sistemas atmosféricos dominantes. Notemos que o Mapa E, por sua vez, não faz essa distinção zonal ou de massas de ar, mas enfoca as características habituais de temperatura média – quente, subquente, mesotérmico brando e mesotérmico mediano – bem como de pluviosidade e ritmos de meses secos. Nesse mapa, portanto, a análise que podemos fazer é a do resultado de temperatura e pluviosidade em diferentes domínios zonais ou na variação desta dentro de um mesmo domínio.

Podemos observar que há um **domínio equatorial**, que se encontra contínuo na Região Norte do país e em parte do Centro-Oeste (Mapa D). Esse domínio tem média térmica geral superior a 18 ºC, geralmente superior a 24 ºC, e apresenta significativa variação quanto à pluviosidade: superúmido sem seca[viii]; superúmido com subseca; úmido com um a dois meses secos; úmido com três meses secos, cuja isolinha (linha que delimita no mapa uma mesma característica, no caso temperatura e regime pluviométrico) indica o limite a leste e sul do domínio. Há uma porção em Roraima que se destaca na região por apresentar características semiúmidas, com quatro a cinco meses secos.[ix]

viii. É importante ressaltarmos que, na zona intertropical, considera-se mês seco o que recebe menos de 60 mm de chuva (Conti; Furlan, 2014).

ix. Conti e Furlan (2014) classificam esta última porção, em Roraima, como *domínio equatorial úmido*, enquanto Danni-Oliveira e Mendonça (2007) consideram-na *clima tropical-equatorial*, ou seja, com características tropicais de significativa demarcação de período seco, ainda que em latitudes equatoriais.

O **domínio de clima tropical** (Mapa D) está presente na maior parte do nosso território, desde a grande mancha de clima quente, semiúmido, com quatro a cinco meses secos (tom mais claro de roxo no Mapa E), que se estendem desde o norte do Maranhão, passando pelos domínios de clima semiárido (em tons de amarelo), incluindo também as áreas de maior pluviosidade no litoral do Nordeste e do Sudeste (em roxo mais escuro no Mapa E) até o predomínio de climas subquentes em Minas Gerais, Mato Grosso e Norte do Paraná, e incluindo, ainda, alguns pontos elevados no Sudeste, com clima mesotérmico superúmido.

A significativa variação de cores no Mapa E indica a elevada variedade de temperatura e regime pluviométrico do domínio tropical no Brasil, que apresenta uma grande proporção de clima tropical típico na porção central de seu território, com **temperaturas elevadas e nítida distinção entre uma estação seca e uma chuvosa** – entre um e dois meses em algumas regiões, chegando até a ser de quatro a cinco meses em grandes extensões.

Por diferentes dinâmicas de massas de ar, no litoral nordestino, que é sujeito a períodos secos, os meses em que isso ocorre correspondem ao final da primavera e ao verão, enquanto que nas demais áreas com clara demarcação de período chuvoso e seco, os meses secos ocorrem entre abril e setembro (Conti; Furlan, 2014).

Destacamos no Mapa E a mancha do **semiárido**, que vai das porções setentrionais do Nordeste até o Vale do Jequitinhonha, em Minas Gerais, com o predomínio de tons amarelos e alaranjados, que indicam áreas com 6 a 11 meses de seca, entremeadas por algumas estreitas faixas com menos de 4 meses secos, mas que, ainda assim, são usualmente classificadas como pertencentes ao polígono das secas. Como podemos observar pela conjugação dos Mapas D e E, o semiárido está presente em três climas zonais: no clima tropical em zona equatorial, no tropical do Nordeste Oriental e no clima tropical do Brasil Central. Podemos perceber que as áreas com secas mais rigorosas estão no primeiro clima zonal.

Na mancha do semiárido, as chuvas não chegam a 600 mm a cada ano, em média, e são mal distribuídas, com alguns eventos torrenciais. Há notável déficit hídrico e, portanto, indícios de desertificação, por exemplo, na região do Seridó, no Rio Grande do Norte, bem como em Raso da Catarina, na Bahia (Conti; Furlan, 2014).

Antigamente, era comum encontrarmos livros que apontavam o Planalto da Borborema, do Rio Grande do Norte, à porção mais a jusante do Rio São Francisco como responsável por essas condições severas de pluviosidade. Conti e Furlan (2014), no entanto, consideram que essa é uma explicação insuficiente, devido à descontinuidade e às altitudes modestas dessa unidade do relevo nordestino. Esses autores acreditam que a explicação esteja mais relacionada às dinâmicas de circulação atmosférica, como a formação de uma célula de alta pressão sobre a região, bem como por ação da corrente fria de Benguela, que pode influenciar o litoral nordestino, em sua porção setentrional, por meio dos ventos alísios. Para os autores, no entanto, a origem da semiaridez ainda deve ser mais bem explicada.

Observamos também a presença de uma faixa litorânea quente, mas mais úmida, por vezes sem período seco, do Nordeste ao Sudeste, considerada tropical por sua presença na zona tropical, mas sem demarcação de período seco propriamente dito. Nessa faixa, há períodos menos chuvosos, em contraste com meses mais chuvosos, geralmente entre junho e agosto.

Ainda no domínio do clima zonal tropical do Brasil Central, entre os estados do Espírito Santo, Rio de Janeiro, São Paulo, Goiás, Mato Grosso e o norte do Paraná, no Mapa E, vemos um domínio de tons de azul e verde, que indicam o que Conti e Furlan (2014) caracterizam como **clima tropical de altitude**. São áreas de temperaturas mais brandas (subquentes e mesotérmicas), com algumas regiões apresentando períodos secos demarcados, enquanto outras não apresentam meses secos, sobretudo nas áreas a barlavento nas regiões serranas, que recebem umidade das massas oceânicas. Nestas últimas, ocorrem registros pluviométricos notáveis, como na Serra do Mar em São Paulo, onde são registradas precipitações anuais que podem chegar a 4.000 mm.

Por último, verificamos o **domínio subtropical**, que incorpora as áreas mesotérmicas e algumas subquentes ao sul do Trópico de Capricórnio. Pela influência predominante da massa polar atlântica, nos meses mais frios, e da massa tropical atlântica, nos meses mais quentes, essa região é marcada por elevada umidade e, como é comum em climas temperados, apresenta quatro estações bem demarcadas, em especial pela variação das temperaturas. Nas áreas indicadas pelo **clima mesotérmico mediano**, com temperatura média menor do que 10 °C, é comum termos a ocorrência de geada, havendo também eventos de precipitação de neve.

3.4.3 Influências do clima sobre os demais componentes do quadro natural brasileiro

O cenário que mostramos no item anterior é um grande resumo de uma realidade climática bastante diversa. No entanto, essa rápida caracterização serve para que observemos a significativa diversidade climática que há no território nacional. Tamanha variabilidade apresenta repercussões sobre o quadro natural, com uma infinidade de efeitos, para os quais podemos dar alguns exemplos.

A **variação de pluviosidade** é fundamental, por exemplo, na distribuição dos biomas. Ao observarmos a distribuição do Bioma Amazônico no Mapa F (disponível no Apêndice, ao final deste livro), podemos notar como esse bioma está fortemente associado ao clima equatorial. Existe também notável conjugação entre o domínio das áreas semiáridas – tons de amarelo no Mapa E – e o bioma da Caatinga. De maneira semelhante, o clima tropical do Brasil Central, quente e com áreas de clara distinção entre estações chuvosas e secas, está fortemente relacionado às áreas por onde se distribui o domínio do Cerrado.

Podemos pensar também no efeito do clima sobre a geologia. Para exemplo, podemos relembrar que os climas mais úmidos afetam o substrato rochoso de forma diferente dos climas secos. Nos climas úmidos, há predomínio de **intemperismo químico**, ou decomposição, em que materiais rochosos têm sua composição química alterada de **minerais primários** para **minerais secundários**. Por sua vez, nos climas secos, há predomínio do **intemperismo físico**, ou desagregação, com a alteração do tamanho ou forma dos minerais sem mudança radical da sua composição química (Toledo, 2001).

Os regimes de vazão da hidrografia estão intimamente atrelados às características climáticas dominantes em dada **região hidrográfica**. No semiárido, por exemplo, a evaporação maior do que a pluviosidade baixa e irregularmente distribuída faz com que boa parte dos rios da região sejam **intermitentes**, enquanto a alta pluviosidade amazônica é uma das responsáveis pelos caudalosos rios da região.

Os diferentes tipos de clima ensejam diferentes processos geomorfológicos e esculpem de maneiras diversas as formas de relevo. Em áreas onde ocorrem pluviosidades torrenciais, por exemplo, são possíveis os grandes **movimentos de massa** e a aceleração dos processos de erosão. Os solos, por sua vez, são geralmente mais profundos em áreas sujeitas a maior pluviosidade e mais rasos em áreas mais secas do país.

Esses são apenas alguns exemplos do papel do clima do quadro natural. Obviamente, as interações naturais são efetivamente mais complexas, mas o cenário que expusemos serve para que pensemos sobre como a diversidade climática brasileira tem diferentes papéis no quadro natural circunscrito ao território nacional. Diversos processos geomorfológicos, pedológicos, hidrográficos, geológicos e biológicos ocorrem em diferentes intensidades no nosso país, por conta da sua diversidade climática, ensejando uma grande riqueza natural.

3.4.4 Potencialidades, fragilidades, riscos e vulnerabilidades socioambientais/climáticas do território brasileiro

No que tange à **ocupação do território**, uma tão grande diversidade de tipos de clima permite que tenhamos condições diferentes para inúmeros tipos de produtos agrícolas. O frio na Região Sul, por exemplo, permite que, em alguns lugares, haja culturas típicas de inverno, como o trigo, que depende de dezenas de dias ininterruptos de frio para sua germinação. As áreas com período seco moderado, ou ausência de estação seca, são adequadas para uma grande quantidade de culturas temporárias e permanentes que dependem dessa regularidade de água para ter altas taxas de produtividade. O clima quente com estações secas no Vale do Rio São Francisco tem propiciado experiências de produção de frutas para exportação com alta qualidade e produtividade.

Os altos índices pluviométricos em diversas áreas abastecem uma rica rede hidrográfica que é potencialmente fonte de abastecimento de água para cidades de diversos portes, além de servir como recurso para a energia hidroelétrica. Áreas com ventos regulares e fortes o suficiente são potencialmente fonte de energia eólica. Grandes porções territoriais com regularidade na insolação têm elevado potencial para aproveitamento da energia solar por células fotovoltaicas.

O turismo se beneficia das características climáticas, notadamente nas faixas litorâneas. As praias ensolaradas no verão são atrativas para turistas brasileiros e do exterior, o que gera divisas para os municípios bem adaptados à demanda por áreas de veraneio. Por outro lado, as estâncias serranas mais frias são áreas atrativas para o turismo de inverno, como são exemplo as serras gaúcha e catarinense, a região de Campos do Jordão em São Paulo, e a região serrana do Rio de Janeiro.

Riscos socioambientais diversos são associados ao clima brasileiro. Eventos extremos de chuvas, por vezes, causam movimentos de massa em encostas ou inundações de planícies, resultando em prejuízos econômicos, danos à infraestrutura, desabrigando pessoas, causando problemas de saúde e até mortes.

Períodos de secas, por sua vez, operam grandes problemas para as populações em diversas áreas do território nacional, em especial àquelas que vivem na região do semiárido, mais vulneráveis a essas condições extremas de estiagem por uma conjugação de pobreza, inoperância do poder público e características propriamente ambientais.

A falta de preparo de infraestrutura pelo Poder Público para a coleta e armazenamento de água bem como a retirada das florestas e ocupação indiscriminada dos terrenos de recarga dos rios fazem com que a população das grandes cidades esteja mais vulnerável à falta de água, com diminuição da capacidade dos reservatórios de abastecimento, em situação de seca, como ocorreu a partir de 2013 no Sudeste brasileiro, em especial no estado de São Paulo.

Condições climáticas também estão intimamente atreladas à distribuição de vetores de certas doenças, como as transmitidas pelo mosquito *Aedes Aegypti*, vetor da dengue, do *zika* vírus e da *chikungunya*, que tem sua proliferação especialmente associada a áreas e períodos quentes.

A vulnerabilidade da população ao desconforto térmico é potencializada pela concentração de áreas sujeitas a ilhas de calor nos núcleos urbanos brasileiros, em um contexto de planejamento urbano incapaz de levar em conta os riscos como aspectos inerentes das relações entre ser humano e ambiente (Mendonça, 2011).

É importante atentarmos para o fato de que esses e diversos outros riscos devem cada vez mais ser motivo de preocupação da pesquisa e do ensino, por diversas razões, como os ritmos dos eventos extremos, potencializados em períodos de El Niño e La Niña, pela ocupação desordenada na cidade e no campo e, sobretudo, pela eminência das mudanças climáticas.

3.5 Quadro dos biomas brasileiros

Tratamos agora dos **biomas brasileiros** (Amazônia, Cerrado, Mata Atlântica, Caatinga, Pampa e Pantanal), bem como de sua distribuição no território, características principais, potenciais e fragilidades.

3.5.1 Amazônia

A Amazônia se estende integralmente sobre quase todos os estados da Região Norte do Brasil, estando parcialmente sobre o Tocantins e quase completamente sobre Rondônia, e presente ainda sobre o centro-norte do Mato Grosso e o oeste do Maranhão (Mapa F). Com seus mais de 4 milhões de quilômetros quadrados de área, caracteriza-se como uma **floresta tropical úmida**, associada especialmente a **terras baixas**, com **elevada pluviosidade**, **temperaturas elevadas e regulares** ao longo do ano, sobre **solos profundos**, predominantemente arenosos, pobres em nutrientes nos horizontes subsuperficiais, usualmente ácidos, e enriquecidos no horizonte orgânico superficial pela rápida decomposição da densa serrapilheira (Conti; Furlan, 2014).

Trata-se de um bioma notório por sua **biodiversidade**, cuja fitofisionomia é caracterizada por um conjunto bastante denso de árvores altas, de dossel – o topo formado pela copa das árvores – contínuo e perene, com algumas espécies ainda mais altas, que se destacam sobre o dossel. Sobre os troncos das árvores, são abundantes as **epífitas**, espécies vegetais adaptadas aos troncos, sem retirar nutrientes destes como parasitas, mas utilizando-os como apoio para ter acesso à luz, à umidade e aos nutrientes disponíveis no ar, formando um verdadeiro jardim suspenso.

A densidade da floreta não é propícia para animais de grande porte. Assim, as espécies da **fauna** se distribuem entre **estrato emergente** (em árvores que se destacam sobre o dossel, onde se instalam aves de maior porte e insetos), **estrato dossel** (nos galhos altos e copas, onde encontramos aves, várias espécies de macacos e outros mamíferos) e **estrato superficial** (sobre o solo, com profusão de roedores, aves de solo e muitos invertebrados), nos quais estabelecem suas relações na comunidade ecológica e seu papel no fluxo de energia do ecossistema (Conti; Furlan, 2014). Destacamos que, na base, o sistema ecológico amazônico conta com um verdadeiro **caldeirão bioquímico**, propiciado pela temperatura e umidade elevadas e pela baixa luminosidade interna, em que fungos e micro-organismos decompõem rapidamente os restos de folhas, troncos e animais mortos da serrapilheira, devolvendo, em pouco tempo, os nutrientes para as árvores pelo sistema reticular.

Embora, para um olhar leigo, a fisionomia da floresta possa parecer homogênea, existe uma grande variedade de associações vegetais, segundo as espécies adaptadas a variações na precipitação sobre a Bacia Amazônica. Também encontramos variação de espécies predominantes segundo a posição no relevo em relação aos cursos de água, sendo já tradicional a classificação em **matas de igapó** (espécies arbóreas adaptadas a solos alagados), **matas de várzea** (espécies arbóreas adaptadas a solos periodicamente alagados) e **matas de terra firme** (espécies arbóreas adaptadas a solos secos) (Conti; Furlan, 2014).

Na **interação dos elementos físicos e bióticos**, o sistema se retroalimenta em uma sucessão de eventos interdependentes. Os **rios**, por exemplo, são caudalosos a partir do degelo das cabeceiras nos Andes e pela elevada pluviosidade. São meios de carreamento de nutrientes, distribuídos pelas cheias para as florestas. A condição climática para esses rios, no entanto, também é originada pela floresta, que envia para a atmosfera significativa umidade pela **evapotranspiração** e atrai ainda mais umidade do oceano, com o consequente rebaixamento da pressão, que intensifica a pluviosidade e a envia para regiões distantes do continente, até mesmo para áreas elevadas dos Andes, onde se converterá em neve, completando o ciclo na bacia (Conti; Furlan, 2014; Nobre, 2014).

Vemos, assim, que esse ecossistema apresenta interações bastante sofisticadas, tanto dos elementos bióticos entre si, nas suas cadeias alimentares, cooperações, mutualismos, concorrência etc., quanto entre estes e os elementos do meio físico. Ocorre que, sendo um sistema aberto, devemos considerar também as influências de outros sistemas sobre ele, e deste sobre outros sistemas. Por exemplo, há pesquisas recentes da Nasa[x], por imagens de satélite, que mostram como o núcleo de baixa pressão formado sobre a Amazônia atrai ventos da África, com grande quantidade de sedimentos e nutrientes oriundos do Deserto do Saara, que aportam matéria e energia ao ecossistema[xi].

Da mesma maneira, a influência do bioma não se resume ao limite da floresta, pois exporta funções ambientais para outros ecossistemas. O Instituto Nacional de Pesquisas Espaciais (Inpe) mostra como a Amazônia apresenta uma enorme influência sobre o **clima continental**, reduzindo sua temperatura e aumentando a sua umidade e reduzindo ainda a possibilidade de eventos climáticos extremos nas áreas de outros biomas (Nobre, 2014). As constatações do relatório do Instituto não apenas reforçam uma velha tese sobre o papel da Amazônia no clima do continente sul-americano, mas também ampliam a proporção desse papel. De fato, essa influência não se limita ao clima continental, mas **global**, quando consideramos que a Amazônia se trata de uma grande reserva de carbono, extraído da atmosfera por fotossíntese e pela produção de biomassa.

Trata-se, portanto, de um bioma com elevada biodiversidade, com complexas cadeias ecológicas e que contribui notavelmente

---

x. *National Aeronautics and Space Administration*, em português, a Administração Nacional da Aeronáutica e Espaço, dos Estados Unidos.

xi. Em Carvalho (2015), podemos ver um vídeo sobre o processo de deslocamento de sedimentos entre o Saara e a Amazônia.

para o clima em seu próprio domínio e o de outras regiões do continente e do globo, apresentando, assim, grande potencial para a exploração de riquezas biogenéticas (indústria farmacêutica) e ainda influenciando, indiretamente, a possibilidade de arranjo socioespacial em outras regiões, por conta de seu papel no equilíbrio climático.

Nas últimas décadas, porém, o bioma amazônico vem sendo dilapidado pela exploração econômica inadequada às suas fragilidades, considerando-se o avanço da fronteira agropecuária e a extração mineral. Nesse contexto, a capacidade da **sociobiodiversidade** é ignorada, com baixo incentivo a práticas extrativistas de comunidades tradicionais (povos indígenas, ribeirinhos e seringueiros), para a manutenção de um modelo econômico menos agressivo e mais adaptado ao ecossistema, construído ao longo de anos de convivência das comunidades com a floresta.

3.5.2 Mata Atlântica

Originalmente, a Mata Atlântica consistia em um conjunto de **formações florestais úmidas**, com **distribuição azonal** – tanto em domínio tropical quanto subtropical –, desde latitudes tropicais a latitudes subtropicais, passando do litoral do Nordeste aos planaltos e à planície litorânea do Sudeste e Sul do país, com pequena representação no Mato Grosso do Sul e em Goiás (Mapa F). É composta por formações florestais úmidas, tanto tropicais quanto subtropicais. Também é marcante a **elevada pluviosidade**, ocorrendo variação significativa de temperatura média em seus domínios, por conta da variação latitudinal e de altitude. Há grande domínio de **solos ácidos**, embora seja também significativa a presença de solos mais básicos, sobretudo em áreas de derrames basálticos (Conti; Furlan, 2014; Brasil, 2016c).

Em seu estágio mais avançado, a **fitofisionomia** é predominantemente formada por **espécies florestais densas e altas**, com bastante semelhança à Amazônia nesse aspecto, embora as árvores amazônicas sejam, em média, maiores. Ambos os biomas têm em comum também o **epifitismo**. Há elevada diferenciação da fitofisionomia de acordo com a posição no relevo e a variação da temperatura. Em planaltos do Sul do Brasil, em latitudes mais elevadas, bem como em áreas serranas do Rio de Janeiro e de São Paulo, e em algumas posições mais elevadas, por exemplo, a fitofisionomia é caracterizada por **matas de araucárias**, associadas a **temperaturas baixas e moderadas** no inverno. Nas áreas litorâneas, por sua vez, ela está associada a **mangues e restingas**, enquanto que em algumas porções de altitudes elevadas são encontrados os chamados **campos de altitudes** (Conti; Furlan, 2014; Brasil, 2016c).

Em todo o seu domínio, a **fauna** é bastante diversificada, ocupando os diferentes estratos das florestas e as demais formações, com sistemas ecológicos complexos, o que contribuiu para a existência de **um dos biomas mais biodiversos do planeta**. Há, ainda, um elevado grau de **endemismo**, com várias espécies da flora e da fauna que são encontrados somente dentro dos limites do bioma.

O processo evolutivo da Mata Atlântica contou com avanços e regressões em virtude de **variações paleoclimáticas**, com alternância de climas úmidos e secos durante as glaciações, sobre terrenos diferenciados em altitude e características de solo, além de diferentes padrões de temperatura. Isso contribuiu para a rica biodiversidade do bioma. Dessa forma, esse bioma tem um importante papel como **repositório genético**. Sua função no complexo natural era tão relevante quanto a da Amazônia como reserva de carbono na sua biomassa, fonte de umidade para seu domínio, proteção dos solos, captação de água das chuvas para armazenamento subterrâneo etc. Muitas dessas funções, atualmente, estão bastante comprometidas, mas é inegável o seu valor para a biodiversidade (Conti; Furlan, 2014; Brasil, 2016c).

A Mata Atlântica é um dos ecossistemas mais deteriorados do Brasil, considerando-se a sua localização na área de maior ocupação socioespacial e desenvolvimento econômico do país. Assim sendo, o bioma se encontra bastante fragmentado, com pequenas porções descontínuas espalhadas por seus domínios originais, sobretudo em áreas serranas, onde o ímpeto de ocupação foi dissuadido pelas abruptas declividades. As maiores porções contínuas se encontram nas áreas serranas do Paraná e de São Paulo.

Proteger essa fonte de biodiversidade, em meio ao avanço dos empreendimentos imobiliários, da exploração agropecuária, do crescimento das cidades no Centro-Sul e no litoral nordestino é um desafio de difícil encaminhamento. O desafio se torna mais premente quando pensamos na necessidade de se criarem mecanismos para a recuperação de vastas áreas, importantes para a conexão entre os fragmentos, para garantir o fluxo gênico e energético, bem como para recuperar os serviços ambientais das florestas para o clima regional e para a conservação das fontes de água subterrânea, nascentes e drenagens.

3.5.3 Cerrado

O Cerrado é o segundo maior bioma do país, ocupando 22% do seu território, em uma grande extensão que vai desde o Maranhão, passando pelo Piauí, Bahia, Tocantins, Minas Gerais, Goiás, Distrito Federal, Mato Grosso, Mato Grosso do Sul, São Paulo e em pequenas áreas do Paraná (Mapa F). O bioma está associado principalmente ao **clima tropical típico**, com **temperaturas elevadas** e **clara separação entre as estações seca e úmida**. Seus solos são bastante ácidos e, sobretudo, ricos em alumínio (Conti; Furlan, 2014; Brasil, 2016a).

Este bioma é marcado pela **associação entre espécies arbóreas e arbustivas**, com vegetação rasteira em diferentes proporções. Assim, temos uma gradação na ocupação vegetacional: **campo limpo**, em que há predomínio de vegetação rasteira; **campo sujo**, com inserção de arbustivas entre a vegetação rasteira; **campo cerrado**, com um pouco mais de arbustivas em relação às duas formações anteriores e algumas árvores; **cerrado em sentido estrito**, com presença significativa de árvores e arbustos espaçados; e **cerradão**, em que há maior densidade de espécies arbóreas (Conti; Furlan, 2014; Brasil, 2016d).

As árvores têm troncos e galhos tortuosos, com revestimento de cortiça (cascas grossas), sistema radicular profundo (mais de 15 metros), para alcançar água e nutrientes no subsolo, com folhas espessas. As espécies vegetais estão bastante adaptadas ao solo rico em alumínio (Brasil, 2016d).

Em comparação a biomas como a Amazônia e a Mata Atlântica, o Cerrado pode parecer menos exuberante quanto à composição florística e à fitofisionomia, mas não podemos ignorar a sua **elevada biodiversidade**. É o bioma savânico de maior biodiversidade do planeta, como atesta o Ministério do Meio Ambiente:

> Considerado como um [dos] hotspots mundiais de biodiversidade, o Cerrado apresenta extrema abundância de espécies endêmicas e sofre uma excepcional perda de habitat. Do ponto de vista da diversidade biológica, o Cerrado brasileiro é reconhecido como a savana mais rica do mundo, abrigando 11.627 espécies de plantas nativas já catalogadas. Existe uma grande diversidade de habitats, que determinam uma notável alternância de espécies entre diferentes fitofisionomias. Cerca de 199 espécies de mamíferos

são conhecidas, e a rica avifauna compreende cerca de 837 espécies. Os números de peixes (1.200 espécies), répteis (180 espécies) e anfíbios (150 espécies) são elevados. O número de peixes endêmicos não é conhecido, porém os valores são bastante altos para anfíbios e répteis: 28% e 17%, respectivamente. De acordo com estimativas recentes, o Cerrado é o refúgio de 13% das borboletas, 35% das abelhas e 23% dos cupins dos trópicos. (Brasil, 2016d)

A **cobertura vegetal** do Cerrado participa de um intricado **sistema de armazenamento e fluxo de água**. A vegetação protege os solos profundos, que filtram e acumulam água em grandes quantidades, formando as condições necessárias para o abastecimento do lençol freático e, em condições de relevo que propiciem a convergência, a formação de nascente dos rios. Por esse motivo, no Cerrado são encontradas importantes nascentes das maiores bacias hidrográficas do país, que seguem tanto em direção ao Amazonas e ao Tocantins, como às principais bacias do Sudeste e do Sul (Conti; Furlan, 2014; Brasil, 2016d).

Grande parte do espaço ocupado pelo Cerrado não se encontra dentro da região de maior distribuição da rede de cidades brasileiras, especialmente em sua porção sobre o Centro-Oeste. No entanto, a exploração econômica, sobretudo pela expansão da **monocultura agroexportadora**, bem como da **pecuária**, foi responsável nas últimas décadas por uma grande devastação do bioma, colocando em risco o seu papel como área de significativa biodiversidade, proteção de solos, e, também, como ecossistema relevante para a manutenção dos recursos hídricos brasileiros.

3.5.4 Caatinga

Na região do semiárido, em condições de **pluviosidade baixa** e má distribuída ao longo do ano, **temperaturas elevadas, vultosa evaporação**, em **solos rasos**, encontramos o bioma denominado Caatinga, que ocupa aproximadamente 11% do território nacional, abrangendo porções de todos os estados do Nordeste e parte do norte de Minas Gerais (Mapa F).

De fato, o que chamamos de Caatinga é um mosaico formado pelo agreste, pelos campos secos, por matas semiúmidas e pela caatinga propriamente dita. Em comum, esses ambientes têm a **adaptação das espécies de fauna e da flora às condições de secas severas**. Fisionomicamente, no entanto, é possível notarmos que cada uma dessas unidades conta com maior ou menor número de espécies arbustivas, herbáceas ou arbóreas, além de arbóreas aptas a áreas mais úmidas, conforme a variação regional de pluviosidade e de duração do período seco, bem como de posição em relação ao relevo (Conti; Furlan, 2014).

No bioma da Caatinga, a formação que ficou convencionada como a **caatinga propriamente dita** é composta por uma conjugação de **espécies arbóreas, arbustivas** e **herbáceas** que são altamente adaptadas à baixa e irregular pluviosidade e ao solo raso e pedregoso.

Entre as adaptações da vegetação ao clima, encontramos folhas pequenas, perda de folhagem, espinhos, folhas grossas, coreáceas (ou seja, com aspecto envernizado, semelhante ao couro), pilosidade (pequenos "pelos", que dão um aspecto aveludado às folhas), armazenamento de água nos troncos, além de algumas espécies com raízes profundas. Assim, identificamos espécies como juazeiro, catingueira, aroeira, cumaru, ipê roxo e carnaúba, entre outras, que formam o estrato arbustivo e o estrato arbóreo.

No estrato herbáceo, rasteiro, encontramos espécies de cactáceas e de ervas, algumas perenes e outras de desenvolvimento efêmero (Conti; Furlan, 2014; Brasil, 2016b).

A **fauna** é inegavelmente rica na Caatinga. Dados do Ministério do Meio Ambiente mostram que esse bioma conta com uma significativa diversidade de espécies de mamíferos (178 espécies), aves (591 espécies), répteis (177 espécies), anfíbios (79 espécies), peixes (241 espécies) e abelhas (221 espécies) (Brasil, 2016b).

O bioma da Caatinga é, portanto, rico em espécies, apresenta importante papel de reserva genética, proteção de solos, cadeias ecossistêmicas, preservação de nascentes e drenagens intermitentes da região etc. Ocorre, no entanto, que modelos de agricultura e pastoreio próprios de outras regiões, quando aplicados nesse bioma, apresentam grande impacto, pela retirada da vegetação e degradação dos solos. A consequência ambiental mais severa de um desmatamento indiscriminado no bioma é a possibilidade de **desertificação**, como já existem exemplos na região do Seridó, no Rio Grande do Norte, e em Raso da Catarina, na Bahia (Conti; Furlan, 2014).

3.5.5 Pampa

O segundo menor bioma brasileiro, com 2,1% do território do país, está completamente encerrado em terras do estado do Rio Grande do Sul (Mapa F), de onde se estende para o Uruguai. O Pampa consiste em um ecossistema associado a um **relevo plano ou suavemente ondulado**, **solos rasos**, com **pontos de afloramentos rochosos**, presença de **banhados** e **clima frio** (Conti; Furlan, 2014).

Trata-se de um bioma de **campos temperados**, cuja fitofisionomia é caracterizada pelo amplo predomínio de **estrato herbáceo** nas extensas coxilhas, havendo formações arbóreas, na forma de matas de galeria, em posição de solos mais profundos, próximos às drenagens.

A aparente homogeneidade da paisagem apresenta, no entanto, uma significativa **variedade de espécies da fauna e da flora**. Segundo o Ministério do Meio Ambiente, estimativas

> indicam valores em torno de 3.000 espécies de plantas, com notável diversidade de gramíneas, são mais de 450 espécies (campim-forquilha, grama-tapete, flechilhas, barbas-de-bode, cabelos-de-porco, dentre outras). Nas áreas de campo natural, também se destacam as espécies de compostas e de leguminosas (150 espécies) como a babosa-do-campo, o amendoim-nativo e o trevo-nativo. Nas áreas de afloramentos rochosos podem ser encontradas muitas espécies de cactáceas. Entre as várias espécies vegetais típicas do Pampa vale destacar o Algarrobo (Prosopis algorobilla) e o Nhandavaí (Acacia farnesiana) arbusto cujos remanescentes podem ser encontrados apenas no Parque Estadual do Espinilho, no município de Barra do Quaraí (Brasil, 2016e).

Esse ecossistema também é composto por uma fauna significativamente diversa, com grande quantidade de aves (aproximadamente 500 espécies, entre elas a ema, o perdigão, a perdiz etc.), mamíferos (mais de 100 espécies, dentre os quais podemos destacar o veado-campeiro, o graxaim, o furão, os tuco-tucos, etc.). Há também várias espécies endêmicas, como a do beija-flor-de-barba-azul e a do sapinho-de-barriga-vermelha, entre outras (Brasil, 2016e).

O bioma do Pampa, portanto, tem intricadas relações entre os seus componentes físicos e biológicos, de forma a manter uma **vultosa biodiversidade**, além de apresentar inúmeros outros papéis no sistema. A **vegetação rasteira** fornece grande volume de matéria orgânica para os solos, aumentando a sua capacidade de armazenamento de água e contribuindo para a conformação do sistema de drenagem da região. Essa matéria orgânica oriunda da decomposição da vegetação herbácea apresenta um importante papel no sequestro de carbono da atmosfera, apreendido, em primeiro momento, pela evapotranspiração e pela produção de biomassa (Brasil, 2016e).

Diante desse quadro, podemos perceber que, ainda que não se configure como uma floresta exuberante, mas com uma formação vegetacional bastante homogênea e de estrato baixo, esse bioma tem relevância ambiental. Nesse contexto, a ocupação econômica, por meio de um avanço agropecuário que não considera as particularidades do Pampa, sobretudo pela implantação de espécies herbáceas exógenas para pastagem, tem ocasionado elevada descaracterização do ecossistema e o comprometimento do seu papel ecológico e ambiental.

3.5.6 Pantanal

O Pantanal é o bioma que ocupa a menor área do Brasil, com 1,8% do seu território, e se localiza na porção oeste dos estados de Mato Grosso e Mato Grosso do Sul (Mapa F), de onde se estende para o Paraguai. Nele, é característico o **clima tropical**, com **temperaturas elevadas** e c**lara demarcação entre o período seco e o chuvoso**, sobre **planícies sedimentares** sujeitas a inundações, na depressão da bacia hidrográfica do Rio Paraguai (Conti; Furlan, 2014; Brasil, 2016a).

Trata-se de uma **região de contato entre diferentes biomas** (Cerrado, Amazônia e Mata Atlântica), com expressividade na dinâmica de **inundação**, prevalecendo uma fisionomia típica do Cerrado em meio a um ambiente de transição ecológica.

As espécies da **flora** são principalmente aquelas comuns ao Cerrado, havendo, no entanto, algumas espécies típicas da Amazônia e da Mata Atlântica, o que também demonstra o caráter de **transição** do bioma e o torna habitat de mais de duas mil espécies de plantas. Quanto à **fauna**, destacamos que o Pantanal conta com muitas espécies de peixes (263 espécies), devido à rica rede de drenagens e aos ciclos de inundação, fator que também é propício para a presença de uma grande quantidade de anfíbios (41 espécies). O bioma conta, ainda, com grande diversidade de mamíferos (132 espécies), destacando-se principalmente como refúgio de aves. Trata-se da maior reserva de avifauna do planeta, com mais de 463 espécies (Brasil, 2016f).

Portanto, o Pantanal é um bioma com grande papel de **reserva da biodiversidade**, além de estar relacionado à **preservação de recursos hídricos**, entre outras funções ambientais. Destaca-se, ainda, de maneira aplicada, o seu **potencial como fonte de recursos genéticos** para o tratamento de doenças.

Entre os principais riscos que ameaçam esse bioma, podemos apontar a extração mineral, com garimpos que contaminam a água; a agricultura, com aplicação indiscriminada de agrotóxicos e a retirada da vegetação original; e, principalmente, a pecuária, com o manejo extensivo de gado em pastos com espécies exógenas.

Síntese

Neste capítulo, realizamos uma breve revisão de um quadro natural riquíssimo, observando aspectos geológicos, geomorfológicos, pedológicos, climáticos e dos biomas brasileiros. Recapitulamos alguns conceitos básicos, processos, características e classificações de cada um desses elementos no quadro natural do nosso país, abordando, em seguida, suas inter-relações e suas relações com a ocupação territorial, em termos de potencialidades, riscos e fragilidades.

Diante desse cenário, vemos como é grande o desafio para a ocupação do território brasileiro, cujos impactos já se fazem sentir na forma de desequilíbrios ambientais, efeitos sobre a economia e catástrofes que assolam a população.

Inúmeros são os potenciais de um território tão diverso, em termos naturais, e inúmeros também são os seus riscos, que se manifestam quando desencadeadas por uma ocupação que não considera as fragilidades ambientais e as interações socioambientais.

Notamos uma espécie de **solidariedade espacial** quando observamos o quadro natural. É uma relação de **interdependência ambiental** que complexifica a nossa compreensão sobre o ambiente, por exemplo, quando observamos que o Deserto do Saara, na África, do outro lado do Oceano Atlântico, leva nutrientes à Amazônia, pelo deslocamento de sedimentos carregados pela circulação atmosférica. Também vimos que a Amazônia, com a sua umidade, cria um sistema de baixa pressão tão forte que atrai ainda mais umidade do oceano, lançando esse grande volume para o interior do continente, até mesmo para as cabeceiras de seus rios, nos Andes, e para regiões longínquas ao sul do Brasil.

Para a Geografia do Brasil, isso significa um olhar complexo sobre os desafios territoriais, em que a dilapidação dos aspectos naturais em uma região pode desencadear problemas ambientais em lugares distantes. Saber como administrar um território, nesse contexto, é, portanto, um desafio para a população e uma interrogação para a disciplina de Geografia do Brasil.

Indicações culturais

MATARAM Irmã Dorothy. Direção: Daniel Junge. Boston: Just Media, 2008. 94 min.

Esse documentário trata do assassinato de Dorothy Mae Stang (1931-2005), freira católica e ativista, para atender aos interesses de pessoas envolvidas em crimes ambientais na Amazônia. Mostra ainda o intricado jogo de interesses que operam a destruição do bioma amazônico e os desafios para quem luta por sua preservação.

A LEI DA ÁGUA. Direção: André D'Elia. Rio de Janeiro: Cinedelia, 2015. 78 min. Disponível em: <https://aleidaaguafilme.word press.com/agenda-cinedebates/>. Acesso em: 3 mar. 2016.

Esse filme mostra a importância da preservação ambiental para a manutenção dos ecossistemas, do clima e da produção agrícola, com opinião de diversos cientistas, políticos e ambientalistas. Mostra também como o processo de criação do Novo Código Florestal, a Lei n. 12.651, de 25 de maio de 2012, ignorou as considerações dos especialistas, enfocando o interesse dos grandes produtores do setor agroexportador.

Atividades de autoavaliação

1. Segundo a discussão que desenvolvemos neste capítulo, podemos dizer que:
   a) A configuração da potencialidade agrícola dos solos do Brasil, que conta com mais de 70% de solos com alto potencial, confirma o velho dito de que "nesta terra, em se plantando, tudo dá".
   b) A exuberância da Amazônia se explica pela alta fertilidade dos seus solos, mesmo em horizontes profundos.
   c) Os domínios de clima tropical típico, no Brasil, correspondem àqueles nos quais não se encontram estações secas, mas chuvas bem distribuídas por todos os meses do ano.
   d) A Caatinga é um bioma com significativa biodiversidade.

2. Segundo a discussão que desenvolvemos neste capítulo, podemos dizer que:
   a) Solos muito arenosos tendem a ter mais suscetibilidade à erosão, o que demanda maior cuidado no seu manejo.
   b) A chamada *terra roxa*, no sul do Pará, conta com alto teor de argila, o que a torna mais fértil e menos suscetível à erosão.
   c) O relevo brasileiro tem relação estreita com a base geológica e, por isso, o professor Jurandyr Ross identificou que somente há planaltos onde ocorreram dobramentos nos antigos ciclos orogenéticos.
   d) O embasamento cristalino, que conta com rochas como migmatitos, granitos e gnaisses, tem seu principal potencial econômico associado à exploração da água de aquíferos, devido à elevada porosidade dessas rochas.

3. Segundo a discussão que apresentamos no capítulo, qual é a alternativa incorreta?

a) Um dos principais problemas da má exploração do bioma da Caatinga se encontra no processo de **desertificação**, como evidenciado no chamado Sertão de Seridó.

b) No Brasil, as áreas em que são encontradas rochas carbonáticas, como o calcário e o mármore, apresentam maior risco de contaminação dos lençóis freáticos, por conta da maior suscetibilidade dessas rochas à percolação de contaminantes.

c) O bioma do Pampa apresenta baixa biodiversidade e é inexpressivo em sua capacidade de sequestrar carbono, devido à sua baixa produção de biomassa na forma de troncos de árvores.

d) Áreas de encostas íngremes, como a Serra do Mar, com elevada pluviosidade, apresentam preocupantes riscos de movimentos de massa.

4. Qual(is) afirmação(ões) a seguir está(ão) correta(s), de acordo com o que discutimos neste capítulo?

I. O Pantanal conta com a maior diversidade de avifauna do mundo.

II. A Amazônia influencia o clima em regiões distantes de seus domínios.

III. Podemos dividir o quadro geológico brasileiro em bacias sedimentares fanerozoicas e embasamento cristalino.

a) Apenas I está correta.
b) Apenas I e II estão corretas.
c) Apenas I e III estão corretas.
d) I, II e III estão corretas.

5. Segundo a discussão que apresentamos no capítulo, qual é a alternativa incorreta?
   a) A Massa Polar Atlântica tem influência tanto em áreas litorâneas quanto interioranas do nosso país.
   b) A conjugação de diferentes fatores, como diferentes massas de ar com características similares, posição latitudinal e altitudinal, por exemplo, podem conferir características análogas de temperatura e regime pluviométrico a áreas pertencentes a climas zonais distintos.
   c) A Caatinga tem uma considerável diversidade de fauna.
   d) Uma diferença básica entre as coberturas fanerozoicas e o embasamento cristalino consiste em que aquelas são mais antigas do que estas.

Atividades de aprendizagem

Questões para reflexão

1. Nos domínios do bioma amazônico, habitam milhões de pessoas. É possível compatibilizar **crescimento econômico**, **equidade social** e **qualidade de vida** para essas pessoas e, ainda, garantir a conservação do bioma?

2. Há muito tempo, a natureza tem sido pensada como recurso, como fonte de exploração econômica. Quando pensamos que a Amazônia interfere no clima de áreas mais interioranas, mesmo mais ao sul de seus domínios, ao aportar umidade, é possível pensarmos, por exemplo, que a sua conservação tem um importante papel econômico, por permitir a qualidade do ar necessária para a exploração econômica em outras áreas, como em São Paulo, por exemplo?

Atividade aplicada: prática

Assista ao filme *A Lei da Água*, mencionado como indicação cultural. Em seguida, produza um quadro ou esquema gráfico que agrupe os nomes dos envolvidos na discussão sobre o Código Florestal Brasileiro. Além da posição daqueles a favor ou contra as medidas de diminuição de proteção, insira seus nomes e dados básicos, como ONGs, partidos, frentes parlamentares, instituições religiosas ou outras agremiações a que pertencerem. Analise o quadro e identifique as tendências dos diferentes campos em relação ao texto. Com esse exercício, você terá uma breve noção do campo de forças envolvido nos debates sobre ambiente, bem como seus interesses subjacentes.

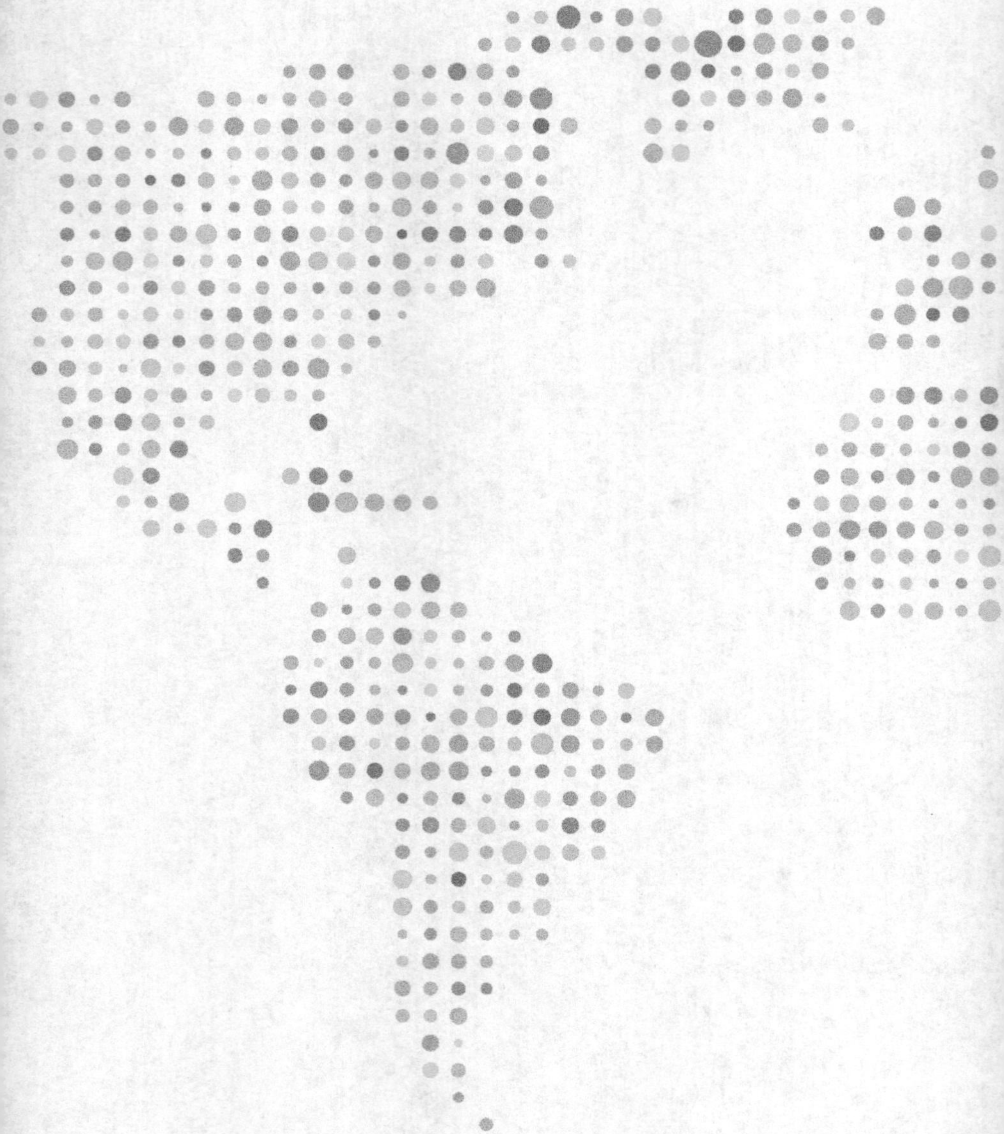

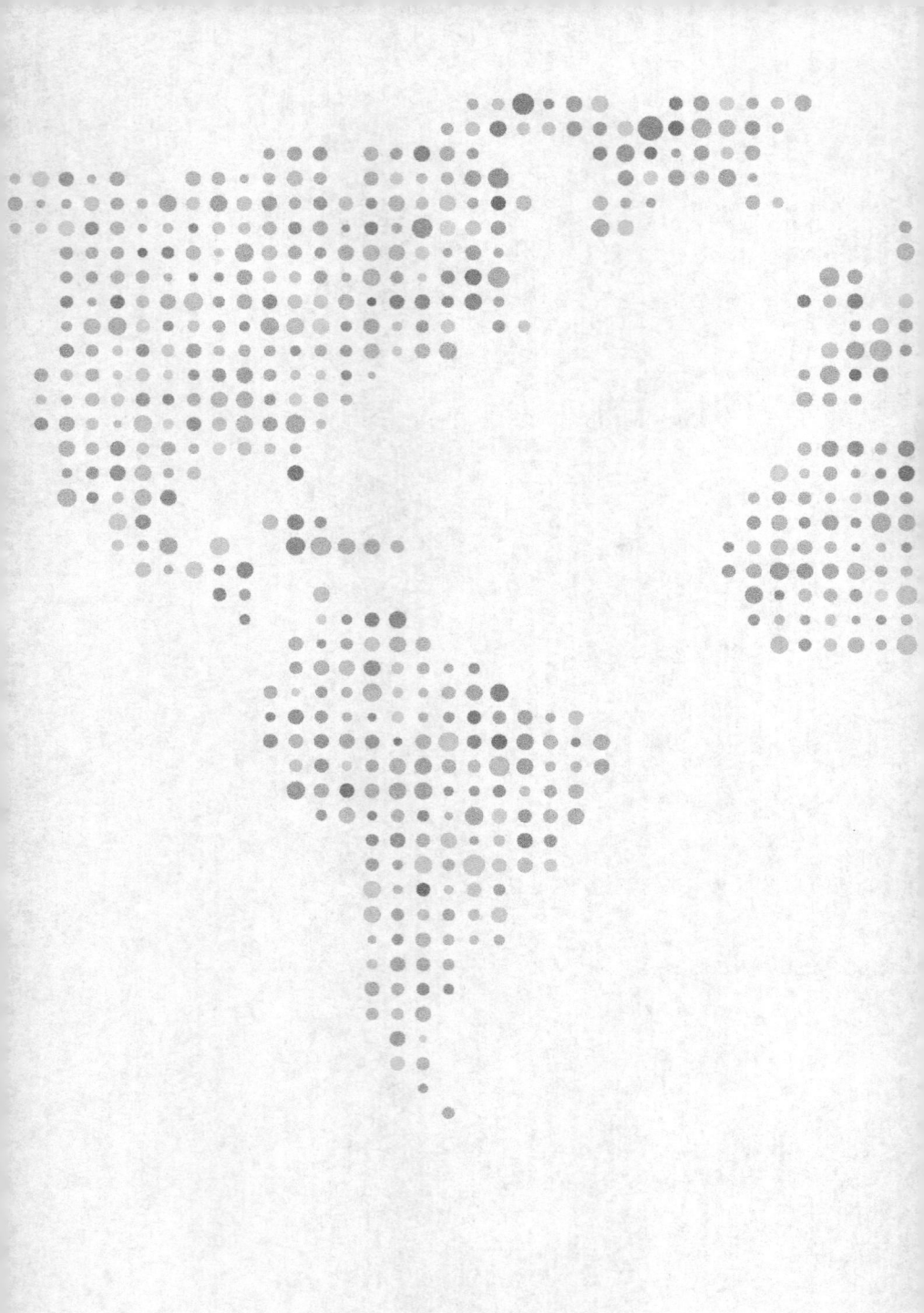

4 Formação do território do Brasil

Até este ponto, discutimos concepções de geografia e Geografia do Brasil, bem como alguns desafios sociais correntes, ligados aos **discursos de ódio**, ao **preconceito**, ao **chauvinismo** e à **xenofobia**, que também concernem à Geografia do Brasil, tanto na sua pesquisa quanto no seu ensino no ambiente escolar. Discutimos também alguns aspectos do quadro natural brasileiro, demonstrando a interdependência dos seus diversos componentes e destacando algumas de suas fragilidades, além de alguns riscos e vulnerabilidades socioambientais associados a esses componentes. Adiante, passamos a tratar mais propriamente da construção do principal objeto da Geografia do Brasil, o **território nacional**.

Isso traz o **território** não só como expressão de poder de um **Estado** mas também de **soberania** de um povo para o centro dos debates da Geografia do Brasil. Nesse sentido, questionamos: quais são as características do território brasileiro? Em que esse território difere dos demais? Como essas características influenciam e são influenciadas pelas condições sociais, econômicas e políticas brasileiras?

Os atlas do Brasil apresentam-no como um país cujo território é um dos maiores do mundo, mas o que isso significa qualitativamente? Os mapas mostram que no território existem diferentes biomas, com grande diversidade biológica, mas quais são as implicações daí decorrentes? Os gráficos apresentam um país com áreas cuja ocupação humana é altamente adensada, enquanto outras apresentam baixíssimas densidades populacionais. Em face disso, deveríamos buscar uma maior homogeneização da ocupação territorial?

Questões como essas podem ser agregadas infinitamente, conforme o próprio fôlego da curiosidade científica. As respostas, no entanto, devem passar pelo estudo metódico de diversas condicionantes (históricas, políticas, internacionais, regionais, sociais, culturais etc.). No presente capítulo, procuramos contribuir com um aporte qualitativo ao **território**, de forma a demonstrar o papel da **história da formação territorial** no estudo da Geografia do Brasil.

Embora o capítulo explore os eventos que foram marcantes para a delimitação territorial (tratados, guerras e ocupação de fato ensejada por ciclos econômicos, por exemplo), nossa preocupação central, além de apresentar os eventos e as datas, consiste em apresentar certas **conjunturas sociais, políticas, econômicas** e **culturais** que participaram da configuração do território brasileiro. De maneira geral, as informações sobre onde estão as áreas de pobreza do país, as infraestruturas, as terras indígenas, as unidades de conservação etc. são bem conhecidas ou fartamente disponíveis em bancos de dados oficiais. Assim, o que acompanharemos mais de perto, nas linhas da história, são as lógicas, sobretudo as **político-ideológicas**, que permeiam o processo de formação territorial.

Assim, dividimos o capítulo de modo a apresentar alguns apontamentos sobre a participação de cada período histórico na constituição do nosso território. Serão vistos, portanto, o **Período Pré-cabralino**, o **Colonial**, o de **Formação do Estado**, o **Reinado**, a **Primeira República**, a **Era Vargas**, o **Interregno Democrático entre 1945 e 1964**, bem como o período da **Ditadura Militar**. Não apresentamos o período a partir da década de 1980, com a **Redemocratização** até o presente, tendo em vista que este tema será tratado no Capítulo 5, associado à avaliação da Constituição Federal (CF) de 1988.

4.1 O espaço indígena: território apropriado, território negado

A história do território brasileiro pode ser **periodizada** de diferentes maneiras. Em uma abordagem baseada em **domínio**, é possível considerarmos uma divisão que considere o espaço indígena pré-cabralino; o espaço colonial, ligado aos interesses da Coroa portuguesa; e, por fim, o espaço territorial brasileiro propriamente dito, quando o Brasil deixou de ser formalmente uma colônia.

No primeiro período, temos a **ocupação indígena**, com seus arranjos socioespaciais menos complexos em termos de técnica e culturalmente mais atrelados ao ritmo da natureza. Embora a nossa leitura sobre o tema ainda seja bastante limitada, carecendo de muitas informações do período, entendemos que a reconstituição histórica do território brasileiro não deve prescindir dessa fase, ignorando seus habitantes originais. Assim sendo, devemos levar em conta aqui a maneira como a **territorialidade indígena** influencia a constituição territorial atual do Brasil.

Podemos tratar do assunto sob vários aspectos, entre eles a conservação ambiental realizada pelos indígenas brasileiros, por sistemas econômicos bastante rudimentares, quando comparados com outros povos pré-colombianos, como os astecas. Podemos abordar como as diferentes territorialidades das nações jê e tupi-guarani, no grau de oposição aos invasores, afetaram a interiorização do projeto colonial invasor – sabidamente, os povos da nação tupi-guarani criaram menor oposição aos colonizadores. É possível, ainda, abordarmos os efeitos sobre o território por meio das toponímias indígenas que são marcantes, formando a base para nomes de cidades, vilas, bairros, rios, unidades geomorfológicas e formações vegetacionais.

Nesta obra, no entanto, atentaremos principalmente para os **caminhos indígenas**, redes que conectavam diversas tribos e serviam para as trocas de produtos e conhecimento dos povos pré-cabralinos[i]. Trataremos também da forma particular como os povos indígenas brasileiros justificam simbolicamente a sua **apropriação da terra**, de forma diferente dos parâmetros e valores dos colonizadores, o que traz repercussões até a atualidade para a legitimação da demarcação de seus territórios.

Destarte, o primeiro elemento importante da formação socioespacial indígena do qual devemos tratar, e que influenciou a subsequente produção do território brasileiro, são os **caminhos indígenas**. Os chamados *peabirus* (*pe*, de "caminho", e *abiru*, "gramado amassado", nas línguas do tronco tupi) constituíam caminhos de significativas extensões, que ligavam diversas partes das áreas ocupadas pelos indígenas. Por eles, ocorria a chamada *parejhara* (em guarani), ou *paresar* (em tupi), uma espécie de correio rudimentar, que conectava aldeias e possibilitava o escambo de produtos e garantia a coesão cultural (Colavite; Barros, 2009).

O maior dos *peabirus* recebeu o nome de **Caminho do Peabiru**, ligava o litoral sudeste brasileiro à Cordilheira dos Andes e, juntamente com outros tantos caminhos que cortavam o espaço habitado pelos indígenas, reproduzia o **nomadismo** de grande parte dos habitantes originais do que posteriormente se chamaria de *território brasileiro*.

---

i. Com o conceito de *povos pré-cabralinos*, não buscamos aqui legitimar uma ideia de que os indígenas têm sua lógica territorial ligada ao passado, de forma a reificar uma noção subjacente de que esses povos não têm lugar nos arranjos sociais, políticos e territoriais atuais. Buscamos apenas destacar um momento em que a territorialidade desses povos indígenas era a que imperava na construção das infraestruturas anteriores à colonização portuguesa, quando a lógica colonial passou ser a mandatária dos ritmos das transformações territoriais.

Por esses caminhos, as incursões de aventureiros, jesuítas, bandeirantes e tropeiros foram facilitadas, influenciando a alocação de povoados que, posteriormente, tornaram-se entrepostos comerciais e cidades. Muitas das infraestruturas atuais, em lugares economicamente importantes no nosso país, encontram-se sobre esses antigos caminhos. A fundação da cidade de São Paulo, por exemplo, foi realizada na convergência de caminhos indígenas, que passavam onde atualmente se situa o Pátio do Colégio, a Rua Direita, o Vale do Anhangabaú e a Rua da Consolação, no centro da cidade.

Ao observarmos o trabalho de mapeamento do Caminho do Peabiru no Estado do Paraná, realizado por Colavite e Barros (2009), conforme o mapeamento de Reinhard Maack, vemos que marcos dos centros de inúmeras cidades do estado do Paraná se encontram ao longo desse caminho. Essa situação se repete no território brasileiro, em diversos pontos nos quais os caminhos das nações tupi-guarani forneceram passagem para os conquistadores.

A principal repercussão territorial desse processo, no entanto, é a persistente **oposição ao reconhecimento das terras** para que esses povos sejam capazes de exercer, de forma autônoma, o modo de vida de seus ancestrais, nas releituras que desejarem lhes atribuir na atualidade. Acreditamos que isso ainda esteja fortemente relacionado à persistência das **ideologias colonizadoras**. Segundo Antonio Carlos Robert de Moraes:

> O que cabe destacar é que a **colonização** envolve **conquista**, e esta se objetivava na submissão das populações encontradas, na apropriação dos lugares e na subordinação dos poderes eventualmente defrontados. A colonização é, antes de tudo, uma afirmação

militar, a imposição bélica (mesmo que no primeiro momento, diplomática) de uma nova dominação política. As estruturas produtivas preexistentes devem ser assimiladas à nova ordem, seja pela sua incorporação, seja pela sua destruição. São conhecidos os exemplos de sistemas tributários pré-colombianos na América, incorporados à estrutura produtiva da colonização hispânica (como o dos astecas). Em muitos casos, contudo, a colonização envolve a criação de novas estruturas econômicas, das quais a plantation é sem dúvida um dos melhores exemplos: uma forma produtiva criada pela expansão da economia-mundo capitalista, que retoma o escravismo como relação básica de produção. (Moraes, 2005, p. 61, grifo nosso)

Essa apropriação militar não ocorre dissociada de uma **apropriação ideológica**, sem a constituição de um ambiente cultural avesso ao modelo indígena de apropriação territorial. Há, assim, um discurso "civilizatório" que classifica negativamente os valores dos povos conquistados.

Na história, é notável o **caráter genocida dos colonizadores**, como descrito no diário de muitos jesuítas que se opunham às chacinas quotidianas de nativos por agentes europeus, ou não índios, nascidos na colônia, como aqueles que formaram as bandeiras paulistas. Assim, **assimilação forçada**, **escravismo**, **práticas genocidas**, **desterro** e outras práticas são marcantes na história territorial do Brasil (Moraes, 2005). Ainda assim, ao observarmos o mapeamento das terras indígenas atuais, notamos a dificuldade do estabelecimento destas sem que persista uma lógica de oposição aos direitos desses povos. Comumente são noticiados casos de invasões de terras indígenas, sob a justificativa de um pretenso desenvolvimentismo territorial, para não falarmos dos casos que não chegam sequer a virar pauta na mídia.

Ao lermos obras clássicas de interpretação da cultura e da sociedade brasileiras, como *Visão do paraíso*, de Sérgio Buarque de Holanda (2000), notamos que a colonização católica ibérica, ao contrário da colonização protestante anglo-saxã na América do Norte, observava a terra "descoberta" como um paraíso. Assim, enquanto a ética protestante, tributária das ideias de Calvino (1509-1564) e de outros teólogos, via o paraíso como lugar de trabalho, o "paraíso" dos católicos ibéricos significava um lugar para a folga. As concepções que justificavam a expansão ibérica passavam pela valorização do **aventureiro**, não do trabalhador. Em ambos os casos, os símbolos, o modo de vida, os sistemas produtivos mais rudimentares dos indígenas eram vistos como sinal de **inferioridade**, de demanda civilizatória e impeditivo indesejável para a expansão do projeto colonial.

Assim, ainda na atualidade, notamos um aspecto territorial persistente, que está relacionado com a desvalorização das práticas indígenas, com o objetivo de minar a legitimidade do conhecimento de suas terras, que seriam impeditivas de avanços, como o das fronteiras agrícolas.

4.2 Colonização: o território de poucos

Quando tratamos da construção do território colonial brasileiro pelos portugueses, devemos ter em mente certos conjuntos importantes de eventos: **estratégias diplomáticas**, como negociações e tratados; fenômenos do **campo militar**, como guerras e batalhas;

estratégias econômicas, como a viabilização de determinados ciclos econômicos, entre outros. Todos esses elementos apresentam uma lógica colonizadora própria e têm seus efeitos sobre a estrutura territorial atual. Assim, devemos estar atentos para os **tratados de delimitação territorial** (de Tordesilhas e de Santo Idelfonso, entre eles), os **modelos de gestão territorial** (capitanias hereditárias e governo geral), os **conflitos armados** (como os que instauraram e, posteriormente, os que retiraram o comando holandês sobre a maior parte das terras a nordeste no território), e os ciclos econômicos (pau-brasil, cana e ouro, por exemplo). No campo demográfico, é marcante ainda o **tráfico de escravos**, o **genocídio de indígenas**, a **vinda de muitos europeus**, em especial portugueses, além de um processo inusitado de **miscigenação** em um quadro profundamente **racista**.

Quanto à **formação dos limites do território colonial**, observamos que a Coroa portuguesa empreendeu diversos expedientes para garantir um amplo domínio. Em primeiro lugar, criou-se o Tratado de Tordesilhas, assinado entre Portugal e Espanha em 1494 e que dividia o domínio das terras descobertas a partir de uma linha no meridiano a 370 léguas das Ilhas do Cabo Verde. Fartamente abordado por inúmeros trabalhos das áreas de geografia e de história, um dos elementos que interessa à Geografia do Brasil, para além do caráter prático dos domínios espanhóis e lusitanos, é a questão do **caráter de centralização política** com que nasceu a concepção territorial a partir da colonização.

Desde o Tratado de Tordesilhas, com alguns processos de resistência, a constituição dos limites territoriais e, sobretudo, de seu projeto, dos rumos desse território, foi a **representação de interesses políticos concentrados**, fortemente alheios à realidade social presente no território.

Na lógica do **absolutismo ibérico**, esse processo exógeno e concentrador se estabeleceu já nas primeiras formas de repartição do território recém-invadido: falamos aqui das **capitanias hereditárias**. Na falta de resposta positiva nas buscas por ouro, nas primeiras incursões durante o século XVI, os portugueses passaram à exploração do pau-brasil, e sua estratégia de garantia dos domínios se deu pela criação de alguns postos militares. Em face dos constrangimentos iniciais para a exploração do território – principalmente sua vastidão e problemas de financiamento –, que garantiria o domínio, as capitanias hereditárias foram projetadas para delegar à iniciativa privada a gestão da ocupação (Costa, 2013).

Dividiram-se, de início, os novos domínios ao interesse de poucos dominadores externos, de acordo com linhas arbitrárias do litoral ao Meridiano de Tordesilhas, aspecto que é marcante na demarcação das futuras províncias e, por conseguinte, dos atuais estados. De acordo com as pesquisas que vêm sendo organizadas pelo professor Jorge Pimentel Cintra (2013), pode ser ainda maior essa aderência entre os contornos originais das capitanias e os limites dos estados litorâneos. Isso porque, segundo a tese desse autor, as capitanias hereditárias teriam sido mal representadas pelo historiador Francisco Adolfo de Varnhagen (1816-1878), no século XIX, que teria representado de forma generalizada os seus limites, todos separados de forma latitudinal. Para Cintra, as capitanias ao norte de Itamaracá teriam sido divididas em **sentido longitudinal** (Mapa G, disponível no Apêndice).

Contando ainda com possíveis erros na representação de Varnhagen, as capitanias de Santo Amaro e de São Vicente, entre os atuais estados de São Paulo, Rio de Janeiro e Minas Gerais, teriam alguns limites que seguiam linhas para noroeste, não para oeste, também conforme o Mapa G.

Essa mudança de concepção sobre as capitanias hereditárias ainda precisa ser mais discutida academicamente e deve, nos próximos anos, ter influência no ensino escolar. De maneira geral, no entanto, a mudança desses traçados não muda o aspecto qualitativo para o qual chamamos atenção aqui: a **conformação do território nacional como um projeto de poder centralizado na decisão de poucos indivíduos e alheio ao modo de vida da sua população**.

Sabemos que as capitanias hereditárias não tiveram êxito, com exceção das de São Vicente e Pernambuco. Nesse sistema, colocado em prática na metade do século XVI, as terras eram distribuídas a requerentes que apresentassem condições de exploração agropecuária. Wanderley Messias da Costa (2013) chama atenção para o fato de que, mesmo diante de um governo geral interno, implementado pela Coroa em 1549, o relativo isolamento das ocupações gerou um **modelo bipolar**, com um **comando central**, que representava o interesse da Coroa portuguesa, e o **poder dos senhores de terra e de engenho**, que o expressavam nas câmaras municipais, convivendo com os representantes do poder central – o capitão-mor, por exemplo.

No que tange à **demografia**, devemos atentar para a dinâmica de **migração forçada (tráfico escravista) de negros africanos** e a **imigração de europeus**, notadamente portugueses (Vainfas, 2000). A população indígena passou da casa dos milhões – estimativas variam entre 1 e 6,8 milhões de índios no século XVI – para pouco mais do que 300 mil pessoas na atualidade. Estima-se também que, nos aproximadamente 300 anos de tráfico de escravos, por volta de 4 milhões de negros africanos adentraram forçadamente o Brasil (Vainfas, 2000).

Quanto aos portugueses, as estimativas apontam para uma imigração superior a 700 mil pessoas no Período Colonial. Entre os anos de 1500 e 1700, os números são abertos ao debate, variando de 100 mil a 700 mil. A partir de 1701 até 1760, os números são mais expressivos, dada a atratividade da economia aurífera, e contabilizados com maior acurácia, perfazendo aproximadamente 600 mil pessoas (Venâncio, 2000).

Um fenômeno bastante peculiar da colonização brasileira é que, embora essa tenha sido baseada em expedientes inegavelmente **racistas** (aculturação e práticas genocidas contra indígenas, além da escravização de negros africanos), ocorreu, ainda, um processo de **miscigenação** no país. Assim, a demografia do período conta com o crescimento populacional de negros e de descendentes de europeus, a diminuição da população indígena e, também, o incremento da população parda (Reis, 2000).

Com base em uma leitura comparativa das condições culturais portuguesas em relação às condições anglo-saxãs, suas particularidades escravistas e suas consequências para as sociedades pós-escravistas no Brasil e nos Estados Unidos, apoiado, ainda, em profunda investigação documental, Gilberto Freyre (1900-1987), em sua obra *Casa Grande & Senzala* (publicada em 1933), levanta, de forma bastante literária, a questão das particularidades raciais da sociedade brasileira, que seria marcada, por exemplo, pela possibilidade de miscigenação (Freyre, 2003). A obra de Freyre levantou um amplo debate sobre a existência, ou não, de uma democracia racial no nosso país.

Ainda que a noção de **democracia racial** de Gilberto Freyre não seja a mais influente na academia na atualidade, devido às claras disparidades raciais existentes no nosso país, seria inadequado ignorarmos a obra de Gilberto Freyre completamente. De certa maneira, Freyre demonstra que a questão racial brasileira, comparada com as clivagens raciais norte-americanas, não apresentou condições para a formação de segregações legitimadas juridicamente como naquele país, com leis de impedimento de casamentos inter-raciais e de acesso de negros a determinados ambientes, por exemplo.

Em que pese a discussão sobre a acurácia de uma noção de "democracia racial" em nosso país, os **efeitos territoriais do modelo racista do empreendimento colonial** ainda precisam ser mais bem investigados. A estigmatização de áreas pobres e com maior percentual de população não branca, como as favelas, a disparidade no acesso à riqueza por parte de negros e índios e a quase ausência de indivíduos negros nas cadeiras dos cursos universitários de maior prestígio são fenômenos elencados cotidianamente por movimentos sociais para indicar a permanência de uma estrutura racista na sociedade brasileira (Reis, 2000).

Um dos mais significativos embates coloniais, e que mostra os diversos expedientes utilizados para a manutenção territorial portuguesa, ocorreu ainda no século XVII. O desembarque de 7 mil holandeses no Recife, em 1630, criou o chamado **Brasil Holandês**, tomado à força do domínio de Portugal. Os Países Baixos, então a maior potência militar e econômica do mundo, não conduziam o empreendimento diretamente. Era uma empresa, a chamada **Companhia das Índias Orientais** (Mello, 1998), que se encarregava da colonização. A cana-de-açúcar explorada na região era uma grande fonte de riqueza e justificou o domínio holandês, desde o Maranhão até imediações de Salvador.

O episódio é significativo da constituição do território por meio de um jogo de poder, que envolvia um forte ideário baseado no pensamento de Maquiavel, na corte portuguesa (Mello, 1998), e uma complexa relação entre Estado e iniciativa privada por parte dos holandeses, cujo projeto consistia em arrematar o restante do território português além-mar.

Os arranjos políticos e os interesses particulares deram seguimento à questão. O rei d. João IV, tataravô de d. Pedro I, reconhecidamente fraco em suas posições, sofria forte pressão política para a retomada das terras brasileiras, fonte de renda para muitos portugueses influentes. Após uma derrota reconhecidamente temporária dos holandeses, cujo poderio militar era muito superior, o interesse da Companhia das Índias Ocidentais de permanecer no comando do território e de expandi-lo para o restante do país foi contrariado por uma articulação política de Johan de Witt (1625-1672), principal político de seu país à época, que deixou de tomar o domínio dos portugueses por um acordo que envolveu o pagamento de um valor correspondente a 64 toneladas de ouro por Portugal aos Países Baixos, ainda com alguma propina para o próprio Witt. É curioso observarmos aqui como um acordo de poucos, como havia ocorrido anteriormente entre Espanha e Portugal, definiu o futuro de um território ocupado por muitos (Mello, 1998).

Essa **colonização portuguesa**, de **base agrícola**, foi responsável por uma **extensiva ocupação territorial**, em contraste com a colonização espanhola, dedicada à exploração de minérios e que se manteve em núcleos mais adensados, ligados entre o núcleo produtor e o portuário. A ocupação portuguesa do território se estendeu pela costa e seguiu diversos caminhos para uma primeira onda de **interiorização**, que foi acelerada com a descoberta de minerais preciosos nas regiões onde atualmente se encontram os estados de Minas Gerais, Goiás e Mato Grosso.

O chamado **ciclo do ouro**, que durou aproximadamente todo o século XVIII, engendrou uma **nova dinâmica de integração territorial**, **urbanização** e **diversificação social**. Em termos de integração, o ciclo do ouro demandou novas vias para o escoamento dos produtos minerais, que ligassem Minas Gerais, São Paulo e o Rio de Janeiro, o que foi um fator fundamental para a mudança da capital do governo geral para esta última cidade. Também mobilizou outras áreas para produzir artigos para serem consumidos nos novos núcleos urbanos mineiros, decorrendo disso, por exemplo, o **ciclo econômico tropeiro** nas porções ao sul da colônia. Novamente, frentes pioneiras foram reforçadas para novas fases de interiorização territorial (Fausto, 1995).

Essa expansão da ocupação colonial portuguesa colocou em xeque o sistema de Tordesilhas, já muito desrespeitado. A solução veio pelo Tratado de Madri, de 1750, que se baseava no conceito do direito privado romano do *uti possidetis, ita possideatis* ("quem possui de fato, deve possuir de direito"). Assim, esse tratado referendou a ocupação e beneficiou grandemente a Coroa portuguesa, estabelecendo boa parte dos atuais limites do território brasileiro.

Durante o Período Colonial, querelas territoriais foram comuns entre os portugueses e os colonizadores espanhóis, as empresas de colonização holandesas, além de corsários de diversas origens, fato que é bem representado pela grande quantidade de antigos fortes no litoral brasileiro, em pontos considerados estratégicos à época. Os canhões nos arredores de Florianópolis, a antiga Ilha de Santa Catarina, por exemplo, são um marco de um episódio importante, o embate entre Espanha e Portugal pela colônia sul-americana de Sacramento, no Uruguai. Com a invasão de Sacramento por forças portuguesas, os espanhóis tomaram a Ilha de Santa Catarina, um "refém" que foi liberado pelo Tratado de Santo Idelfonso, em 1777, que praticamente reafirmava os princípios do Tratado de Madri, de 1750, além de garantir a Portugal algumas terras da margem esquerda do Rio da Prata (Hermann, 2000).

Outros tratados, guerras, frentes de colonização e ciclos econômicos regionais são parte importante da conformação territorial brasileira, na contribuição dada a ela pelo Período Colonial português. Os que descrevemos até aqui, no entanto, dão conta da maior parte do formato dos limites, bem como apresentam a sua lógica que pretendemos enfatizar neste tópico: **a criação do território como um projeto eminentemente elitizado, com concentração significativa do poder de decisão sobre seus rumos**, fato que é corroborado pelo sistema escravocrata e pelas práticas de genocídio, desterro e aculturação indígena.

Assim, o estabelecimento de capitanias hereditárias, a conquista do Nordeste pelos holandeses, sua devolução para os portugueses, mediante batalhas, pagamento de indenização e propina, são eventos que mostram a criação de fronteiras, o estabelecimento de infraestruturas, a alocação de população, o estabelecimento de arranjos econômicos e a **articulação de um território conforme o interesse de poucos, pela justificativa de um ato civilizatório**. Esses interesses demarcaram um território, arregimentaram populações – pela força e pela catequização de negros e índios, ou pela proposta de enriquecimento fácil para os europeus – e mantiveram sua influência na conformação da sociedade brasileira, de sua política, cultura, economia, bem como de seu território atual.

Ao final, o Período Colonial passou por uma grande instabilidade com os ventos revolucionários europeus, o que deu início a uma transição rumo à formação de Estados independentes na América, entre eles o Brasil.

4.3 Território monárquico: sai a Coroa, entra... a Coroa

Do período de transição entre o domínio colonial, o estabelecimento do **Estado monárquico brasileiro**, até a sua queda e a constituição do **Estado republicano**, diversos aspectos são importantes para as dinâmicas do território nacional. Entre eles, destacaremos adiante: a mudança do centro econômico e político do Nordeste para o Centro-Sul; a chegada da corte portuguesa ao Rio de Janeiro, alterando significativamente o papel do Brasil no sistema colonial; o início de novas ondas de imigração europeia e o término do tráfico de negros escravizados; o início da tradição geopolítica brasileira diante da formação dos Estados nacionais vizinhos; o estabelecimento de um Estado territorial no Brasil, com fraca identidade nacional; e a formação de um pacto federativo centralizador.

Em um primeiro momento, tratemos um pouco do contexto. No início do século XIX, o que viria a se constituir como o território nacional brasileiro era um território colonial com grande diversidade econômica e social, ocupação litorânea expressiva e maiores incursões pelo interior, tendo o núcleo dinâmico migrado do Nordeste para o Centro-Sul, o que é atestado pela elevação do Rio de Janeiro à condição de capital colonial, em 1763.

Trata-se de um momento em que a exploração mineral se encontra em declínio, assim como o poder metropolitano em face de seus inimigos externos. A **economia aurífera**, no entanto, já havia estabelecido bases para novas dinâmicas territoriais (maior interiorização, desenvolvimento urbano, interligação de nós importantes no território), econômicas e sociais. As classes médias urbanas assimilavam **ideais liberais**, sendo a **Inconfidência Mineira** uma de suas principais expressões.

No plano internacional, a influência do **iluminismo**, que já era clara nos diversos círculos intelectuais, tornou-se mais presente pela **Revolução Francesa**, com destaque também para o papel dos contratualistas e para a Revolução Norte-americana, que apontava para um horizonte possível de limitação do poder por meio do **constitucionalismo**. Por outro lado, as **guerras napoleônicas** alteraram significativamente o equilíbrio de poder europeu e irradiaram as flâmulas revolucionárias e o pensamento libertário, enquanto destituíam inimigos. No intento de fugir das tropas de Napoleão, a corte portuguesa se instalou no Rio de Janeiro em 1808, sendo um marco de transição entre a história colonial e a nacional (Fausto, 1995).

A história do nosso país apresenta significativas **mudanças**, mas também conta com muitas **permanências**, sobretudo na **estrutura social e política**. Em diversos aspectos, é nesse momento que se iniciam algumas "tradições" das concepções geopolíticas brasileiras, em especial o antagonismo com a Argentina.

Com a ocupação da Espanha pelo exército napoleônico, no início do século XIX, os cálculos de D. João VI passaram a considerar os vizinhos como potenciais inimigos, em uma lógica diferente daquela das oposições existentes dos séculos XVI ao XVIII, em que os atritos se davam entre as Coroas europeias, por conta da consolidação territorial. Para D. João VI, o contexto hispânico permitia a existência de um possível **ambiente constitucionalista** nas regiões a oeste do Rio Paraná, as quais poderiam contaminar as forças políticas em território brasileiro (Magnoli, 1997). Esse temor se avolumava em face das **Guerras de Independência da América Hispânica**, em toda a sua extensão, que também envolviam as Províncias Unidas do Rio da Prata, futura Argentina.

Os embates entre Argentina e Brasil sobre os territórios que posteriormente passaram a constituir o Uruguai e o Paraguai consolidaram esse antagonismo estratégico-militar-territorial. Desde então, nas análises da composição do poder no contexto do Cone Sul, em geral a Argentina paira como uma ameaça aos planos brasileiros. Ainda em meados do século XX, no contexto do regime militar, vimos o empreendimento da colonização de faixas da fronteira Brasil-Argentina, orientado pelo Estado, ser justificado pelos estrategistas militares brasileiros como uma necessidade para a segurança nacional.

Essa é uma herança das concepções territoriais militares da época para as atuais. No entanto, a influência da **atitude ideológica** quanto ao território brasileiro é ainda mais ampla e profunda.

No contexto europeu, notadamente, a **nacionalidade**, baseada em laços identitários comuns (língua, etnia, cultura, costumes e território) foi fundamental para o estabelecimento de uma noção de **soberania**, de busca do **autogoverno**, de formação de um **Estado** sobre determinado **território**, com novas justificativas, retirada aquela noção própria das monarquias absolutistas, ou seja, a justificativa do direito divino medieval.

Para Moraes, onde faltaram esses laços de identidade, a identidade foi alçada "à condição de projeto, a ser construída junto com o próprio aparelho do Estado" (Moraes, 2005, p. 82). No contexto colonial, notadamente no brasileiro, essa justificativa se deu na forma de um **projeto territorial**, na própria lógica da relação básica entre **sociedade** e **espaço** em um empreendimento colonizador. Esse empreendimento é um projeto socioespacial particular, em que a legitimidade e as identidades se baseiam no **desbravadorismo**, no avanço das fronteiras de ocupação. Essa lógica colonial teve grande efeito sobre o ideário dos países formados por ex-colônias.

De maneira inusitada, o Estado brasileiro se formou pela emancipação do comando de uma casa real europeia, que manteve sua legitimidade inicial por intermédio do herdeiro dessa mesma casa. Assim, aquilo que, na ótica de Moraes (2005), é um aspecto central na interpretação das diversas emancipações coloniais – ou seja, a questão da tendência à manutenção da estrutura produtiva, social e ideológica colonial –, no caso brasileiro se torna ainda mais patente, com a manutenção dos principais aspectos da formação colonial anterior: na economia, a **monocultura exportadora**; na sociedade, o **escravismo**; na política, o **centralismo do comando**; e na ideologia, um **projeto de identidade pela expansão da exploração do território**.

Dessa forma, pela lógica colonial, acrescida da especificidade altamente reformadora do processo de independência brasileiro, temos a formação de um Estado com um grande **componente ideológico** de **expansão e aproveitamento territorial**. Para Moraes, o novo Estado "se constrói sempre sobre as estruturas econômicas, políticas e culturais preexistentes, isto é, herdadas do Período Colonial (para cuja finalidade foram erigidas)" (Moraes, 2005, p. 72).

Assim, ocorreu a **criação de um projeto nacional**, de **construção de um país**, pelo **arranjo político no seio do recém-criado Estado brasileiro** e por sua **articulação com as elites regionais**. Essa articulação, no entanto, envolveu novos atores, como uma classe média em ascensão, em oposição a muitos dos antigos donos do poder regional.

A dissolução da primeira Constituinte, com a consequente outorga da Constituição de 1824, porém, é um exemplo fundamental da inconformidade do regime com os valores liberais, influentes à época. Essa inconformidade do poder central com a necessidade de restringir-se em seus desmandos com as províncias – exemplificado pela nomeação de interventores para as províncias, pela vontade do império –, bem como a própria permanência de um cenário social arcaico em todo o território, engendrou as chamadas **revoltas provinciais**, entre as quais destacamos a Cabanagem (na província do Grão-Pará, de 1835 a 1840), a Sabinada (na província da Bahia, de 1837 a 1938), a Balaiada (na província do Maranhão, de 1838 a 1841), a Praieira (na província de Pernambuco, de 1848 a 1850) e a Farroupilha (na província de São Pedro do Rio Grande do Sul, de 1835 a 1845).

Essas revoltas são importantes para compreendermos o território brasileiro, pois seus contextos e desdobramentos foram determinantes para a manutenção da estrutura territorial atual. Tivessem alcançado êxito, muitas delas teriam fatiado o território em outros Estados.

Devemos lembrar que, nas porções ao norte do território colonial, onde a economia se baseava nas chamadas "drogas do sertão", havia uma administração separada do restante, com ambas se dirigindo diretamente à Coroa portuguesa. Assim, o primeiro ato de incorporação territorial ocorreu com o novo Estado reclamando para si toda a extensão do domínio português, em meio a um grande sentimento antilusitano nas províncias (Costa, 2013).

Outro fato importante sobre o território, no decorrer do século XIX, foi a chegada ao Brasil de um **grande número de imigrantes europeus**. Essa imigração foi facilitada, em um primeiro momento, por d. João VI, sendo fortalecida no reinado e no princípio da república, até o princípio do século XX. Foi expressiva principalmente nas áreas que atualmente compõem o Sudeste e o Sul, embora tenha ocorrido também em outras partes do país. Assim, a imigração serviu bastante à lavoura do café, no Rio de Janeiro e em São Paulo, e à dinamização da agricultura nas antigas províncias que atualmente constituem os estados do Rio Grande do Sul, Santa Catarina e Paraná (Fausto, 1995).

Na Europa, o contexto de **industrialização** servia como fator de repulsão das populações, tendo em vista que muitos artesãos engrossavam uma reserva de mão de obra precarizada para a indústria crescente.

Da mesma forma, precisamos estar atentos para verificar os **arranjos político-econômicos** na formação do território do Brasil. De um lado, temos uma Europa cujo capital industrial desterra uma quantidade significativa da população e, do outro, um Estado brasileiro em vias de formação, que assimila uma ideia de **branqueamento populacional** (Kodama, 2000), criando condições para que os migrantes europeus recém-chegados tivessem oportunidades superiores àquelas de boa parte da população que já estava no território, sujeita à escravidão.

Esse é um aspecto relevante que devemos considerar na formação regional brasileira e, sobretudo, na **formação histórica das desigualdades regionais**. Em que pese a competência dos imigrantes, com novos conhecimentos técnicos, na composição de uma economia mais dinâmica na agricultura sulina, esta, sozinha, não explica o seu destaque econômico no Brasil, desde meados do século XIX. O arranjo do poder central foi fundamental para o sucesso da colonização sulina e seu posterior destaque econômico e social, ao garantir aos imigrantes passagens e lotes de terra de dezenas de hectares, inferior ao latifúndio, mas com condições suficientes para boa rentabilidade nas novas colônias na região Sul e na Sudeste (Gomes, 2000).

Esse incremento das imigrações de europeus foi acompanhado de outro fenômeno que teve impacto sobre a conformação populacional – para não falarmos dos seus efeitos sobre diversas outras dimensões da sociedade –, qual seja: a **interrupção da chegada de negros escravizados** ao território. Entre os diversos eventos que marcaram o declínio do escravismo no Brasil no século XIX, temos a pressão da Inglaterra para o fim do tráfico de escravos, que resultou em diversas medidas legais: um tratado de 1826, pelo qual o Brasil se comprometia a tornar ilegal o tráfico de escravos três anos após a validação do tratado – sendo eficaz, portanto, a partir de 1830; uma lei de 1831, que previa penas duras para envolvidos em tráfico de escravos e que ficou conhecida como "lei para inglês ver", pois, na prática, era descumprida sistematicamente; e, por fim, a Lei Eusébio de Queiroz, de 1850, que logrou extinguir o tráfico negreiro poucos anos depois (Fausto, 1995).

A Lei de Terras, de 1850, foi uma medida para acalmar os ânimos dos latifundiários brasileiros, uma vez que colocava restrições para a compra de terras brasileiras por imigrantes, fazendo com que fosse criado o cenário para que esses latifundiários explorassem parte significativa da mão de obra imigrante no momento de iminente inviabilização do trabalho escravo (Fausto, 1995).

A retirada da legitimidade do tráfico de escravos foi também um incremento na retirada da legitimidade do próprio sistema escravagista. A partir de então, as fugas em massa e as rebeliões de escravos, a pressão de movimentos abolicionistas, as tensões criadas entre os políticos conservadores pelas diversas leis ligadas à redução dos direitos dos escravistas e os arranjos para a substituição do trabalho escravo por uma mão de obra praticamente servil de imigrantes nos latifúndios[ii] criaram condições para o clima de abolição da escravatura no país, que ocorreu em 1888, com efeitos diferentes para os ex-escravos em cada região[iii].

Para Boris Fausto (1995, p. 221),

---

ii. As "oportunidades" para os imigrantes eram significativamente inferiores nos antigos latifúndios escravistas do que nas áreas de frente de colonização no sul do Brasil.

iii. No Maranhão, por exemplo, escravos se tornaram posseiros de terras públicas. No Rio Grande do Sul, foram intensamente substituídos por imigrantes. No Rio de Janeiro, houve oportunidades melhores, por menor imigração, bem como por tradição do trabalho de negros livres e escravos em manufaturas e oficinas de artesãos. Em São Paulo, ocuparam empregos piores, menos estáveis e de menor remuneração, do que aqueles disponíveis para imigrantes (Fausto, 1995).

Apesar das variações de acordo com as diferentes regiões do país, a abolição da escravatura não eliminou o problema do negro. A opção pelo trabalhador imigrante, nas áreas regionais mais dinâmicas da economia, e as escassas oportunidades abertas ao ex-escravo, em outras áreas, resultaram em uma profunda desigualdade social da população negra. Fruto em parte do preconceito, essa desigualdade acabou por reforçar o próprio preconceito contra o negro. Sobretudo nas regiões de forte imigração, ele foi considerado um ser inferior, perigoso, vadio e propenso ao crime; mas útil quando subserviente.

Por fim, esse período, que se inicia com o **Protoestado brasileiro**, pelo estabelecimento da corte portuguesa no Rio de Janeiro e se caracteriza pela **formação do Estado monárquico brasileiro**, apresenta ainda mais uma grande contribuição para a conformação territorial do nosso país: a **formação da economia cafeeira**. O ciclo do café que ocorreu no período trouxe um dinamismo que repercutiu na forma de **novas frentes de colonização**, notadamente em São Paulo, com o estabelecimento de uma enorme rede ferroviária, conectando as regiões produtoras e trazendo um novo aspecto qualitativo à rede urbana do Centro-Sul, com maior crescimento econômico e diversificação social.

Após a década de 1860, a Guerra do Paraguai conferiu grande prestígio aos militares e os tornou mais organizados e interessados em ditar os rumos políticos do Brasil. Adiante, a repercussão desse processo foi uma tradição de grande interferência dos militares nos assuntos políticos, como podemos observar, no século XX, com o **tenentismo**, a base ao Golpe de 1937, a **instabilidade do interregno democrático** de 1945 a 1964, e a **ditadura** militar de 1964 à década de 1980. A primeira grande manifestação dessa articulação militar na política brasileira ocorreu com a derrubada de D. Pedro II e o fim do regime monárquico no Brasil, em 1889, o que deu início à chamada República Velha (Fausto, 1995).

4.4 República Velha: permanências na mudança

A **República Velha** apresenta alguns acontecimentos importantes para a conformação dos limites territoriais do nosso país e para o seu conteúdo qualitativo: **definição diplomática dos limites territoriais** (exemplo do Acre), **ciclo da borracha**, **reforço da precariedade do pacto federativo**, com o poder sendo revezado na chamada "política do café com leite" (liderada por elites políticas de São Paulo e de Minas Gerais), e **grande imigração oriunda de diversos países**, especialmente do Japão, de vários países europeus e árabes.

O período republicano no Brasil começa com os **limites territoriais** do país bastante próximos dos atuais, ocorrendo algumas novas aquisições e cessões territoriais, bem como ajustes de fronteiras por meio de tratados diplomáticos, sem a irrupção de guerras. Nesse processo, é marcante a participação do barão do Rio Branco (1845-1912).

O caso mais emblemático de aquisição territorial no período foi aquele formalizado pelo **Tratado de Petrópolis**, de 21 de março de 1903, entre Brasil e Bolívia, que trouxe para a composição do território nacional as terras que formam o atual estado do Acre. O acordo encerrou uma querela sobre essas terras, então ocupadas por brasileiros, notadamente ligados à exploração do látex, no contexto do ciclo da borracha. O tratado envolveu a cessão à Bolívia de relativamente pequenas porções de terras, em uma região próxima do Acre e na bacia do Rio Paraguai, o pagamento de uma indenização em libras esterlinas e a obrigação do Brasil de construir a Ferrovia Madeira-Mamoré, o que serviria também aos interesses de escoamento produtivo da Bolívia por solo brasileiro (Magnoli, 1997).

O caso do Acre se destaca justamente por estar relacionado a uma ocupação territorial fática por brasileiros em meio a um ciclo econômico, ou seja, tratava-se de terras que eram produtivas no momento. A demarcação dos limites com os demais países vizinhos, fora os platinos, cuja fronteira já havia sido disputada no século XIX, ocorreu pela demarcação de áreas sem relevante exploração econômica, o que deu um caráter mais técnico ao trabalho de demarcação territorial objeto dos tratados.

Nas primeiras décadas do Brasil República, a formação do conteúdo territorial – distribuição populacional, infraestrutura, *belts* (cinturões de produção agropecuária especializada), frentes de ocupação, rede urbana, áreas rurais etc. – ganhou novos impulsos. O **ciclo da borracha**, que já mencionamos, é um desses impulsos, tratando-se de uma vigorosa frente de ocupação das áreas produtoras de látex para exportação, com vistas ao atendimento da indústria automobilística norte-americana, efervescente na época. Nesse ciclo da borracha, o aporte populacional e a criação de um mercado interno adequado a uma maior diversificação social operaram o surgimento, bem como o crescimento de várias cidades amazônicas (Fausto, 1995). Com seu crescimento populacional e diversificação social, portanto, o ciclo da borracha foi uma das bases para a configuração urbana amazônica da atualidade.

É importante notarmos que já neste momento a preocupação com a **integração nacional** é colocada no meio político. A Constituição Federal de 1891 contou com um artigo que previa a mudança da capital federal para um ponto mais central no território, como podemos ver aqui:

> Art. 3º Fica pertencendo à União, no planalto central da República, uma zona de 14.400 quilômetros quadrados, que será oportunamente demarcada para nela estabelecer-se a futura Capital federal.
> Parágrafo único. Efetuada a mudança da Capital, o atual Distrito Federal passará a constituir um Estado.
> (Brasil, 1891)

Em termos de **conteúdo regional**, devemos nos ater à chamada **política do café com leite**, o revezamento no poder federal das elites das províncias de São Paulo e Minas Gerais, até 1930. Nesse contexto, o aparelho da União ficou submetido aos interesses das elites desses dois polos econômicos do Sudeste, que mantinham uma política que privilegiava suas operações econômicas. Moraes (2005) aponta para uma estrutura de poder, na República Velha, em que as elites das áreas economicamente decadentes cediam seu apoio a projetos que acentuavam as disparidades regionais, pela perpetuação de sua condição no domínio político regional.

A política do café com leite reforçou uma orientação para o Sudeste que começou com o ciclo do ouro, no século XVIII, e com a mudança do governo central da colônia para o Rio de Janeiro. Nesse sentido, não podemos tomar a **questão regional brasileira** – que se tornaria evidente mais adiante, com os diagnósticos de desigualdade regional dos órgãos oficiais após o Censo de 1940 – somente por sua composição econômica. Ela é também uma **questão histórica e política**, com os arranjos de poder preterindo o Nordeste por seus interesses econômicos no Centro-Sul.

Nesse período também é marcante a chegada de grandes contingentes de **imigrantes** no território brasileiro, notadamente nas regiões economicamente mais importantes do Centro-Sul. Em 1908, chegou o *Kasatu Maru*, primeiro navio de imigração japonesa, por um arranjo de interesses dos barões do café paulistas. Também há reforço da chegada de italianos a São Paulo e ao Sul, além do grande número de europeus e árabes de diversas porções do Império otomano.

Com isso, no final da República Velha, vemos um significativo descompasso entre a estrutura política e a complexidade social do Brasil, marcada por uma grande efervescência cultural, econômica e por dinâmicas demográficas recentes. No meio político, o revezamento de poder entre paulistas e mineiros entrou em choque com os interesses de outras províncias. Com a indicação do paulista Júlio Prestes (1882-1946) à sucessão de Washington Luís (1869-1957), em vez de um mineiro, ocorreu o rompimento do acordo entre ambas as províncias. Minas Gerais se aliou ao candidato derrotado do Rio Grande do Sul, Getúlio Vargas, e à elite de outras províncias para articular a tomada do poder no país, com a proposta de um novo arranjo político dominante. Com a adesão de outro grupo de velhos desafetos, antigos expoentes dos movimentos tenentistas, houve o necessário reforço armado à causa. Terminou, assim, a chamada República Velha, e teve início a Era Vargas.

4.5 A Era Vargas: chauvinismo, centralização e estruturação da gestão estatal do território

No que tange à contribuição da **Era Vargas** para a estrutura territorial brasileira, devemos nos ater a alguns aspectos básicos: **novo reforço às atitudes contrárias ao pacto federativo; discursos chauvinistas e xenófobos na política de imigração; estruturação do Estado para a gestão territorial;** e **instalação da indústria de base.**

Para tratarmos desses fenômenos, devemos realizar algumas considerações sobre a época. A Era Vargas é um dos períodos politicamente mais inusitados da história brasileira, pois alia, principalmente após o golpe de 1937, a composição **política mais centralizada** que o país já havia experimentado desde sua Independência e um **personalismo** maior do que no reinado, na figura de Vargas, a uma série de **avanços nas políticas sociais e trabalhistas.**

A revisão desses aspectos políticos é importante para que possamos rever o **autoritarismo central** em mais uma de suas faces na história do Brasil. Vemos aqui um autoritarismo que sufoca qualquer possível manifestação de descentralização do poder, ferindo qualquer possibilidade de constituição e amadurecimento de um verdadeiro pacto federativo. Nesse momento, Getúlio Vargas indicava quem seriam os interventores dos **estados** – em 1934, as unidades federadas deixaram de se chamar *províncias*.

Outra faceta dos problemas do pacto federativo brasileiro reside nos episódios de **oposição regional** a esse pacto. Encontramos a maior expressão desse processo em meio aos campos políticos da Revolução Constitucional de 1932, empreendida pelos paulistas e debelada pelos varguistas. Essa Revolução pretendia destituir a chamada **ditadura** do governo provisório de Getúlio Vargas e estabelecer um sistema constitucional no país. Em meio ao calor político do momento, alguns setores influentes do movimento revolucionário pregavam a separação de São Paulo em um novo Estado, ou o estabelecimento de sua soberania no contexto de uma confederação com os demais estados brasileiros. O escritor Monteiro Lobato (1882-1948), por exemplo, era um dos grandes entusiastas dessa causa (Fausto, 1995).

Em que pese o fato de não ser necessariamente possível demonstrarmos que esse movimento separatista de 1932 tem repercussão no ideário paulista nos dias atuais, tanto os movimentos separatistas quanto a indicação de interventores nos estados, somados às práticas anteriores (indicação de interventores realizada no reinado, supressão de revoltas regionais período regencial, sem concessão de maior autonomia política, política do café com leite na República Velha etc.), apontam para um quadro de **baixa coesão política** e **baixa descentralização dos núcleos de poder no território**, o que implica uma estrutura deficitária para um pacto federativo brasileiro ao longo da história do país. Isso, sim, repercute significativamente até os dias de hoje, com casos comuns de desvios de competências nas esferas federal, estadual e municipal (Castro, 1997).

Em meio às idiossincrasias do varguismo, a política ditatorial constituiu grande parte do **aparato estatal brasileiro** que se dedicou ao estudo da realidade do nosso país, de sua **composição estatística, cartográfica**, bem como **do diagnóstico de suas diversas regiões** e a **implementação de políticas de desenvolvimento**. O estabelecimento de órgãos cujo enfoque era eminentemente territorial, como o Conselho Nacional de Geografia (CNG), o Instituto Nacional de Estatística (INE), que posteriormente deram origem ao Instituto Brasileiro de Geografia e Estatística (IBGE), foi fundamental para garantir a racionalização do controle do território pelo Estado e foi a base para a produção dos **censos demográficos e econômicos**.

Ainda sobre o conhecimento do território em seus aspectos geográficos, cartográficos e estatísticos, é preciso considerarmos que no período varguista foram "criados" o **urbano** e o **rural brasileiros**, como conceitos oficiais estatísticos. Pelo Decreto-Lei n. 311, de 2 de março de 1938 (Brasil, 1938), base das estatísticas urbano-rurais censitárias até a atualidade, os municípios são competentes para delimitar suas áreas urbanas e rurais, sendo que todas as sedes de municípios são consideradas urbanas.

Assim, desde então, o Brasil é um dos poucos países do mundo que apresenta uma estrutura territorial oficial prévia para distinguir a realidade urbana da rural, o que, na opinião de muitos especialistas, distorce as estatísticas sobre as dimensões urbana e rural brasileiras. A crítica se baseia no fato de que não vamos ao território e verificamos sua realidade urbana e rural, por critérios como densidade, número de habitantes, presença de infraestrutura etc., mas com base em uma **malha urbana e rural previamente estabelecida pelos municípios** e que apresenta certas arbitrariedades, reflexo dos interesses municipais na expansão da área urbana para a obtenção de imposto territorial urbano (IPTU) (Abramovay, 2000; Veiga, 2002).

No contexto posterior à crise de 1929, com a ascensão das teses keynesianas de **maior intervenção do Estado na economia** para a contenção dos impactos dos ciclos do capitalismo, expressas nos Estados Unidos pela política do *New Deal*, no governo de Franklin D. Roosevelt (1882-1945), o Estado brasileiro varguista passou a adotar medidas para se fazer mais presente na condução da economia e na exploração articulada do território. Assim, outros órgãos setoriais foram criados (órgãos voltados para os setores da produção de algodão, produção mineral, produção de tecidos etc.), cujas formulações apresentam impacto territorial claro, na medida em que apontam locais prioritários para a produção de diversos produtos agropecuários, insumos minerais, bens industriais e serviços.

Neste período, é marcante a redução da chegada de imigrantes estrangeiros ao Brasil, comparada ao final do século XIX e às três primeiras décadas do século XX. Essa diminuição esteve relacionada aos efeitos da **crise de 1929**, mas foi também centralmente orquestrada e baseada em um **discurso chauvinista e xenófobo**. Como consequência, temos o início do incremento das **migrações internas**, com as áreas economicamente mais dinâmicas do território atraindo mais mão de obra.

Por fim, no que tange ao papel da Era Vargas na configuração territorial brasileira, não podemos nos esquecer da constituição de um **novo impulso industrial**, baseado na tomada pelo Estado da iniciativa de constituir uma **indústria de base**, que serviu para abastecer a indústria nacional de bens de consumo e ao projeto de industrialização para a substituição de importações que vigorou desde então até o final da década de 1970, com o fim dos investimentos do **II Plano Nacional de Desenvolvimento (PND) do governo Geisel** (Fonseca, 2003), por conta da valorização da moeda nacional em um contexto de crise internacional. Assim, foram criadas a Vale do Rio Doce (1943), o Conselho Nacional do Petróleo (1938), a Companhia Siderúrgica Nacional (1941) e a Companhia Hidrelétrica do São Francisco (1945), entre outras.

O **Conselho Nacional do Petróleo (CNP)** foi fundado após a descoberta de campos de petróleo, mas não foi eficaz para garantir uma ampla exploração do potencial petrolífero brasileiro. Foi, no entanto, a base para a posterior fundação da **Petróleo Brasileiro S.A. (Petrobras)**, na década de 1950.

A companhia **Vale do Rio Doce** foi responsável principalmente pela articulação de áreas produtivas de minério (a princípio minério de ferro) e redes de infraestruturas voltadas para a Companhia Siderúrgica Nacional e para a exportação, com a construção de ferrovias e portos para o escoamento da produção e posteriormente o redesenho da geografia das áreas produtoras (Minas Gerais e Pará, notadamente), pela atração de grande contingente populacional como mão de obra (Santos; Silveira, 2006).

A **Companhia Siderúrgica Nacional** (CSN) reforçou a concentração do espaço dinâmico produtivo no Centro-Sul do Brasil. Em Volta Redonda, no Rio de Janeiro, passou a produzir o aço, metal que, anteriormente, era totalmente importado (Santos; Silveira, 2006).

Na iminência da generalização dos ideais democráticos, após o fim da Segunda Guerra Mundial, a estratégia de Getúlio Vargas foi se voltar para as massas, em caráter mobilizador, buscando manter-se no poder. Esse fato retirou o apoio de militares conservadores. A ditadura varguista, assim, perdeu fôlego e aliados, enquanto a oposição se fortaleceu. Esse foi o momento de um novo ímpeto de democracia no Brasil.

4.6 Interstício democrático: integração nacional, desenvolvimentismo e as questões urbana e regional

No que concerne ao interstício democrático do período de 1945 a 1964, precisamos ter em mente que os **limites brasileiros** com os países vizinhos já se encontravam estáveis e que a **questão do desenvolvimento** e da **integração nacional** era um dos motes da política. Assim, foram contribuições marcantes do período para o nosso território: a continuidade da criação de órgãos e empresas estatais com vistas ao desenvolvimento e os diagnósticos regionais; a demarcação da Amazônia Legal; os projetos de integração nacional, com aceleração da construção de infraestrutura, notadamente das rodovias; a mudança da capital federal; e, por fim, as grandes correntes migratórias do Nordeste para o Sudeste, o acelerado crescimento das grandes cidades e a transição da população rural/urbana.

A **questão regional**, que envolve a profunda diferença de nível de desenvolvimento entre as regiões brasileiras, sobretudo com o empobrecimento do Nordeste, e que antes era interpretada pelos meios políticos como resultado das secas do Nordeste, tornou-se mais evidente por diversos diagnósticos a partir da divulgação dos censos demográficos de 1940 e 1950 e de estudos científicos realizados, como foram os casos de Celso Furtado (1920-2004) e de Josué de Castro (1908-1973), por exemplo. Assim, foram intentadas políticas regionais no período, sobretudo com a criação de **órgãos de desenvolvimento regional**.

Em 1953, buscando o desenvolvimento regional do Norte do país, foi criada a Superintendência do Plano de Valorização Econômica da Amazônia (SPVEA), momento em que também foi realizada a demarcação da Amazônia Legal, envolvendo a porção territorial que atualmente abrange os estados do Acre, Amapá, Amazonas, Pará, Rondônia, Roraima, Tocantins, Mato Grosso e Maranhão (oeste do meridiano 44° W). Outra medida importante que se iniciou nessa época foi a criação da Zona Franca de Manaus (ZFM) como porto livre em junho 1957. Essa medida tem repercussões significativas na atualidade, considerando que, ainda hoje, após inúmeras reformulações em seu modelo de gestão, isenção de impostos e abrangência territorial, a ZFM é o polo que torna a cidade de Manaus uma grande área urbana e industrial brasileira. Foram criados ainda o Banco de Crédito da Amazônia (1952) e o Fundo de valorização Econômica da Amazônia (1953).

Em 1959, foi criada a Superintendência do Desenvolvimento do Nordeste (Sudene), como autarquia subordinada diretamente à Presidência da República. A orientação inicial do órgão foi dada pelo seu então secretário-executivo, Celso Furtado, em seu livro *A Operação Nordeste*, também de 1959 (Furtado, 2009). De maneira geral, a política de apoios e isenções do órgão não foi suficiente para garantir o desenvolvimento regional esperado, mas a atuação em alguns polos foi um fator determinante para a atração de capital industrial para a região. Nesse período, a Sudene se somou ao projeto de desenvolvimento regional, que já se fazia presente na constituição do Banco do Nordeste do Brasil (BNB), em 1952.

Nesse interlúdio democrático, agora de acordo com o ideário de um órgão da Organização das Nações Unidas (ONU), a Comissão Econômica para a América Latina e o Caribe (Cepal) permaneceu no ideário político, sobretudo dos grupos ligados a Getúlio Vargas e a Juscelino Kubitschek (1902-1976), na busca pela substituição de importações. Assim, foram criados novos órgãos e empresas estatais para dar continuidade à industrialização do país, o que, de acordo com a Cepal, era o caminho para que os países periféricos deixassem de se subordinar às nações industrializadas. É desse período a criação do Banco Nacional de Desenvolvimento Econômico (BNDE, posterior BNDES), da Petrobras, das Usinas Siderúrgicas de Minas Gerais S.A. (Usiminas) e das Centrais Elétricas Brasileiras S.A. (Eletrobras).

A **Petrobras**, que atualmente é a maior empresa do país, tem um papel significativo na constituição do território brasileiro, pois trouxe grandes aportes ao território, com suas refinarias, poços de captação, sedes administrativas etc., articulando em suas atividades uma grande rede de infraestrutura (oleodutos, gasodutos, portos etc.) e colocando na órbita de suas operações as áreas onde instalou suas plantas de extração e refino, fazendo com que inúmeras cidades tenham a economia voltada para seu atendimento, atraindo pessoas e serviços para esses pontos do território brasileiro. Articula-se, ainda, com indústrias fornecedoras de produtos com alto valor e tecnologia agregados, tanto no país como no exterior, além de uma grande cadeia de clientes primários, formada por distribuidoras instaladas em todo o território nacional, além daqueles no exterior, com os quais se conecta por meio dos portos (Santos; Silveira, 2006).

Criado também na década de 1950 por uma política de fomento, notadamente voltada para o investimento industrial direto, o **Banco de Desenvolvimento Econômico**, futuro **Banco de Desenvolvimento Econômico e Social (BNDES)**, é um exemplo de política de fomento às atividades econômicas com claros efeitos sobre o território. A política de crédito empreendida por esse órgão permitiu a expansão e a instalação de novas atividades, tanto nas áreas com maior concentração prévia de atividade econômica, quanto em novas áreas.

No governo de Juscelino Kubitschek, foi marcante o empreendimento de **integração nacional**, que foi realizado pelo **Programa de Metas** e pela **mudança da capital federal**. Entre as efetivações do Programa de Metas, podemos destacar, em especial, os aportes de infraestruturas no território brasileiro, em um modelo fortemente rodoviarista. O Estado passou a investir na criação de várias rodovias, em um contexto em que o combustível era bastante barato e em que a política apresentava uma nova orientação, que mudou do **nacionalismo econômico** da Era Vargas para um **desenvolvimentismo mais aberto**, embasado também na **atração de capitais externos de investimento direto para o desenvolvimento industrial** (Fausto, 1995). O maior exemplo dessa política foi o princípio da instalação da **indústria automobilística**, com marcante papel em São Paulo e na região do ABC paulista (municípios de Santo André, São Bernardo do Campo e São Caetano do Sul).

As **novas estruturas rodoviárias** serviram à integração nacional, como vetores de ocupação urbana e de escoamento da produção agrícola, avançando a fronteira econômica e abrindo novas frentes de povoamento.

As redes se articularam, ligando as diversas regiões do país aos polos mais desenvolvidos, mas apresentaram agora um novo centro, **Brasília**. O projeto de mudança da capital era já muito antigo – como mostramos no item sobre a República Velha –, de onde nos parece equivocada a leitura de que a mudança da capital serviria para o isolamento do poder. Esse projeto se adequava muito bem ao **desenvolvimentismo** e à **busca de interiorização populacional e econômica**, bem como do desenvolvimento das diversas regiões, sendo o governo central entendido como parte fundamental do desenvolvimento, desde as proposições do economista John Maynard Keynes, após a crise de 1929.

O período em questão, corroborando processos iniciados na Era Vargas, apresenta um quadro que permitiu um **surto industrial** subsequente. Assim, por meio dessas infraestruturas colocadas no território, da estrutura do Estado, da estrutura de financiamento, da disponibilidade de dados estatísticos etc., temos a construção de um cenário que se torna atraente para a **instalação de indústrias com maior volume de capital internacional**. Some-se a isso a alteração do paradigma nacionalista varguista, mais resistente ao investimento direto do capital internacional, para o nacional-desenvolvimentista (Fausto, 1995), que resultou em uma mudança qualitativa do padrão da indústria brasileira. Trata-se da chegada de materiais elétricos, eletrônicos e, sobretudo, das indústrias automobilísticas e da diversificação dos bens de consumo.

De maneira semelhante ao que ocorreu no fim da Era Vargas, os setores conservadores da sociedade brasileira se tornaram suspeitosos do **populismo**, que arregimentou as massas sob a voz de João Goulart (1919-1976), que propôs as chamadas **reformas de base**, entre elas a **reforma agrária** e a **reforma urbana**. Nesse quadro, com base no apoio de uma classe média e de uma elite temerosas das repercussões de tais medidas, ocorreu o golpe militar de 1964, que deu fim a esse período democrático.

4.7 Ditadura militar: estratégias militares e desenvolvimentistas

O **regime militar** foi o ápice do poder dos setores militares que se constituíram desde o início da república brasileira e que se metamorfosearam e se complexificaram ao longo do seu apoio ao golpe do Estado Novo e durante o interregno democrático de 1945 a 1964, quando promoveram a manutenção de um clima de instabilidade política subjacente às transições presidenciais. Nesse sentido, o período demonstrou a aplicação de lógicas dos dois principais grupos militares – conforme veremos adiante – que estiveram no poder entre 1964 e metade da década de 1980. Assim, o período foi marcado por uma lógica de **conservadorismo extremo no campo político** e de uma **visão liberal com elementos ainda desenvolvimentistas no campo econômico**, permeados ambos por uma **lógica estrategista militar**, que se assentava na busca da **manutenção da ordem** e da **segurança nacional**.

Devemos notar, nesse período, alguns acontecimentos importantes para a nossa estruturação territorial: o estabelecimento de **infraestruturas diversas**, sobretudo resultantes das chamadas **obras faraônicas**, sob a égide de lógicas estrategistas geopolíticas clássicas; os **processos migratórios** próprios do período, tanto na lógica da expansão das fronteiras econômicas, no contexto do chamado **milagre brasileiro**, quanto nos **cálculos geopolíticos fronteiriços** do governo militar; a estruturação de uma **rede urbana mais ampla**, mas ainda muito concentrada no Centro-Sul e em São Paulo; o **desenvolvimento industrial**; a **modernização do campo**; e o **controle do território** a partir da adição de características informacionais.

Os militares, em suas duas principais correntes que se revezaram no poder durante o período ditatorial – o grupo da chamada "**linha dura**" e o outro, chamado "**grupo da Sorbonne**" – tinham em comum uma visão pautada na **ordem**, no **desenvolvimentismo** impulsionado por **intervenções federais** de grande porte, mas aliado ao **investimento direto internacional** na conformação de uma indústria brasileira pujante, bem como na segurança nacional. Todas essas são constatações importantes para podermos compreender, por exemplo, a mudança do mar territorial ocorrida no período.

O **mar territorial brasileiro** já existia na concepção dos domínios do Brasil desde sua independência, anteriormente como domínio colonial. Tratava-se de um **elemento do direito consuetudinário internacional** (direito baseado nos costumes), em que se compreendia o domínio de uma unidade política sobre 3 milhas náuticas a partir da costa do país (Castro, 1989).

Esse aspecto, no entanto, teve pouca expressividade até o governo militar, por isso não tratamos dele nos tópicos anteriores neste capítulo. No governo militar, no entanto, foi quando a Petrobras apresentou suas descobertas de campos petrolíferos *offshore*, sucedendo ao relativo insucesso do período anterior, que havia apresentado resultados insatisfatórios em termos da localização de jazidas economicamente viáveis.

Em meio às descobertas de riquezas minerais *offshore*, o Brasil ampliou unilateralmente, pelo Decreto-Lei n. 1.099, de 25 de março de 1970 (Brasil, 1970), o limite do seu mar territorial para 200 milhas náuticas. Ao tratar como mar territorial essas 200 milhas, o Brasil declarava sua **soberania** sobre essa área, conceito com implicações geoestratégicas sobre a massa líquida, o espaço aéreo e o assoalho oceânico. Essa porção do mar, portanto, seria considerada **território brasileiro** para todos os fins políticos, econômicos e de defesa, como trânsito de embarcações estrangeiras, conceituação de agressão estrangeira, garantia de exclusividade de exploração das riquezas pelo país etc. (Castro, 1989).

Por declarar unilateralmente o poder de explorar essas águas com exclusividade e de fiscalizar, segundo as leis brasileiras, as embarcações estrangeiras que passassem em toda a extensão compreendida pelas 200 milhas náuticas, o Brasil levantou grande oposição na comunidade internacional. Os arquivos do Itamaraty guardam protestos de diversos países: Estados Unidos da América, Bélgica, Finlândia, França, Grécia, Japão, Noruega, Reino Unido, República Federativa da Alemanha, Suécia e União Soviética (Castro, 1989).

Essa postura do nosso país não foi isolada. Outros países apresentaram atos semelhantes em meados da segunda metade do século XX, levantando inúmeros conflitos de interesse internacional. Dessa forma, a noção do mar territorial como anteriormente preconizada em 3 milhas náuticas (alguns países assumiam 6 milhas)[iv] foi colocada em xeque, engendrando a necessidade de uma nova regulação internacional dos direitos do mar. Como resultado, ocorreu o estabelecimento da Convenção das Nações Unidas sobre o Direito do Mar, em 1982, da qual o Brasil é signatário (ONU, 1982).

Por essa convenção, os interesses geopolíticos dos militares não se consolidaram nas 200 milhas náuticas, tendo-se restringido o mar territorial brasileiro a 12 milhas náuticas. Os interesses econômicos brasileiros, no entanto, foram garantidos, pela adoção, na convenção que mencionamos, do conceito de **zona**

---

iv. De fato, o limite de 3 milhas náuticas vigorou no Brasil desde sua independência até o ano de 1966, quando o aumentou de forma mais cautelosa para 6 milhas náuticas (Castro, 1989).

econômica exclusiva (ZEE), que se inicia nessas 12 milhas náuticas e vai até as 200 anteriormente pretendidas.

Com as recentes descobertas de jazidas petrolíferas no chamado **pré-sal**, o geógrafo deve estar mais atento aos limites brasileiros nos mares e na relação de tais limites com as convenções internacionais, pois muitas estratégias territoriais ainda se encontram em andamento no campo diplomático brasileiro, para garantir maior expansão do poder do país sobre o mar, como veremos melhor no capítulo seguinte.

Quanto ao aspecto das **infraestruturas**, o regime militar marcou o território com o resultado das chamadas **obras faraônicas**: a construção da Hidrelétrica de Itaipu Binacional, da Hidrelétrica de Tucuruí, da Rodovia Transamazônica, da Usina Nuclear de Angra I e início da obra de Angra II, entre outras (Fausto, 1995).

Essas estruturas deram início a grandes movimentos migratórios para sua produção e contribuíram para mudanças qualitativamente significativas para as regiões em que se instalaram e com as quais se conectaram, reforçando a concentração populacional e econômica no Centro-Sul e abrindo espaço para a expansão da fronteira econômica e populacional no norte do Brasil. Na escala local, seu impacto foi ainda mais sensível, pois o aporte substancial de trabalhadores para as obras alterou fundamentalmente o cenário econômico e populacional de suas imediações (Santos; Silveira, 2006).

A **Rodovia Transamazônica** liga o Porto de Cabedelo, na Paraíba, ao sul do estado do Amazonas, cortando os estados do Ceará, Piauí, Maranhão, Tocantins e Pará. A lógica da defesa nacional é visível na busca por se utilizar a rodovia como vetor de colonização, para garantir a ocupação de áreas remotas do território brasileiro. Também é notável a busca da expansão da fronteira econômica do país.

A descoberta, em meados da década de 1970, de reservas minerais na Serra dos Carajás veio ao encontro dos interesses militares na busca pela expansão da fronteira econômica e pela ocupação das áreas distantes no norte do Brasil. O consequente **Projeto Grande Carajás**, de que trata o Decreto-Lei n. 1.813, de 24 de novembro de 1980 (Brasil, 1980), deu margem a uma política de incentivos para o desenvolvimento de atividades minerais, tanto pela Vale do Rio Doce, como por empresas estrangeiras, entre os estados do Pará (municípios de Conceição do Araguaia e São Félix do Xingu), Goiás (Colina de Goiás, Colmeia, Filadélfia, Goiatins e Itaporã de Goiás) e Maranhão (Balsas, Carolina, Riachão, Sambaíba e Tasso Fragoso).

Assim, além da Rodovia Transamazônica, que ocasionou mais desmatamento do que resultados práticos significativos, foram acrescentados ao espaço amazônico legal a **Usina Hidrelétrica de Tucuruí**, a **Estrada de Ferro Carajás** e o **Porto de Ponta da Madeira**, em São Luís do Maranhão, culminando em uma das regiões de mais expressivas atividades minerais de todo o mundo, com a exploração de minério de ferro, bauxita, manganês, urânio, zinco, níquel, cobre, ouro, prata etc.

O **Centro-Oeste brasileiro** também recebeu considerável aporte populacional e técnico, quando comparado aos períodos anteriores, desde a ocupação indígena, passando pelas incursões no ciclo do ouro do Período Colonial, em que também contou com alguma expansão de atividades agropecuárias. Na década de 1940, sob o getulismo – como vimos anteriormente –, a região passou a receber mais atenção, pela promoção da chamada **marcha para o oeste**, fato que, no entanto, ainda não contava com uma estrutura de integração que garantisse sucesso à colonização. No contexto do regime militar, no entanto, esse quadro se transformou, devido à contribuição anteriormente realizada por Juscelino Kubitschek, ou seja, o crescimento da malha viária nacional e a construção de

Brasília, que permitiram maior integração econômica da região ao restante do país (Santos; Silveira, 2006).

Com essa base, além do seu projeto desenvolvimentista e geoestratégico, buscando ligar os confins do território brasileiro, os militares passaram a estruturar o Estado e a criar programas que garantissem maior migração para essa região. Foi criada, assim, a Superintendência de Desenvolvimento do Centro-Oeste (Sudeco) em 1967.

Outro aspecto importante para o sucesso das frentes de colonização no Centro-Oeste, além das novas infraestruturas e dos programas governamentais, foi a **modernização das técnicas agrícolas**, com a chamada **revolução verde**, que permitiu o emprego de maquinário, insumos e tecnologias cada vez mais avançados nas atividades agropecuárias. Isso garantiu, no caso do Centro-Oeste, que em áreas de solos menos produtivos, houvesse uma produtividade economicamente mais rentável (Santos; Silveira, 2006).

Nesse período, vemos que ocorreu uma marcante aceleração da modernização do campo brasileiro, que, associada às novas redes técnicas, permitiu o avanço de novos *fronts* e o estabelecimento de novos cinturões produtivos, ora mais diversificados, ora mais homogeneizadores da paisagem. Trata-se de uma **modernização conservadora no campo**, sob a égide da revolução verde, que mencionamos. Assim, este momento se caracterizou pelo incentivo e pela maior aplicação de maquinário, insumos industrializados e tecnologia de toda sorte nas atividades agropecuárias, embora mantendo ou ampliando a estrutura fundiária concentradora brasileira (Santos; Silveira, 2006).

Nos períodos anteriores, vimos uma expansão da agropecuária, com grandes cinturões que vendiam para outras áreas do país e para o exterior produtos bovinos, café, algodão e uma estreita pauta de exportações. A partir dessa época, cada vez são mais notáveis as formações de novos *fronts* e *belts* (como o dos cereais no Centro-Oeste e no Paraná, o da laranja em São Paulo, o da fruticultura no Vale do Rio São Francisco etc.), com pautas de produção e exportação mais diversificada, amparadas na tecnificação da produção.

As novas fronteiras agrícolas propiciadas pelas disponibilidades técnicas do território, pelas tecnologias agrícolas, pelos investimentos privados e pelos incentivos governamentais seguiram em diversas direções nesse momento, contando com a migração de sulistas para o Centro-Oeste e o Norte do país.

Como podemos verificar no Gráfico 4.1, entre 1950 e 1960, a população rural do Brasil crescia ainda em ritmo considerável, quando comparada com a população total e urbana. Entre 1950 e 1960, a população rural teve um incremento de aproximadamente 6 milhões de habitantes, mantendo-se acima da população urbana. A partir da década de 1960, no entanto, seu ritmo de crescimento diminuiu, ocorrendo, entre 1960 e 1970, a inversão da proporção entre as populações urbana e rural no país. A população rural passou a apresentar um ritmo decrescente a partir de 1970, dinâmica que não se reverteu até os dias atuais. A atração exercida pelas áreas urbanas, com promessas de melhores oportunidades de trabalho, renda e qualidade de vida, atuou em conjunto com a repulsão das áreas rurais, no contexto da modernização conservadora do campo brasileiro, alterando com isso significativamente o nosso quadro demográfico.

Gráfico 4.1 – Evolução populacional do Brasil entre 1950 e 2010

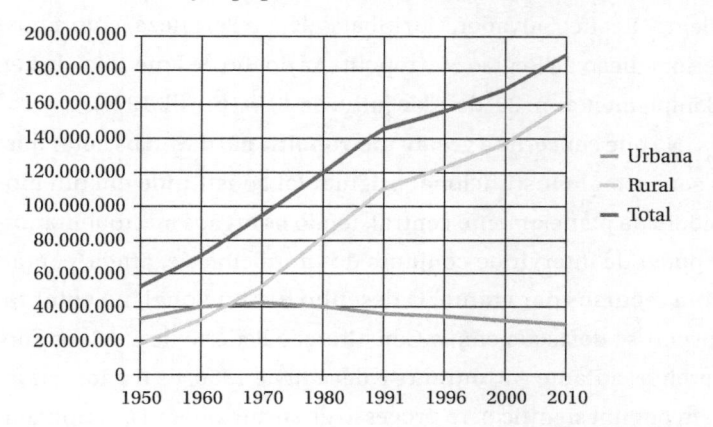

— Urbana
— Rural
— Total

Fonte: IBGE, 2015f.

O cenário de tecnificação do campo, no contexto da revolução verde, expulsou os moradores do campo e engendrou o aumento significativo das grandes cidades, no momento de um grande processo de industrialização. A velocidade desse processo, adequada à velocidade dos ganhos de capitais no campo e na cidade, de acordo com os interesses dos donos dos meios de produção, não foi adequada para a formação de **núcleos e tecidos urbanos bem estruturados**, que garantissem o acesso e o direito à cidade. O resultado foi a formação de uma rede urbana extremamente concentrada no Centro-Sul do Brasil e polarizada em São Paulo. Outros produtos do período são o **aumento significativo das favelas** e da **periferização**.

Diante desse quadro, como medida de planejamento, o governo instituiu, no início da década de 1970, as **regiões metropolitanas**, destinadas a administrar serviços urbanos comuns entre os municípios integrados ao polo metropolitano. As regiões metropolitanas criadas pela Lei Complementar n. 14, de 8 de junho de 1973 (Brasil, 1973), foram: São Paulo, Belo Horizonte, Porto Alegre, Recife, Salvador, Curitiba, Belém e Fortaleza, com a posterior adição da Região Metropolitana do Rio de Janeiro, pela Lei Complementar n. 20, de 1º de julho de 1974 (Brasil, 1974).

No que concerne à **gestão metropolitana**, devemos notar que o seu formato institucional original foi constituído em um momento de planejamento central, tendo os órgãos metropolitanos o poder de intervir no conjunto dos municípios e, ainda, contar com recursos para tanto. O desenho institucional, no entanto, tornou-se defasado com a Constituição Federal de 1988 – como veremos adiante – e, durante a década de 1980, os órgãos passaram por um significativo processo de sucateamento e contingenciamento de recursos.

A **industrialização** teve um grande processo de expansão neste período e se manifestou no território brasileiro pela **concentração** e, em seguida, pela **desconcentração-concentrada**, extravasando os limites do município de São Paulo e outros grandes municípios paulistas a ele ligados, mas passando principalmente a se instalar em cidades grandes e médias ainda da chamada **região concentrada**, que envolve as áreas mais ricas do Centro-Sul (Santos; Silveira, 2006). Assim, de 1964 a meados da década de 1970, em um contexto internacional de alta liquidez de capitais, juros baixos para empréstimos internacionais, baixos preços da principal fonte de energia, o petróleo, bem como de alta lucratividade dos negócios, o Brasil viveu o chamado **Milagre Econômico**, um crescimento econômico anual significativo, que lançou as bases para a **penetração do capital internacional** no Brasil nos moldes atuais e para a formação de um significativo montante da sua **dívida externa**.

A entrada de capitais internacionais foi facilitada, o que ampliou um processo que já era significativo no governo de Juscelino

Kubitschek e que era qualitativamente diferente do nacionalismo desenvolvimentista de Getúlio Vargas. Nesse contexto, uma grande diversidade de indústrias se instalou no Brasil, ainda com um modelo de **substituição de importações** até meados da década de 1970. Nesse modelo, devemos ter em mente que as contas nacionais se tornam significativamente deficitárias para financiar a construção da base produtiva industrial e que essa mesma base ainda não é capaz de compor um contrapeso significativo ao déficit, pois está orientada para atender ao mercado interno, não à exportação. Assim, as exportações do Brasil continuaram, por muito tempo, sendo ainda baseadas principalmente em produtos primários, como minérios e produtos agropecuários (Fausto, 1995).

De modo bastante simplificado, a **substituição de importações**[v] é um modelo que visa a reduzir a dependência de um país em relação a produtos industrializados externos, geralmente com base em um diagnóstico de **trocas desiguais**, em que tal país venderia produtos com menor valor agregado (*commodities*, como produtos agropecuários *in natura* e minérios, principalmente) e compraria produtos com maior valor agregado (produtos industrializados diversos, bem como serviços especializados). Assim, a substituição de importações pretende resolver esse **déficit na balança comercial** pela produção interna desses produtos industrializados, não necessariamente para o aumento de sua competitividade externa, mas para vendê-los no mercado interno. No período militar, no entanto, esse processo aconteceu pelo **endividamento do Estado**,

---

v. Maria da Conceição Tavares (2011) chama atenção para que o conceito de *substituição de importa*ções não seja tomado literalmente como uma busca por um estágio em que determinado país tenha independência de importações. Segundo a autora, há várias experiências de substituições de importação, sendo comum que parte dos processos de dados produtos sejam instalados no país, aumentando a sua necessidade de importar insumos e serviços necessários a esses processos produtivos. De maneira geral, portanto, a substituição de importações mantém a necessidade de outras exportações oriundas de países mais desenvolvidos tecnologicamente.

no contexto de juros baixos, de forma que os empréstimos externos equilibravam a balança comercial deficitária. A balança deficitária era consequência das importações de diversos itens de base, necessários para a formação da economia industrial, bem como pela importação de produtos com alto valor tecnológico, cuja produção permaneceu nos países mais ricos (Fausto, 1995).

As indústrias, portanto, se expandiram nesse período para diversas regiões do território brasileiro, em uma **lógica fordista**, em que o processo de produção começa e termina em uma **fábrica**, a partir das matérias-primas e dos insumos que ela compra e por sua posterior transformação, realizada pelo acréscimo de trabalho, técnica e energia. Nesse contexto, a produção é concentrada territorialmente em polos produtores, nos quais existe oferta abundante de mão de obra, mercado consumidor, energia disponível e barata, insumos e redes técnicas de ligação entre eles.

Assim, a industrialização no Brasil se deu pela **diversificação dos produtos**, mantendo-se, porém, inúmeros itens com maior valor agregado fora do país. A produção industrial (de automóveis, eletrodomésticos e outros utensílios) reforçou a primazia de São Paulo e se alocou também em outras cidades importantes do Sudeste e do Sul do país. Para exemplificar esse quadro concentrador, basta observamos que o estado de São Paulo, em 1969, concentrava 48,1% do pessoal ocupado na indústria brasileira, segundo dados do Censo Econômico de 1970 (IBGE, 1975).

A partir do final da década de 1970, no entanto, após as duas crises do petróleo, os **capitais se tornaram mais caros**, e os **juros aumentaram significativamente**, bem como o preço do petróleo, o que produziu grande endividamento do Estado brasileiro e colocou em xeque a manutenção dessa política de investimento e interferência no processo de industrialização. Além disso, o capital internacional se reorientou estrategicamente, de forma a se adequar a um novo ambiente de crise.

Teve início, nesse contexto, a **crise econômica no Brasil**, que antecedeu a chamada **década perdida**, os anos 1980. Nessa época, exigiu-se a reorganização da sociedade, dos trabalhadores, em um contexto de reorganização do capital internacional. Dessa forma, houve o início da **era da acumulação flexível do capital**, em que a produção industrial passa a apresentar uma nova lógica para manter a rentabilidade das empresas. Os processos tomam maiores distâncias, surge uma **nova divisão internacional do trabalho**, em que um mesmo produto recebe aportes de insumos fabricados em diversas partes do mundo (Harvey, 2008).

É um processo que, na sua formação e constituição, tem um **significado eminentemente geográfico**, pela expansão dos locais de produção para a busca de maior rentabilidade, em especial pelas estratégias de **subcontratação, descentralização produtiva, terceirização** etc. que compõem o chamado *toyotismo*. O novo ambiente de produção é pautado fortemente pela presença de **redes técnicas e informacionais** que permitem o controle à distância de um processo produtivo cada vez mais descentralizado. O efeito disso sobre o território brasileiro foi um processo de **descentralização da produção industrial**, que, no entanto, esteve localizado preferencialmente em cidades grandes e médias do Centro-Sul, enquanto que o comando e grande parte da rentabilidade ainda se mantiveram nos principais polos, ensejando o que Milton Santos chamou de "desconcentração concentrada" (Santos; Silveira, 2006).

O governo de Ernesto Geisel (1907-1996), de 1974 a 1979, marcou o retorno dos militares da Escola Superior de Guerra, a chamada "ala da Sorbonne", que pretendia realizar uma **abertura gradual** do regime. A eleição do seu sucessor, João Figueiredo (1918-1999), também apoiado por essa bancada, deu continuidade ao processo gradual de ampliação dos direitos civis. A campanha das **Diretas Já** foi uma possibilidade nova, impensável em tempos anteriores. Começou, assim, a **transição para o período democrático**.

Síntese

Neste capítulo, observamos os eventos marcantes relacionados diretamente à **demarcação dos limites territoriais brasileiros** e aos movimentos de constituição do seu conteúdo social, institucional, populacional, industrial, urbano, rural, infraestrutural etc., desde o período pré-cabralino até o final da ditadura militar.

Com isso, o nosso território atual, com seus **limites e conteúdos materiais e imateriais** (concepções, ideias, ideologias e propostas políticas sobre o território), é resultado da interferência de diversos atores no decorrer de vários séculos. Os povos indígenas, com suas territorialidades particulares, formaram caminhos pelos quais ocorreu a interiorização do projeto colonial, orientado pelos interesses da Coroa portuguesa em seu consórcio com seus financiadores e que operou o desterro indígena.

Uma **estrutura altamente concentradora** de terras, poder econômico e político foi criada e deu a tônica da formação territorial durante o Período Colonial brasileiro. As potências colonizadoras (Portugal, Espanha e Holanda) operaram os seus jogos de poder, guerras, acordos diplomáticos, em suas associações com o poder eclesiástico e seus financiadores, companhias de colonização e a corte.

O **espaço natural** do país foi um fator condicionante para a escolha de qual solo seria produtivo para a cana-de-açúcar ou em que região haveria ouro, o que influenciou os ciclos econômicos, mas foi do **consórcio político-econômico colonial dominante** que surgiram as condições para a busca das áreas de exploração econômica, o estabelecimento das infraestruturas de comunicações, o arranjo das dinâmicas migratórias – claramente no caso do tráfico de escravos, ou da disponibilização de terras para os imigrantes europeus em novas frentes colonizadoras, após a vinda de D. João VI, em 1808.

A ausência de rupturas no processo brasileiro de independência ensejou a permanência das estruturas econômicas (com a concentração de terras no modelo de *plantation*), sociais (com uma alarmante clivagem social, em meio ao escravismo) e políticas (com a centralização política), bem como a criação de um Estado sem a justificativa fornecida por um **discurso nacionalista**, mas sim por um **projeto territorial**, que continuou valorizando a ocupação territorial pelo avanço das fronteiras econômicas.

No período republicano, ocorreu um ajuste fino dos limites territoriais, com papel preponderante da diplomacia, já em bases mais sólidas de limites territoriais, obtidas anteriormente pelo modelo expansionista português. A **centralização política**, no entanto, ainda era uma característica marcante, e o **pacto federativo** era continuamente vilipendiado pela política do café com leite.

O período de maior centralização política foi a Era Vargas, quando o ditador tinha prerrogativas totalitárias. Em meio à formação centralizada de um discurso nacionalista, vimos uma **política de nacionalismo econômico**, com a estruturação do Estado para políticas territoriais e de desenvolvimento com participação estatal, com a constituição de indústrias de base.

O **desenvolvimentismo** é a tônica do período entre 1945 e 1964, em que houve a inauguração de Brasília, os projetos rodoviaristas de integração nacional, a atração de capital internacional para a criação de indústrias diversificadas de bens de consumo, com destaque para a indústria automobilística, sendo ainda o momento de **estabelecimento de mais estruturas estatais para o desenvolvimento**, como órgãos de desenvolvimento territorial, de desenvolvimento setorial e mais empresas públicas de base, como a Petrobras.

No **período ditatorial**, tivemos ainda uma lógica desenvolvimentista, com maior **dependência de capital internacional**. Essa lógica econômica conviveu com uma **visão política de cunho estratégico-militar e de defesa** – vide a expansão do mar territorial e o estabelecimento da zona econômica exclusiva –, que, em meio às obras faraônicas e aos projetos de incentivo à colonização, intensificaram novas frentes de colonização para as regiões de fronteira no Centro-Oeste e no Norte do país.

Em meio ao **milagre econômico**, propiciado por um ambiente internacional de elevado crescimento da economia, com juros internacionais baixos e petróleo barato, as áreas urbanas cresceram vultosamente e de forma bastante concentrada, em função da atração realizada pela empregabilidade na indústria crescente e da promessa de melhor qualidade de vida, combinada ao fator de expulsão da população camponesa das áreas rurais, por conta da modernização econômica e tecnológica do campo. É o tempo de grandes **migrações inter-regionais e concentração populacional e econômica nas grandes metrópoles**, com destaque para São Paulo. Foram alterações significativas em pouco tempo, interessantes para os negócios, mas não para a formação de cidades e de malhas urbanas bem estruturadas.

Os choques do petróleo da década de 1970 aceleraram o processo de desgaste do modelo capitalista fordista, concentrador das atividades produtivas e rígido nos processos de produção, dando margem para o estabelecimento de um novo modelo produtivo, também chamado de **acumulação flexível do capital**, que estava associada a uma **nova divisão internacional do trabalho**, com flexibilização do trabalho, terceirização e um processo de descentralização da produção. Esse modelo acarretou no território a precarização das relações de trabalho e, em especial, a desconcentração produtiva, ainda que em um modelo de desconcentração concentrada, como preconizado por Milton Santos e Maria Laura Silveira (2006), uma vez que as principais atividades se mantiveram na região concentrada e seu comando permaneceu, na sua maior parte, em São Paulo.

Compreender as dinâmicas históricas que expusemos neste capítulo e se aprofundar nelas é fundamental para o profissional que estuda a **Geografia do Brasil**. Com base nessas informações, é possível construir um modo de pensar autônomo e embasado historicamente sobre o quadro territorial brasileiro. Os desafios cotidianos para a prática política e cidadã requerem, cada vez mais, todos esses conhecimentos.

Indicações culturais

HISTÓRIA do Brasil por Boris Fausto. Direção: Mônica Simões. Brasília: TV Escola, 2002. Disponível em: <http://tvescola.mec.gov.br/tve/videoteca/serie/historia-do-brasil-por-boris-fausto>. Acesso em: 9 nov. 2016.

A TV Escola, do Ministério da Educação (MEC), criou uma série com seis episódios sobre o livro História do Brasil, *de Boris Fausto (1995-). Trata-se de um bom material para exposição e para uma breve revisão dos fatos históricos marcantes na construção do Brasil.*

4

Atividades de autoavaliação

1. Qual(is) afirmação(ões) a seguir está(ão) incorreta(s), de acordo com o que discutimos neste capítulo?

   I. A história colonial brasileira apresenta lógicas próprias de dominação do território que se encontram encerradas no período, sem influenciar as ideologias territoriais posteriores.

   II. Por conta da transformação técnica ocorrida com a chegada dos portugueses no Brasil, abrindo de forma autônoma os caminhos no território colonial, não houve influência significativa das sociedades indígenas na configuração de vilas e cidades coloniais.

   III. A independência do Brasil forneceu ao sistema social, econômico e político uma verdadeira ruptura como sistema pretérito, de forma que a concepção política sobre os rumos do nosso território se orientou sobre bases mais solidárias.

   a) Apenas I está incorreta.
   b) Apenas I e II estão incorretas.
   c) Apenas II e III estão incorretas.
   d) I, II e III estão incorretas.

2. Segundo a discussão que desenvolvemos neste capítulo, podemos dizer que:

   a) As revoltas regionais do Período Regencial, a política do café com leite da República Velha e as indicações de interventores nas duas ditaduras têm em comum a grande centralização política e falta de amadurecimento do pacto federativo no Brasil.

   b) A instalação da capital federal em Brasília foi um projeto de um pequeno grupo dominante, que buscou desviar sua impopularidade pelo afastamento do centro de poder dos grandes núcleos populacionais. Esse argumento é ratificado pelo fato de nunca ter havido uma tentativa de mudança da capital para um ponto mais central do território brasileiro antes de 1945.

c) A chamada Era Vargas e o interstício democrático de 1945 a 1964 têm em comum a pouco expressiva criação de órgãos estatais responsáveis por políticas territoriais ou de políticas setoriais com forte efeito territorial.

d) O rodoviarismo foi uma opção inadequada à época, por contar com preços altos dos combustíveis, bem como por desarticular a crescente indústria de construção de trens no território brasileiro.

3. Segundo a discussão que tivemos neste capítulo, qual é a alternativa correta?

a) Após o período de atuação do barão do Rio Branco, no início do século XX, não ocorreram mais alterações dos limites territoriais brasileiros ou tentativas de expansão destes por parte do governo federal.

b) Ao longo da história do Brasil, não há qualquer ligação entre os interesses dos arranjos dominantes de poder e o atraso regional do Nordeste, que sempre foi atrasado economicamente em relação ao restante do território por conta de suas restrições ambientais.

c) A dinâmica das migrações internas no território brasileiro não teve qualquer relação com os ciclos econômicos que ocorreram aqui.

d) Na ausência de um discurso nacional mais articulado, sobretudo com grande parte da população alijada do processo político, devido à escravidão, o Estado brasileiro se justificou por um projeto de construção do país. Esse projeto reafirmou a necessidade de expansão das fronteiras econômicas, com base em uma ética produtivista, ignorando a diversidade da paisagem, as diferentes aptidões e as fragilidades do território.

4. Qual(is) afirmação(ões) a seguir está(ão) correta(s), de acordo com o que discutimos neste capítulo?

   I. O ciclo do ouro, durante o século XVIII, foi o principal motivo, à época, para a estruturação de redes de infraestruturas e o aumento dos fluxos entre Minas Gerais, São Paulo e Rio de Janeiro, o que implicou a mudança da capital da colônia de Salvador para o Rio de Janeiro.

   II. Durante a Revolução Constitucionalista de 1932, foi possível identificar no movimento a formação de uma corrente que advogava a separação de São Paulo do restante do território nacional.

   III. A explicação para o maior desenvolvimento do Sul em relação ao Nordeste reside no fato de os migrantes europeus serem mais aptos para o trabalho sob moldes competitivos, tendo em vista que, tanto no Sul quanto no Nordeste, houve condições fundiárias muito semelhantes para a formação de uma economia moderna.

   a) Apenas I está correta.
   b) Apenas I e II estão corretas.
   c) Apenas I e III estão corretas.
   d) I, II e III estão corretas.

5. Qual(is) afirmação(ões) a seguir está(ão) correta(s), de acordo com o que discutimos neste capítulo?

   I. No Brasil, o efeito territorial das novas lógicas produtivas, após as crises econômicas da década de 1970, foi uma desconcentração-concentrada, em que as indústrias dirigiram seus investimentos para além da antiga concentração paulista, mas ainda nas áreas mais ricas e conectadas do chamado Centro-Sul brasileiro.

II. O acelerado crescimento urbano durante o período militar, aderente ao ritmo de ganhos de capital na indústria e no campo modernizado, intensificou sobremaneira a concentração da rede urbana brasileira, resultando em urbanizações precárias nas grandes cidades.

III. As regiões metropolitanas foram criadas no governo de Juscelino Kubitschek, mas seu arranjo institucional ainda se mantém adequado para a estrutura territorial atual.

a) Apenas I está correta.
b) Apenas I e II estão corretas.
c) Apenas I e III estão corretas.
d) I, II e III estão corretas.

Atividades de aprendizagem

Questões para reflexão

1. A Fordlândia foi um empreendimento de Henry Ford (1863-1947), em meio ao ciclo da borracha na Amazônia. O empresário norte-americano, com vultoso investimento de capital, tentou criar uma cidade na Amazônia que deveria funcionar para a produção de borracha para sua indústria automotiva. A aplicação da lógica industrial fordista, que buscava alterar significativamente traços culturais e não atentava para as especificidades ambientais, resultou em grande fracasso. A cidade, com o tempo, foi tomada pela floresta.

Diante desse quadro, reflitamos: o que há de semelhante entre o empreendimento de Ford e os atuais empreendimentos agropecuários em expansão sobre a Amazônia? Será que existe uma alternativa a eles? Podemos explorar economicamente a Amazônia por meio de um modelo que considere os seus próprios potenciais, de forma a mitigar o impacto sobre a natureza?

Atividade aplicada: prática

Assista ao documentário *História do Brasil por Boris Fausto*, que encontramos nas indicações culturais deste capítulo. Na parte em que Boris Fausto fala sobre o Brasil Império, crie notas, na forma de tópicos, que apontem as razões que o historiador dá para a manutenção do que ele chama de "o todo geográfico do Brasil", ou seja, a manutenção da unidade territorial do Brasil, com sistema centralizado de poder, diferente do que ocorreu na América Espanhola, em que houve grande fragmentação em Estados menores.

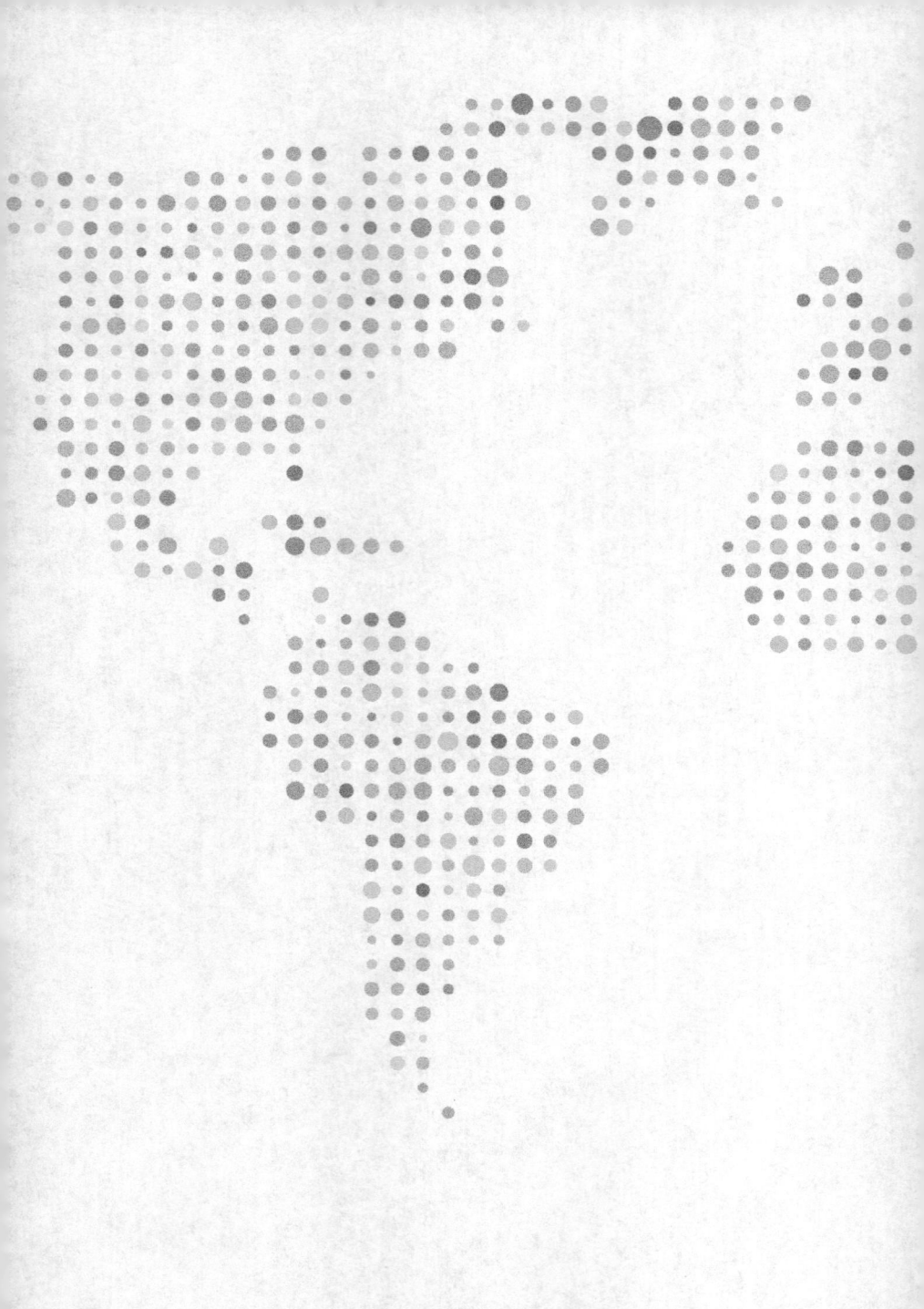

5

Um projeto de Brasil e de seu território

Até aqui, de maneira sintética, vimos conceitos de Geografia e de Geografia do Brasil, baseados em uma ética universalista, oposta aos discursos de ódio e com o papel de capacitação para a reflexão sobre o espaço humanizado. Vimos também conceitos ligados aos discursos de ódio, que têm preocupante crescimento nas redes sociais no Brasil e que conformam desafios para a formação de um conhecimento solidário sobre o território nacional. Tratamos do quadro natural brasileiro e, em seguida, discutimos, de forma revisional, eventos que marcaram a estruturação territorial do Brasil até o fim do período militar, com apontamentos de algumas lógicas de cada período histórico.

Como já discutimos anteriormente, adotamos, na presente obra, uma concepção que considera a Geografia do Brasil uma disciplina eminentemente ligada a conceitos da **Geografia Política**. O conhecimento do quadro territorial brasileiro, portanto, está estritamente relacionado a desafios políticos quotidianos, que atingem as nossas vidas. Dessa forma, no presente capítulo, procuramos apresentar alguns aspectos importantes que decorrem dessa imbricação entre **território** e **política**. Assim, trataremos das **dinâmicas recentes do quadro territorial** e discutiremos a **Constituição Federal (CF) de 1988** como um possível elemento de mediação para o estudo do território, conformando um **projeto constitucional territorial**, com seus princípios, programas e instrumentos.

Por fim, abordaremos alguns desses instrumentos de **domínio e gestão territorial**, entre eles as **fronteiras**, as **regiões de planejamento** e a divisão de **competências** entre **União, estados, municípios** e o **Distrito Federal**.

5.1 Conjuntura global e nacional

No capítulo anterior, vimos aspectos da estruturação do território brasileiro até meados da década de 1980, quando ocorreu a saída do comando militar do governo federal, com a eleição indireta de Tancredo Neves (1910-1985), que morreu antes da posse, sendo substituído por seu vice, José Sarney (1930-).

O contexto histórico recente do Brasil, desde então, é marcado por certos elementos. Na **economia**, em um contexto pós-crise de 1973, temos a instituição do modelo de **acumulação flexível do capital**, em que os empreendimentos de todos os ramos se estruturam na busca de maior flexibilidade de negócios, produção e acumulação, de maneira a se tornarem mais rentáveis pela liberação da estrutura do modelo vigente até a década de 1970, que era caracterizado pela rigidez. Segundo Harvey, "rigidez dos investimentos de capital fixo de larga escala e de longo prazo em sistemas de produção em massa, que impediam a flexibilidade do planejamento [...] Rigidez nos mercados, na alocação e nos contratos de trabalho" (Harvey, 2008, p. 135).

No Brasil, as implicações econômicas dessa reestruturação do capital, somada às condições econômicas e políticas do país, foram responsáveis pela chamada **década perdida**, com a **elevação generalizada do desemprego e do subemprego**, bem como a **redução significativa do ritmo de crescimento econômico** na década de 1980, marcada, especialmente, pela **hiperinflação**. Na década de 1990, por outro lado, tivemos as políticas de contenção da inflação, em especial com a vigência do Plano Real e seu resultado no bloqueio do ciclo de hiperinflação, mas ainda com um tímido crescimento econômico brasileiro (Bastos, 2015; Ribeiro, 2015). Nos anos

2000, ocorreu um processo com nuanças, mas que teve a tônica de um crescimento econômico considerável da economia nacional e de suas regiões, com a expansão dos empregos formais e crescimento da renda, sobretudo na base da pirâmide econômica (Lameiras, 2015).

No **plano internacional**, a década de 1980 foi marcada pelo **fim da Guerra Fria**, com a **queda da URSS** e o **predomínio hegemônico norte-americano**. Nessa ordem mundial pós-Guerra Fria, em vez de ocorrer a diminuição acentuada das barreiras alfandegárias, passaram a ter maior relevância os **acordos regionais**, em arranjos que buscaram criar espaços de comércio com benefícios para seus integrantes, como é exemplo especial a União Europeia, fundada em 1993. Outro aspecto relevante dessa época foi a **ascensão de países subdesenvolvidos** à condição de potências internacionais, caso em que destacamos a **China**. Por outro lado, também vimos uma nova percepção global sobre o papel político e econômico de países como Brasil, Índia, Rússia e África do Sul.

No **plano político**, a **democratização** é o grande marco desse período, com a promulgação da Constituição Federal de 1988, testada em sua capacidade institucional já em 1992, com o *impeachment* do então presidente Fernando Collor de Mello (1949-). Outros processos marcantes foram a **profusão de partidos**, sobretudo a partir do antigo Movimento Democrático Brasileiro (MDB), futuro Partido do Movimento Democrático Brasileiro (PMDB), assim como a **ascensão da oposição** entre o Partido dos Trabalhadores (PT) e o Partido da Social Democracia Brasileira (PSDB).

É importante notarmos que, no espectro político, as gestões do PSDB (governo de Fernando Henrique Cardoso) e do PT (de Luís Inácio Lula da Silva) levaram esses partidos mais à direita de sua cartilha original. O **PSDB**, social-democrata, de cartilha centro-esquerda, com a aliança com o Partido da Frente Liberal (PFL), partido conservador, herdeiro da União Democrática Nacional (UDN) e da Aliança Renovadora Nacional (Arena), adotou, durante o seu tempo à frente da República, **políticas neoliberais** e **economicamente conservadoras**. O **PT**, de cartilha mais radical do que a socialdemocracia, na sua aliança com o Partido Liberal (PL), bem como com a onipresença do PMDB, firmou acordos de gestão caracterizados pela aplicação de **políticas de centro-esquerda na área social e do trabalho**, e **políticas de centro-direita na gestão econômica**.

Ainda no que tange à política, são marcantes as **concepções neoliberais** sobre o Estado, com uma agenda de diminuição da participação estatal na economia, redução de impostos e valorização da participação do mercado na gestão das infraestruturas territoriais.

Na **cultura**, vimos um aumento significativo da participação das **novas tecnologias de comunicação**, notadamente após os anos 2000, com a difusão dos **microcomputadores** e da **internet**, bem como de outros aparelhos que permitem a conectividade global. Nesse contexto, proliferaram diversas manifestações culturais e de pensamento, tendências de comportamento e opinião, com especial papel das chamadas **redes sociais virtuais**.

Diante do quadro que expusemos acima, interessa à Geografia do Brasil, no período dos anos 1980 até a atualidade, as **tendências territoriais**, marcadas pelas **estabilizações**, **permanências** ou **mudanças** dos processos pretéritos. Nesse contexto, cabe observarmos que as **migrações internas** apresentaram maior estabilidade no período em questão, primeiramente ainda elevadas na década de 1980, mas tendo diminuído significativamente na década de 1990 em diante, sobretudo as migrações campo-cidade.

As **taxas de crescimento populacional** também se mantiveram baixas e em desaceleração no território nacional. Essa tendência de desaceleração esteve presente em todas as regiões brasileiras, conforme podemos observar na Tabela 5.1, abaixo.

Tabela 5.1 – População e taxa média geométrica de crescimento anual da população brasileira e regional entre 1991 e 2000

Brasil e grande região	Pessoas			Taxa média geométrica anual	
	1.991	2.000	2.010	1991-2000	2000-2010
Brasil	146.825.475	169.799.170	190.755.799	1,64	1,17
Norte	10.030.556	12.900.704	15.864.454	2,86	2,09
Nordeste	42.497.540	47.741.711	53.081.950	1,31	1,07
Sudeste	62.740.401	72.412.411	80.364.410	1,62	1,05
Sul	22.129.377	25.107.616	27.386.891	1,43	0,87
Centro-Oeste	9.427.601	11.636.728	14.058.094	2,39	1,91

Fonte: IBGE, 2015e.

Conferimos destaque para o crescimento populacional do entorno metropolitano de cidades que fazem parte dos patamares superiores da hierarquia urbana (Brasília, Recife, Salvador, Curitiba, Porto Alegre, Goiânia, Belém etc.), bem como de algumas cidades médias do Centro-Sul e polos das demais regiões.

No **entorno metropolitano**, esse crescimento tem ocasionado desafios para a gestão metropolitana e para a integração das diversas cidades envolvidas na metropolização. A atratividade desses espaços ocorreu, em especial, na conjunção dos interesses do capital industrial, comercial e de serviços, que descentralizou seus investimentos, sob a égide da lógica da acumulação flexível.

Assim, a geografia econômica brasileira teve alterações significativas, com maior participação dessas cidades médias e de outras metrópoles, para além do Rio de Janeiro e São Paulo – que, contudo, ainda mantêm proeminência na hierarquia urbana brasileira. É marcante, sobretudo, a **descentralização do capital industrial**, mantendo-se as atividades de gestão e comando em São Paulo (Santos; Silveira, 2006).

Após anos de crise e em meio a uma política neoliberal na década de 1990, foi marcante, no período, a **redução de investimentos estatais em infraestrutura**. Rodovias, portos e aeroportos, que haviam passado por grande expansão entre 1930 e 1970, com pontuais investimentos em ferrovias, contaram com pouco investimento entre 1990 e 2000. As políticas neoliberais foram o fundamento para a **privatização de diversas empresas públicas**, como a Vale do Rio Doce (atual Vale) e as Telecomunicações Brasileiras S.A. (Telebrás), com o auge do processo entre 1997 e 1999 (Bastos, 2015; Ribeiro, 2015). Vimos também a **privatização da gestão das infraestruturas rodoviárias e ferroviárias**. Nesse mesmo diapasão, observamos a **desconstituição das superintendências regionais de planejamento**, também no final da década de 1990, bem como o **sucateamento de órgãos que apresentam notável impacto sobre a política territorial**, como o IBGE, que, entre 1989 e 2015, embora tenha sofrido leve redução no seu total de funcionários – aproximadamente 12 mil para pouco mais de 11 mil –, atualmente enfrenta graves desafios, uma vez que quase metade desses funcionários passaram a ser de contratados temporários. Assim, entre 2006 e 2015, o número de funcionários temporários na instituição passou de 1.958 para 5.342, enquanto o número de funcionários efetivos caiu de 7.585 para 5.570 (Magni; Brito, 2015).

Já nos anos 2000, tivemos algumas tentativas de criação estatal de novas infraestruturas, com o **Programa de Aceleração do Crescimento (PAC) I e II**, que iniciou obras de implantação de novas refinarias, hidrelétricas e estradas, mas ainda timidamente se comparado aos períodos anteriores a 1980 e à necessidade atual de produção de energia e de escoamento produtivo do país.

Embora na década de 1970 – período de que tratamos anteriormente – já houvesse um debate sobre as **questões ambientais**, notadamente após a Convenção de Estocolmo 1972, o efeito dessas discussões só se tornou mais notável a partir da década de 1980. A Secretaria de Meio Ambiente (Sema), criada na esfera federal em 1973, somente teve apoio legal de uma política ambiental mais clara em 1981, com a promulgação da Lei n. 6.938 e outros diplomas que a sucederam.

A Constituição Federal de 1988, no entanto, deu destaque ao tema ambiental e foi a primeira das Constituições brasileiras a dedicar um capítulo a ele. De maneira geral, o meio jurídico ligado ao tema considera que a legislação ambiental brasileira é uma das mais avançadas em todo o mundo. É preciso lembrarmos, no entanto, que as discussões sobre Direito Ambiental são bastante recentes[i] se comparadas com outras áreas do Direito, como o Direito Civil, cuja principal materialização clássica, o Código Civil napoleônico, já tem mais de 200 anos.

No **meio rural**, destacamos no período a **modernização cada vez maior da agropecuária**, bem como o **aumento de investimentos**, por conta da **maior rentabilidade** do setor, oriunda de um grande **incremento de demanda externa**, notadamente por

---

i. Sobre o assunto, recomendamos a leitura de Ribeiro (2001) e Melo (2014).

grãos, em um cenário de ascensão econômica de países muito populosos, em especial a China (Lameiras, 2015).

No Brasil, esse cenário agrícola contemporâneo convive com **atrasos significativos** em termos de **estrutura fundiária**, com a deflagração de inúmeros conflitos no campo, as reivindicações de movimento sociais e a inoperância do Estado em realizar a reforma agrária, um dos objetivos da nossa Carta Magna.

Em um cenário de maior rentabilidade e incremento técnico, é marcante, no território brasileiro, a expansão da fronteira agrícola no Centro-Oeste e no Norte, o que levanta sérios problemas ambientais para os biomas do Cerrado e da Amazônia, cujo monitoramento de desmatamentos mostra um fenômeno de dimensões alarmantes.

Também devemos considerar uma crescente **dinamização econômica do Nordeste** no período, a qual se deu, no entanto, de forma muito concentrada nas áreas metropolitanas e nos maiores aglomerados, com especial destaque para a Região Metropolitana de Salvador, a Região Integrada de Desenvolvimento (Ride) Petrolina-Juazeiro (na divisa de Pernambuco com a Bahia), a Região Metropolitana de Recife e a de Fortaleza. Nas áreas metropolitanas, a redução da desigualdade verificada nos anos 2000 estava relacionada principalmente ao aumento da renda do trabalho. Nas áreas não metropolitanas, menos dinâmicas economicamente, a redução dos índices de desigualdade e de extrema pobreza estiveram mais ligados aos programas de redistribuição de renda do governo federal (Souza, 2013).

Essa região tem aumentado a sua participação nos negócios do país, não somente a partir de seu crescimento do PIB, mas também pelo alívio na carência de certas infraestruturas. Esse é o caso do papel do Porto de Suape, em Pernambuco, que recebe navios de alto porte, com calado baixo, como os chamados pós-Panamá, que não podem atracar em vários portos do Sul e do Sudeste, sobretudo quando estão com capacidade total. Esses navios deixam parte de sua carga em Suape, tornando seu calado mais alto, e podem, então, adentrar alguns portos mais ao sul. O restante da carga segue por navios menores com o mesmo sentido. Esse quadro reforça o aspecto de **integração e interdependência territorial** cada vez maior no Brasil (Alheiros, 2014).

5.2 Aspectos jurídicos e geográficos para o estudo do território por meio da Constituição

Adiante, passamos a destacar os efeitos dos diversos diagnósticos históricos, sociais, políticos, culturais, econômicos e territoriais sobre o que chamados de um **projeto constitucional do Brasil**, delimitado nas linhas da Constituição Federal de 1988. Esse projeto, que trata de diversas dimensões da sociedade brasileira, apresenta suas implicações sobre o **território**, conforme poderemos analisar adiante.

5.2.1 Revisão de conceitos e entendimento do projeto territorial

Façamos, neste ponto, uma breve recapitulação de conceitos básicos, como *país*, *soberania*, *Estado*, *território* e *Constituição*, buscando a sua interface entre o jurídico e o geográfico.

O conceito de **país** nos sugere uma unidade "geográfica, histórica, econômica e cultural" (Silva, 2005, p. 91), que não corresponde necessariamente ao domínio de um **Estado**. Assim, podemos falar do **país Brasil**, mesmo antes de 1822, quando ocorreu a formação do **Estado brasileiro**. José Afonso da Silva (2005) explica que nem sempre o nome do Estado corresponde ao nome do país. No país Portugal, por exemplo, o Estado é chamado de República Portuguesa.

Enquanto o Brasil, o país, é essa unidade geográfica, histórica, cultural, que é o quadro referencial da ocupação pelo povo brasileiro, o **Estado brasileiro é a República Federativa do Brasil**. Trata-se de um **conceito jurídico**, manifesto, sobretudo, com base na **independência**, na **soberania** sobre um determinado território e autonomia em relação a outros Estados. Nas palavras de José Afonso da Silva, "Estado é uma ordenação que tem por fim específico e essencial a regulamentação global das relações sociais entre os membros de uma dada população sobre um dado território, na qual a palavra *ordenação* expressa a ideia de poder soberano, institucionalizado" (Silva, 2005, p. 97).

O **Estado** é, assim, a **institucionalização moderna da soberania de um povo sobre um território**. Historicamente é muito difícil falarmos sobre o processo de criação dessa vontade de autodeterminação de um povo, dessa busca por seu autogoverno, manifesta de forma soberana sobre um território. Nos Estados Unidos da América, por exemplo, a Revolução Norte-americana, no século XVIII, não começou como busca pela soberania, mas sim pela representação no parlamento britânico. No Brasil, como já observamos, a busca por soberania não contou a princípio com a participação popular, mas foi realizada como um projeto da elite política e econômica, uma manobra que contou com o próprio herdeiro da Coroa da antiga metrópole (Moraes, 2005). Isso coloca desafios para a **identidade nacional** e para o **exercício da soberania popular**, mas não necessariamente deslegitima a soberania brasileira, que vem passando por processos lentos de amadurecimento ao longo da história do país, desde a sua independência.

Nesse contexto, na interface entre a **Geografia Política** e o **Direito**, o território é a referência espacial sobre a qual existe o domínio do Estado, ou seja, é onde vigoram as suas leis. Assim, para José Afonso da Silva (2005), o Estado é constituído por quatro elementos essenciais: seu **povo**, seu **território**, seu **poder soberano** e suas **finalidades**.

Ainda nas palavras de Silva, a **Constituição** "é o conjunto de normas que organizam estes elementos constitutivos do Estado: povo, território, poder e fins" (Silva, 2005, p. 98). Dessa forma, observamos que a Constituição se encontra no **topo da hierarquia jurídica moderna**, regula as relações sobre um território e traz diversos tipos de normas, em especial aquelas de caráter **principiológico** (que fornecem os princípios do Estado), as que criam as **estruturas** do próprio Estado (forma de divisão de poderes Legislativo, Executivo e Judiciário, forma de Estado, forma de governo etc.), suas finalidades e seus instrumentos.

Da maneira como a abordamos aqui, no entanto, a Constituição brasileira adquire uma nova conotação: ela é um **projeto**. Um **projeto político para diversas dimensões da sociedade** (jurídica, econômica, cultural, social, entre outras), em especial para a **dimensão espacial**, para o **território**. Nesse sentido, é um projeto que influencia as políticas territoriais, sendo, portanto, passiva de análise pela Geografia do Brasil.

Assim, podemos estudar o território brasileiro pela **mediação desse projeto** expresso pelo sistema constitucional vigente, seus avanços, retrocessos, propósitos, idiossincrasias, defesas e oposições no campo político.

5.2.2 Constituição de 1988, um projeto democrático

Aqui, devemos explicitar a nossa consideração de que a Constituição Federal (CF) de 1988 apresenta inúmeros avanços na proposta de formação de uma **estrutura social** fundamentada em uma **ética nacional** avessa aos discursos de ódio, solidária e democrática, embora apresente significativa fricção com uma estrutura social que ainda busca a manutenção do *status quo*, dos sistemas de privilégios, práticas não republicanas (manipulação das informações e corrupção) e da desigualdade.

Para demonstrar essa nossa concepção, precisamos realizar uma breve recapitulação do **constitucionalismo brasileiro**. Como observamos ao longo do Capítulo 4, a história do Brasil é repleta de autoritarismo, problemas no pacto federativo, alijamento social etc. A história das Constituições brasileiras, portanto, também reflete significativamente essas características.

Desde a Independência, tivemos, ao todo, **oito** Constituições. Quatro delas foram **outorgadas** (as de 1824, 1937, 1967 e 1969), ou seja, impostas pelo Poder Constituinte, sem debate democrático, ou ignorando o debate prévio.

De fato, nos contextos do Estado Novo e da ditadura militar, o sistema constitucional poderia oferecer pouca ou nenhuma limitação do poder do Estado, na forma de garantia das liberdades básicas. Os desmandos, seja pelos Decretos-Lei do Estado Novo, seja pelos Atos Institucionais (AIs) da ditadura militar usurpavam facilmente a própria ordem constitucional vigente.

Mesmo em Constituições **promulgadas** (as de 1891, 1934, 1946), ou seja, aquelas tornadas públicas após um ato democrático, a participação popular foi ínfima (Villa, 2011), com exceção da atual (a de 1988). Com o término dos governos militares e em meio a um clima de reabertura política, ensejado por **campanhas de massas**, como as chamadas Diretas Já, a morte de Tancredo Neves, a reorganização dos movimentos sociais e sindicais etc., o que vimos no processo constituinte de 1988 foi uma significativa participação de diversos setores da sociedade, sobretudo com a formação de fóruns temáticos e a apresentação de inúmeras **emendas populares** – ou seja, propostas realizadas pela população e enviadas para a Assembleia Nacional Constituinte, com endosso realizado por dezenas de milhares de assinaturas –, das quais muitas se tornaram artigos da CF, como aqueles dedicados à política urbana.

Na história do constitucionalismo no Brasil, a última Constituição também abarcou elementos que se constituíram em **avanços no campo do Direito**. De maneira geral, os doutrinadores jurídicos consideram que, desde a aplicação dos princípios contratualistas, houve **três grandes movimentos constitucionalistas**, abarcando três dimensões do Direito, que podemos definir pelo lema revolucionário francês de "liberdade, igualdade e fraternidade" (Marmelstein, 2008).

Assim, em um primeiro momento, com as Constituições da França e dos Estados Unidos, no final do século XVIII, houve a principal atenção dos textos em garantir a **liberdade**, ou seja, o refreamento dos Estados-nacionais recém-constituídos diante das liberdades de imprensa, opinião, credo e propriedade.

Num segundo momento, no entanto, foi premente a necessidade de se garantirem as condições mínimas para a **dignidade**, com o acesso à saúde e ao trabalho, por exemplo, o que engendrou uma onda constitucionalista baseada nos **direitos de segunda dimensão**, os direitos que buscavam a **igualdade**, no trinômio revolucionário. As constituições que marcaram esse período são as da República de Weimar, na Alemanha, de 1919, e a do México, de 1917.

Uma terceira onda constitucional, por sua vez, passou a considerar também os **direitos difusos**, que não se baseiam no indivíduo, mas sim no conjunto dos seres humanos, ou seja, que abarcam a **fraternidade**. Entre eles, o de maior destaque é o **direito ao meio ambiente**[ii] **equilibrado**, que não tem como titular o indivíduo, mas toda a coletividade, pois o meio ambiente é considerado um bem jurídico de todos.

Assim, a Constituição de 1988 recebeu influência desses três momentos constitucionalistas, uma vez que encontramos, no seu projeto, princípios que buscam abarcar o **direito à liberdade**, que deve refrear o Estado, mantendo os direitos dos indivíduos. Encontramos, ainda, normas referentes a **questões sociais**, como trabalho, previdência e políticas e direitos diversos que são marcos para a proteção social, conformando direitos de segunda dimensão. Por fim, encontramos significativos avanços em termos de **direitos difusos**, de terceira dimensão, notadamente com o capítulo sobre o meio ambiente (Sarlet, 2007).

Justamente por essa característica múltipla é que o texto constitucional de 1988 apresenta vários artigos bastante detalhados; trata-se, na maior parte dos casos, da busca pela garantia de direitos das diferentes dimensões. Assim, a crítica de que nossa Constituição é prolixa, quando comparada, por exemplo, à norte-americana, não é adequada. A Carta norte-americana, em seu contexto, não se ocupou de garantir importantes direitos do indivíduo, enquanto que a nossa visa a garantir esses direitos mais avançados juridicamente, de acordo com a noção de **dimensões** dos direitos fundamentais.

---

ii. É importante observarmos que, em geral, o meio ambiente tem sido utilizado nas ciências ambientais como uma abordagem que considera o ser humano fora do quadro natural. Na legislação ambiental, no entanto, o meio ambiente é utilizado como sinônimo de *ambiente*, ou seja, considerando o ser humano como seu integrante.

Com base na Constituição, é estabelecido algo que podemos chamar de **sistema constitucional**, que parte da **hierarquia das normas**, com o texto constitucional no topo, de onde emanam as leis, sendo estas superiores aos textos que as regulam, sem inovar no sistema jurídico, como é o caso dos decretos. O sistema constitucional abarca ainda as estruturas do Estado, seus objetivos, princípios e divisão de poderes.

Dessa forma, reiteramos o nosso entendimento de que a CF de 1988 apresenta inúmeros avanços, os quais devem ser bem compreendidos para verificarmos se esse projeto é capaz de garantir a cidadania e a dignidade, assim como se necessita de alterações ou condições institucionais que o efetivem.

5.3 O projeto territorial constitucional e seus desafios

Agora, trataremos do **projeto territorial constitucional** propriamente dito, envolvendo os desenvolvimentos históricos recentes que necessitarem ser delineados para termos deles uma melhor compreensão, bem como o apontamento de alguns desafios a eles relacionados. Assim, falaremos dos seguintes elementos territoriais: as fronteiras do país e os princípios envolvidos na gestão de suas relações internas e externas; a União, os estados e os municípios e suas respectivas competências; e as regiões de planejamento, como a Amazônia Legal, o semiárido, a faixa de fronteira, as regiões metropolitanas etc.

Como esse assunto é significativamente amplo, elegemos os elementos acima para servirem de base para uma discussão sobre as possibilidades de inserção do tema constitucional na análise do território nacional brasileiro.

5.3.1 Os limites do território brasileiro

Nós, professores de Geografia, podemos dizer que os limites brasileiros são significativamente amplos e relativamente estáveis, mas quais são as implicações dessas afirmações? Qual é o papel das fronteiras no chamado *projeto de Brasil*? Para tratarmos do assunto, vejamos o que diz a Constituição de 1988, bem como algumas outras problematizações sobre a nossa política externa.

Nos chamados **princípios fundamentais da República Federativa do Brasil**, encontramos, entre outros elementos importantes, os **fundamentos da República**, seus **objetivos** e **princípios**. Embora todo o texto em questão, do artigo 1º ao 5º da CF, apresente uma grande profundidade de embasamentos e implicações na estrutura do Estado, vamos nos ater somente a alguns dispositivos que apresentam repercussões significativas sobre o território e sua gestão.

Nos **fundamentos**, vemos conceitos de relevante **repercussão social** (como a "dignidade da pessoa humana"), **socioeconômica** (os "valores sociais do trabalho e da livre iniciativa") e **política** ("pluralismo político e cidadania"), que são basilares para o texto e norteiam esse projeto constitucional (Brasil, 1988). Aquele que nos interessa no momento, no entanto, é o conceito de **soberania**, que apresenta direta **repercussão territorial**. Esse fundamento significa que o Brasil se **autodetermina**, ou seja, declara-se soberano sobre o seu território. Assim, trata-se de um conceito que se insere estreitamente na base das relações internacionais do país.

Precisamos ter em mente que **território é poder**. No sistema internacional de Estados, muitas são as estratégias para a manutenção e a ampliação de poder por parte de cada um dos Estados. Com isso, qualquer que seja a corrente de análise internacional que consideremos, no entanto, parece-nos não ser razoável ignorar o papel estratégico do **território**.

Esse papel estratégico, no entanto, **não é teleológico**, ou seja, não garante uma finalidade em si mesmo. O fato de o Brasil ter um vasto território não significa que o país tenha grande exercício de poder no sistema internacional ou que ofereça desenvolvimento econômico e social para seus habitantes.

Não nos esqueçamos, no entanto, do caminho de diversos Estados e nações, nos últimos séculos, que sempre buscaram ampliar os seus domínios, intentando o aumento de seu poder (Rússia, China, Mongólia, Estados Unidos, Inglaterra, Portugal, Espanha, Holanda etc.). Assim, **território ainda é poder**. O Brasil, por ter um amplo território, tem acesso a grandes reservas minerais, patrimônio genético, potencial de expansão econômica etc.

Portanto, declarar a soberania sobre o território não é um mero ato simbólico em oposição ao passado colonial, mas uma postura de **autodeterminação** em face dos constantes choques de interesse contemporâneos. Mesmo nos dias de hoje, ainda vemos inúmeros perigos internacionais para a soberania, seja na forma de uma dominação direta, seja na formação de um protetorado. Constantemente acompanhamos investidas internacionais que atentam contra a soberania de diversos países e contra o papel estratégico do território.

Dessa forma, vemos oposições a que o Brasil tome assento permanente no Conselho de Segurança da ONU, casos recentes de espionagem, a notável interferência norte-americana no processo de queda do regime democrático em 1964, a biopirataria e a imposição de impedimentos para o desenvolvimento do programa espacial brasileiro, que apresenta a melhor janela de lançamento de satélites em Alcântara, no Maranhão, entre outros eventos, que são exemplos claros do constante choque entre os interesses brasileiros e os interesses de outros países, notadamente das grandes potências bélicas e econômicas.

Para nós, geógrafos, a implicação direta desse tema é a necessidade de observarmos as fronteiras brasileiras e sua extensão territorial, porém não como mero fator de *ranking* entre os maiores territórios do mundo, mas com uma **abordagem qualitativa**, que considere a dimensão territorial como um elemento que ofereça ao Brasil um grande potencial estratégico, além de conflitos de interesses com potências externas. Isso demanda, também, que estejamos atentos à condução da **política externa brasileira**, bem como aos acontecimentos no **plano internacional**. Essa abordagem qualitativa adquire novos contornos quando observamos o projeto territorial de soberania e os princípios que devem reger as relações internacionais brasileiras, conforme o artigo 4º da CF de 1988:

> Art. 4º A República Federativa do Brasil rege-se nas suas relações internacionais pelos seguintes princípios:
> I – independência nacional;
> II – prevalência dos direitos humanos;
> III – autodeterminação dos povos;
> IV – não intervenção;
> V – igualdade entre os Estados;
> VI – defesa da paz;
> VII – solução pacífica dos conflitos;
> VIII – repúdio ao terrorismo e ao racismo;

IX – cooperação entre os povos para o progresso da humanidade;
X – concessão de asilo político
Parágrafo único. A República Federativa do Brasil buscará a integração econômica, política, social e cultural dos povos da América Latina, visando à formação de uma comunidade latino-americana de nações. (Brasil, 1988)

Uma observação breve desse artigo demonstra que o Brasil conta com princípios arrojados para o trato das questões internacionais. São princípios que, de fato, correspondem a muitas das atuações históricas da diplomacia brasileira, cujas tradições e correntes são forjadas no Instituto Rio Branco (IRBr), a escola diplomática do Ministério das Relações Exteriores (MRE). A aplicação desses princípios, no entanto, não é necessariamente linear e sem incongruências e desafios, como apontam as discussões sobre a incompatibilidade da exportação de armas para países que desrespeitem os direitos humanos.[iii]

Ao observarmos a pauta política nos debates das eleições presidenciais de 2014, percebemos também que a política externa é um assunto sem qualquer destaque no nosso cotidiano político. Isso é bastante temerário para a população de um país com tantas oposições internacionais aos seus interesses.

Defendemos, portanto, que existe uma estreita relação entre **política interna**, **política externa** e as **fronteiras do país**. Por exemplo, no caso das relações com os nossos vizinhos da América do Sul, devemos ter em mente a questão da permeabilidade das amplas

---

iii. O Brasil, quarto maior exportador mundial de armas leves, não apresenta à ONU relatórios transparentes sobre os destinatários dessas armas. A respeito desse assunto, a matéria de Gil Alessi (2015) para o jornal *El País* é bastante ilustrativa.

fronteiras brasileiras ao contrabando, ao tráfico de armas e de outros produtos ilícitos. No plano interno, muitos são os problemas sociais, como o tráfico de drogas, que é abastecido por essa permeabilidade fronteiriça. Assim, são levantadas questões sobre os custos de proteção das fronteiras, com maior presença da Polícia Federal e do Exército e tecnologias de monitoramento em um contexto de sucateamento do Ministério da Defesa.

Podemos ainda entender as fronteiras como um marco na **relação** entre "os de dentro" e "os de fora", **entre os nacionais e os estrangeiros**. Assim, os princípios do repúdio ao racismo e da garantia de asilo político, por exemplo, apontam para a possibilidade de acolhimento dos imigrantes e asilados que correspondam a um tratamento de igualdade. Os recentes casos que se tornaram notáveis no país, por conta de investidas racistas, apontam para outro grande desafio para a aplicação desses princípios em uma política integradora para o imigrante, sem a prevalência de um clima de xenofobia e chauvinismo, contrário a princípios constitucionais modernos.

Um dos aspectos mais relevantes para o qual devemos atentar em relação às fronteiras, no entanto, é o conjunto de esforços diplomáticos brasileiros recentes para a sua **ampliação**. Assim, embora possamos dizer que as fronteiras brasileiras são relativamente estáveis, sem a identificação de recentes guerras visando à demarcação territorial, ou acordos com nossos países vizinhos para a revisão dos limites, precisamos ter atenção quanto aos interesses estratégicos do país sobre a chamada **zona econômica exclusiva** (ZEE), representada no Mapa H, disponível no Apêndice.

Como vimos no capítulo anterior, na década de 1970, o Brasil aumentou unilateralmente o seu mar territorial para 200 milhas náuticas. No entanto, com a sua adesão à Convenção das Nações Unidas sobre o Direito do Mar, em 1982, o mar territorial deveria passar a ser considerado até 12 milhas náuticas, ou seja, a partir daí, as 188 milhas adjacentes formariam o que se passou a denominar ZEE. Já no período democrático, em 1993, para efeitos jurídicos internos, a Lei n. 8.617 estabeleceu o **mar territorial** (MAT, faixa de 12 milhas marítimas de largura), a **zona contígua** (ZC, faixa das 12 às 24 milhas marítimas), a ZEE (faixa das 12 às 200 milhas marítimas), bem como as atividades do Estado Brasileiro em cada uma dessas faixas. De maneira geral, no sentido ZEE, ZC e MAT – ou seja, "de fora para dentro" do território –, há mais restrições para as embarcações estrangeiras, enquanto que, no sentido oposto, há mais restrições para as operações militares e fiscais brasileiras, embora se mantenha em todo o limite a autonomia para fins de aproveitamento científico e econômico.

Nos últimos anos, têm sido intensas as atividades diplomáticas brasileiras para garantir a expansão da ZEE, das atuais 200 para 350 milhas náuticas (Castro, 2015). Essa expansão pode beneficiar significativamente as atividades de prospecção e exploração de petróleo, bem como outras riquezas presentes sob o assoalho marinho.

Agora que já tratamos de alguns aspectos sobre as fronteiras brasileiras, sobretudo em termos de suas implicações para os nacionais e os estrangeiros, para a nossa política externa, trataremos adiante de aspectos internos, notadamente das divisões de poder entre União, estados e municípios.

5.3.2 Divisões entre União, estados e municípios

Quanto ao macroprojeto político-constitucional, vamos agora observar o **modelo do pacto federativo brasileiro, que envolve a União, estados e municípios**. Alguns aspectos para as quais devemos atentar são as **competências** de cada um desses entes, a **ausência de hierarquia jurídica** entre eles, os princípios do **pacto federativo**, bem como as nuanças de sua execução em face dos **desafios socioespaciais**, por meio dos quais podemos observar se o modelo tem sido capaz de implementar mudanças no quadro de partilha das responsabilidades, atendimento do interesse público e democratização da política.

As discussões jurídicas, políticas e a participação popular durante a Assembleia Nacional Constituinte de 1987 criaram um clima que não foi refratário ao histórico de elevada centralização do poder político e concentração de riqueza. Em face disso, vemos que a Constituição de 1988 trouxe normas avançadas relacionadas ao pacto federativo brasileiro. Assim, o problema da **divisão do poder político** foi tratado pela **divisão de competências**, de acordo com o **princípio do domínio do interesse** (Silva, 2005) e pela **elevação do município ao *status* de ente federativo**, enquanto a busca pela mitigação das desigualdades regionais foi intentada com a adoção do **princípio da igualdade**, sobretudo na sua aplicação sobre a **repartição de repasses federais**.

Vemos que há questões jurídicas, políticas, culturais e sociais, que são fatores que limitam o alcance desses objetivos. Há ainda problemas referentes à repartição da arrecadação, ao enfraquecimento dos municípios, com divisões territoriais arbitrárias, a culturas políticas centralizadas em matérias descentralizadas, e vice-versa.

No mapa político-administrativo brasileiro, apontamos para os **limites dos estados e dos municípios**. No entanto, precisamos refletir sobre o que os limites desses entes representam em termos de divisão de poder e de responsabilidades. A CF de 1988, em seu artigo 1º, estabelece que "a República Federativa do Brasil [é] formada pela união indissolúvel dos estados e municípios e do Distrito Federal" (Brasil, 1988).[iv] Com isso, a Carta Magna não criou uma relação hierárquica entre os entes federados, atribuindo a estes diferentes competências. Embora possamos ter a impressão de que existe uma relação hierárquica entre os entes, o que ocorre juridicamente é que **à União competem matérias de interesse geral, e aos Estados, matérias de interesse regional** – na acepção adotada nos meios jurídicos, não se tratando de competências sobre macrorregiões geográficas, mas sobre vários municípios – e **aos municípios, as competências locais** (Silva, 2005). Quando, por exemplo, o Poder Judiciário tem de julgar conflitos de competência entre os entes, esse é o entendimento que vigora nos tribunais. Assim, se a União reclamar para si uma competência que é municipal, por exemplo, o Judiciário, ao dirimir a questão, não considera a União como ente hierarquicamente superior, podendo abarcar competências dos entes inferiores conforme quiser. Pelo contrário, a leitura da Constituição demanda que o Judiciário preserve o domínio do interesse local para o município.

É bastante lógica a forma como essa divisão foi feita. Pensemos na competência para legislar sobre as telecomunicações, para exercer atividades diplomáticas, defesa, emitir moeda etc. Não faria sentido deixar essas funções a cargo de estados e municípios, uma vez que são **questões gerais**. Não poderíamos, por exemplo,

---

iv. Tratamos apenas das competências da União, dos estados e dos municípios, pois o Distrito Federal apresenta uma configuração política mista, agregando competências estaduais e municipais.

ter embaixadas do município de São Paulo representando o Brasil no México, moedas diferentes para cada município, 27 exércitos diferentes, a liberação de bandas eletromagnéticas conflitantes entre os diversos estados e municípios. São questões gerais e, portanto, os atos legislativos e executivos correspondentes devem ser privativos (no caso da legislação) e exclusivos (no caso da execução) da União.

Podemos utilizar a mesma lógica para compreender a repartição de competências exclusivas e privativas de estados e municípios. Questões cuja lógica ultrapassa o âmbito de vários municípios, mas que se circunscrevem a um único estado (não sendo temas estratégicos, nem sendo em fronteira com outros países, sobre bens estatais) são, portanto, questões de competência dos estados. Por exemplo, o licenciamento ambiental de atividade que cause impacto em mais de um município, dentro de um mesmo estado, ou a instituição de regiões metropolitanas. O transporte público local, por sua vez, é competência adequada ao município, enquanto que o transporte metropolitano é de competência adequadamente estadual.

Devemos observar que, nessa divisão lógica, também existem matérias que são de interesse comum e, portanto, devem contar com a cooperação dos entes, tais como: saúde, educação e preservação ambiental, entre outros assuntos. Contudo, há nuanças sobre o assunto de divisão de competências, como as **competências legislativas concorrentes**, por exemplo. Nossa intenção aqui não é tratar o assunto de forma detalhada, mas demonstrar que existe uma preocupação constitucional em criar atribuições **exclusivas**, **privativas**, **concorrentes** e **comuns** para União, estados, municípios e Distrito Federal, sob princípios que tornem efetiva a capacidade de atuação desses entes em face dos problemas locais, estaduais e nacionais da população, tratando-se, portanto, de um projeto para a adequação de problemas históricos de centralização de poder e concentração regional de riqueza. Essa divisão de competências se articula com **normas constitucionais principiológicas**, como os objetivos fundamentais, elencados no artigo 3º da CF,

> I - construir uma sociedade livre, justa e solidária;
> II - garantir o desenvolvimento nacional;
> III - erradicar a pobreza e a marginalização e reduzir as desigualdades sociais e regionais;
> IV - promover o bem de todos, sem preconceitos de origem, raça, sexo, cor, idade e quaisquer outras formas de discriminação. (Brasil, 1988)

Quanto à busca de **reduzir as desigualdades regionais**, o pacto federativo brasileiro lança mão do **princípio da igualdade**. Para Nélson Nery Júnior (1999), o princípio da igualdade se aplica juridicamente ao indivíduo, evitando distinções arbitrárias e buscando a **isonomia**. O jurista constata que dar "tratamento isonômico às partes significa tratar igualmente os iguais e desigualmente os desiguais, na exata medida de suas desigualdades" (Nery Júnior, 1999, p. 42). Podemos compreender que essa lógica é aplicada aos estados e municípios quando falamos de **repasses federais**, com vistas a garantir que sejam tomadas medidas para compensar os atrasos no desenvolvimento daqueles entes mais pobres.

Dessa forma, vemos a **divisão das receitas da tributação federal** ocorrendo de maneira a buscar reduzir as desigualdades entre estados e municípios. Observemos, por exemplo, que, segundo o art. 159 da CF, a arrecadação com Imposto sobre Produtos Industrializados (IPI) e com o Imposto de Renda (IR) no Brasil tem uma parcela que é destinada a repasses para os municípios, pelo chamado Fundo de Participação dos Municípios (FPM) (Brasil, 1988). Esse fundo tem critério de distribuição por faixas populacionais: os municípios com maior população recebem um maior montante do fundo. No entanto, quanto menor for a população, maior será o valor *per capita*, ou seja, a proporção por cada habitante é maior. Isso nos leva a considerar que quanto menor a população, menor o potencial econômico municipal de arrecadação para alavancar serviços aos munícipes.

Da mesma forma, o Fundo de Participação dos Estados (FPE) apresenta uma lógica que procura dar tratamento diferenciado para os estados mais pobres da Federação. Em texto recente, a Lei Complementar n. 143, de 17 de julho de 2013 (Brasil, 2013), trouxe critérios de distribuição mais complexos do que o vigente para os municípios. Por essa lei complementar, parte do valor arrecadado será distribuída às unidades da Federação de acordo com o inverso da renda domiciliar, aferida no país pelo IBGE.

Assim, vemos no projeto constitucional de 1988 medidas que visam à redução das desigualdades regionais aplicadas aos entes federados, bem como certa adaptação do princípio da igualdade, usualmente pensado no plano do indivíduo.

Outra novidade, com vistas ao empoderamento das municipalidades, foi alçá-las ao estatuto de **entes federativos**. Isso, por exemplo, limita significativamente a margem de intervenção dos estados sobre aquelas. Ainda há, no entanto, muitas restrições para que os municípios tenham maior autonomia em suas políticas locais.

Alguns desafios a mais se colocam para esse pacto federativo como um todo. A arcaica legislação tributária brasileira, por exemplo, faz com que muitos municípios dependam significativamente de repasses e, sobretudo, do FPM, que sofre contingenciamentos diversos, por exemplo, quando há políticas de redução do IPI.

Em 2011, com base em dados dos balanços municipais, vimos que 36,6% dos municípios do Paraná tinham 40% ou mais de sua composição orçamentária formada por repasses federais, havendo casos extremos, como os dos municípios de Santa Inês (Norte Central Paranaense), e Nova Aliança do Ivaí (Noroeste Paranaense), que dependiam, respectivamente, 72% e 74% do FPM, em 2009 (Pereira, 2011). Uma reforma tributária que vise a corrigir essas questões talvez deva levar em conta a redução de impostos sobre o consumo, de base estadual, e sobre a produção, de base federal, juntamente ao aumento da arrecadação municipal do IPTU.

A esse cenário de problemas para a efetivação de um pacto federativo constitucional moderno podemos acrescentar o en**fraquecimento dos municípios**, com divisões territoriais que podem ser arbitrárias. Segundo o IBGE, em 1980, o Brasil tinha 3.974 municípios, passando em 1991 para 4.491, e chegando a 5.507 em 2000. Em 2010, ano do último censo demográfico, eram 5.564 municípios (IBGE, 2015a). Existem razões subjacentes a esse processo de desmembramento municipal acelerado, relacionadas a uma busca pela participação na política no âmbito local, como mostra Adilar Cigolini (2009). O fato temerário, no entanto, é que a criação de tantos municípios, sem um correspondente acompanhamento de reforma tributária e empoderamento orçamentário municipal, tem feito com que muitos destes não tenham capacidade de autossustento.

A despeito de um modelo de distribuição de competências razoavelmente arrojado, vemos, ainda, que existe uma severa **desconexão entre a política cotidiana e essas competências**. Iná Elias de Castro (1997), com bases em dados estatísticos, aponta que, historicamente, os discursos de parlamentares federais brasileiros têm grande apelo em relação a fenômenos locais. Sua argumentação demonstra que a prática política parlamentar federal apresenta um grande desacordo com sua função. Essa disfunção estaria relacionada a uma prática de **vereança** – ou seja, ato político típico de vereadores –, por muitos deputados, sobrepujando seus interesses locais ao interesse geral, para o qual deveriam atentar.

O inverso também é comum e, possivelmente, pior para cultura política brasileira. Problemas estaduais e municipais são, muitas vezes, atribuídos à gestão federal. Não é incomum observarmos debates acalorados sobre a ausência do governo federal em matérias que são, obviamente, municipais ou estaduais. As Jornadas de Junho de 2013 mostraram exemplos disso, com muitas questões da política local sendo reivindicadas à esfera federal, como podemos facilmente observar nos jornais da época. Isso possivelmente constitui um revés do histórico centralismo político brasileiro que relatamos no capítulo anterior.

Diante do que expusemos até aqui, esse quadro jurídico relativo ao pacto federativo é um elemento do qual não podemos mais prescindir em nossas aulas de Geografia do Brasil. Ao falarmos sobre desigualdade regional, sobre os rankings dos piores índices de desenvolvimento humano (IDH) municipais e estaduais, sobre problemas ambientais regionais etc., a noção do pacto federativo deve estar subjacente à nossa análise. Para estarem prontos à avaliação autônoma desse quadro, as pessoas precisam, cada vez mais, compreender o pacto federativo brasileiro segundo a CF de 1988, seu histórico, seus desafios e suas possíveis propostas de manutenção, reforma ou alteração.

5.3.3 Estratégias territoriais constitucionais e regiões de planejamento

No projeto constitucional de 1988, temos os princípios que repercutem nas políticas internas e externas gerais, relacionadas ao território em toda a sua extensão e em especial às suas fronteiras (defesa, diplomacia, recursos estratégicos, desenvolvimento, reconhecimento de nacionalidade etc.). No âmbito interno, a Constituição nos apresenta a relação entre os entes federados, sua divisão de competências e bens, assim como os princípios que buscam harmonizar, no pacto federativo, os diferentes interesses, além de reduzir as desigualdades sociais e regionais. Outras são as estratégias territoriais correntes com o objetivo de encaminhar os **problemas socioespaciais** brasileiros. Em relação a isso, a CF nos mostra conceitos, tais como: Amazônia Legal, regiões metropolitanas, macrorregiões geográficas, unidades de conservação, parques e terras indígenas, entre outros.

No contexto constitucional vigente, esses espaços de planejamento são projetados para que se realize uma gestão territorial ligada aos diversos princípios constitucionais de **ordem social**, **econômica** e **ambiental**. No Mapa I, disponível no Apêndice, temos uma visão abrangente de parte desses instrumentos territoriais de planejamento: a conjunção das aglomerações urbanas, das regiões integradas de desenvolvimento, das regiões metropolitanas, das áreas de expansão metropolitana e colares metropolitanos, das faixas de fronteira, da região semiárida e da Amazônia Legal.

Ainda no Mapa I, podemos notar que parte significativa do nosso território se encontra nessas regiões de planejamento, que implicam diferentes diagnósticos de potencialidades, fragilidades e, por consequência, diferentes abordagens de gestão e políticas territoriais.

No item 5.3.1, falamos sobre as **fronteiras**, sobretudo sobre seu papel estratégico de política externa. Passamos, agora, a falar da **faixa de fronteira**, que mantém aspectos relacionados à defesa, mas com implicações territoriais mais claras em termos da política interna do Brasil.

Vemos que a CF, em seu artigo 20, parágrafo 2º, estabelece: "até cento e cinquenta quilômetros de largura, ao longo das fronteiras terrestres, designada como faixa de fronteira, é considerada fundamental para defesa do território nacional, e sua ocupação e utilização serão reguladas em lei" (Brasil, 1988). Assim, o texto constitucional não explicita como ocorre a ocupação nessa faixa e somente indica sua base na noção de **defesa do território nacional**.

Franco Sobrinho (1991) explica que a CF de 1988 reserva ao Estado o direito de intervir nos direitos de propriedade, mesmo de limitá-lo, conforme a noção de defesa do território nessa faixa de fronteira. Dessa forma, o texto constitucional determina ainda que o próprio uso das terras devolutas, pelo Estado, deva ser orientado pelas questões de defesa.

Outro aspecto importante é que a legislação federal (Lei n. 6.634, de 2 de maio de 1979 – Brasil, 1979a) que regulamenta o artigo constitucional que estamos analisando demanda que a instalação de vários tipos de infraestruturas, de empreendimentos e os aproveitamentos de recursos obtenham assentimento do Conselho de Segurança Nacional, além de outras normas correlatas.

A faixa de fronteira apresenta baixa presença populacional, com exceção de algumas cidades com maior atratividade, principalmente na porção que envolve os estados do Paraná, Santa Catarina e Rio Grande do Sul. Assim, para a aplicação do preceito constitucional e legal de gestão da faixa de fronteira, tendo em vista uma política de segurança, o desafio se encontra na dificuldade de fiscalização sobre as extensas áreas da faixa no Norte do país, que conta com grandes áreas de baixa ocupação; no Centro-Oeste, em grandes áreas também com baixa ocupação populacional, mas com maior presença de atividades agropecuárias; e no Sul, pela maior diversidade econômica e pelo quadro urbano, o que demanda celeridade do Conselho de Segurança Nacional para emissão de assentimentos para a viabilização de diversos tipos de atividades.

Passando ao trato da **Floresta Amazônica brasileira**, precisamos notar que essa é considerada **patrimônio nacional** pela CF, juntamente com a Mata Atlântica, a Serra do Mar, o Pantanal Mato-grossense e a Zona Costeira, sem que isso implique que suas terras sejam públicas. O que a Constituição demonstra é um interesse especial por essas áreas, com o objetivo de preservá-las, devendo a legislação infraconstitucional estabelecer critérios diferenciados para a sua utilização.

Para a operação dessa política, no entanto, é necessário que exista uma delimitação clara da chamada **Amazônia Legal**, à qual já nos referimos brevemente no capítulo anterior. Assim, a Amazônia Legal, conforme podemos ver no Mapa I, é formada pelos estados do Acre, Pará, Amazonas, Amapá, Roraima, Rondônia, Mato Grosso e Tocantins, integralmente, e por porções do Maranhão (a oeste do meridiano de 44º), de acordo com o que preconiza a Lei n. 5.173, de 27 de outubro de 1966 (Brasil, 1966)[v], sendo, portanto,

---

v. Conforme a Lei n 5.173/1966, as terras do Mato Grosso que faziam parte da Amazônia Legal eram aquelas ao norte da latitude 16º S, ao mesmo tempo que, em Goiás, somente as terras ao norte da latitude 13º S pertenciam à região de planejamento. Após a criação do Mato Grosso do Sul, no entanto, todo o estado do Mato Grosso passou a ser considerado pertencente à Amazônia Legal. Da mesma forma, após o desmembramento do Tocantins a partir de Goiás, todo o estado do Tocantins passou a ser considerado como pertencente à Amazônia Legal.

um quadro territorial e político com certa – mas não total – aderência aos limites do **bioma amazônico**.

Um dos exemplos de aplicação do conceito de Amazônia Legal se refere à Lei n. 12.651, de 25 de maio de 2012, o chamado Novo Código Florestal Brasileiro (Brasil, 2012). Por esse diploma legal, percebemos que a aplicação do conceito de **reserva legal** se ampara na consideração da Amazônia como um patrimônio natural para estabelecer regras mais restritivas ao seu uso agropecuário. Segundo essa lei:

> Art. 12. Todo imóvel rural deve manter área com cobertura de vegetação nativa, a título de reserva legal, sem prejuízo da aplicação das normas sobre as áreas de preservação permanente, observados os seguintes percentuais mínimos em relação à área do imóvel, exceptuados os casos previstos no art. 68 desta lei:
> I – localizado na Amazônia Legal:
> a) 80% (oitenta por cento), no imóvel situado em área de florestas;
> b) 35% (trinta e cinco por cento), no imóvel situado em área de cerrado;
> c) 20% (vinte por cento), no imóvel situado em área de campos gerais;
> II – localizado nas demais regiões do país: 20% (vinte por cento). (Brasil, 2012)

Embora vejamos que o nosso projeto constitucional tem especial interesse pela preservação da Amazônia, e que o Novo Código Florestal, por conseguinte, apresente elementos que parecem se coadunar ao objetivo constitucional, devemos ter em mente que a política territorial para a Amazônia Legal não tem sido capaz de reverter os processos de dilapidação do bioma, como demonstramos no Capítulo 3 desta obra.

A proteção do bioma amazônico, por meio da instituição de políticas para a chamada Amazônia legal, conforma o tipo de questão que demonstra a necessidade de uma visão de solidariedade inter-regional. A preocupação política com o futuro da Amazônia envolve a preocupação com o ambiente em outros lugares. Como já mencionamos no capítulo sobre o quadro natural brasileiro, o relatório do INPE sobre o futuro climático da Amazônia, com solidez metodológica, demonstra que os efeitos do desmatamento dessa floresta sobre o clima regional trarão muito mais problemas para o clima do restante do Brasil do que era esperado há tempos atrás (Nobre, 2014).

Avançando sobre a questão das regiões de planejamento, podemos tratar agora do **projeto constitucional para o Semiárido do Nordeste**, aproveitando também para discutir um pouco acerca da **questão regional**. Sobre o assunto, em primeiro lugar, é preciso que entendamos que o semiárido, conforme a Carta Magna de 1988, é um **conceito político-administrativo** ligado a um **conceito geográfico-climático**. Para entendermos isso, precisamos revisitar a CF quando ela trata do semiárido, nas disposições em que aborda os chamados **fundos regionais constitucionais**:

> Art. 159. A União entregará:
> I – do produto da arrecadação dos impostos sobre renda e proventos de qualquer natureza e sobre produtos industrializados, 49% (quarenta e nove por cento), na seguinte forma:
> [...]
> c) três por cento, para aplicação em programas de financiamento ao setor produtivo das Regiões Norte,

Nordeste e Centro-Oeste, através de suas instituições financeiras de caráter regional, de acordo com os **planos regionais de desenvolvimento**, ficando assegurada ao **semiárido do Nordeste a metade dos recursos destinados à Região**, na forma que a lei estabelecer; [...]. (Brasil, 1988, grifo nosso)

Assim, a CF prevê os fundos de desenvolvimento regionais do Norte, Nordeste e Centro-Oeste, regiões que, historicamente, apresentaram menor dinamismo econômico em relação ao Sudeste e ao Sul. A política do fundo de desenvolvimento regional para o Nordeste está associada à do semiárido, devendo destinar a ele metade de sua verba. Cabe notarmos que, nesse contexto, o semiárido carece de uma delimitação legal clara para o cumprimento da disposição.

Diante disso, conforme a Lei n. 7.827, de 27 de setembro de 1989 (Brasil, 1989c), ficou estabelecido que a delimitação fosse realizada por uma portaria, a princípio da Superintendência do Desenvolvimento do Nordeste (Sudene), tendo essa atribuição, com o tempo, passado para o próprio Ministério da Integração Nacional. Dessa forma, a delimitação parte de critérios climáticos, mas o efeito no território abarca a extensão territorial integral de todos os municípios envolvidos, pois estes se tornam eletivos aos incentivos fiscais e à aplicação de investimentos por meio do fundo constitucional de desenvolvimento do Nordeste (Brasil, 2005).

Por esse critério de delimitação, portanto, o fundo constitucional de desenvolvimento do Nordeste não tem atuação restrita ao espaço da macrorregião Nordeste, pois o semiárido também avança sobre o Sudeste, pelas porções norte e nordeste de Minas Gerais, sendo os municípios ali também elegíveis a esses repasses federais, como podemos ver no Mapa I.

Tanto o semiárido quanto o Nordeste, no entanto, têm um histórico de políticas clientelistas e coronelistas, cujo resultado foi a obstrução de seus potenciais, bem como a sua estigmatização nacional. De fato, mesmo em livros didáticos de Geografia, muitas vezes vemos a alcunha de "região problema" atribuída ao Nordeste, justificando seu atraso como se fosse devido ao semiárido.

É preciso, no entanto, que nós, geógrafos estejamos atentos para o histórico de arranjos políticos e econômicos envolvidos em relegar o Nordeste – antigo motor econômico do território brasileiro até o século XVII, bem como por um breve período no início do século XIX, no declínio da economia aurífera e antes da expansão cafeeira – a um papel de segundo plano. Devemos estar atentos, ainda, para a histórica **indústria da seca**, articulação política que sempre utilizou o discurso dos problemas climáticos para se beneficiar de repasses federais e ter domínio local e regional.

Assim, o fenômeno da **seca** é relevante como desafio para o semiárido e para o Nordeste, mas estes não podem ser estigmatizados por tal condição climática, de forma a mascarar seus verdadeiros potenciais e a escamotear a assertividade política da aplicação do princípio da igualdade.

Muita pesquisa ainda é necessária, mas é pertinente admitirmos como hipótese, suscetível de verificação, que repasses constitucionais, aliados às políticas de redistribuição de renda, podem ter apresentado um papel relevante no processo de dinamização econômica do Nordeste nos últimos anos, que contou com um significativo crescimento do seu Produto Interno Bruto (PIB) e avanço no número de empregos. Na indústria, por exemplo, entre 2007 e 2013, o número de empregados registrados no Nordeste pela Pesquisa Industrial Anual (PIA), do IBGE, contou com um aumento de 25% (IBGE, 2015g), enquanto a população estimada para a região – estimativa que considera, entre outros aspectos, a correção propiciada pelo Censo Demográfico de 2010 – teve crescimento de apenas 8% (IBGE, 2015b).

Assim, considerando que o semiárido brasileiro conta com mais de 20 milhões de habitantes, segundo dados do Censo 2010, e que apresenta diversos desafios econômicos, políticos e sociais, parece-nos avançado em termos político-sociais que a CF reserve particular atenção para a região, instituindo uma garantia de repasse mínimo da arrecadação federal.

O caminho para o desenvolvimento dessa região, no entanto, não pode ser relegado somente à homogeneização territorial, à lógica de "gado e soja", que pode até servir para outras regiões, mas apresenta impactos severos sobre a precária condição socioeconômica e ecológica do semiárido. O fomento à pesquisa, com a presença de universidades e programas institucionalizados, e o fortalecimento de instituições como a Empresa Brasileira de Pesquisa Agropecuária (Embrapa) no semiárido podem ser parte do caminho.

O estigma, que reduz a diversidade da região à seca, é danoso, juntamente com o sucateamento dos órgãos públicos responsáveis pelas unidades de conservação da região e pelo turismo, o que escamoteia o potencial turístico regional, como é exemplo o pouco divulgado Parque Nacional da Serra da Capivara, no semiárido piauiense, com sua fauna e flora específicas da Caatinga, bem como por seu valor histórico e cultural, pois conta com sítios arqueológicos, pinturas rupestres e grafismos gravados sobre os paredões areníticos.

Outro elemento importante do ordenamento territorial apresentado no Mapa I, segundo a Carta Magna de 1988, são as regiões metropolitanas brasileiras, as regiões integradas de desenvolvimento, as aglomerações urbanas e as áreas de expansão metropolitanas e colares metropolitanos. Estes são arranjos institucionais que visam ao planejamento e à execução de funções públicas de interesse comum, bem como ao desenvolvimento e à redução das desigualdades regionais.

Para o nosso recorte analítico, no entanto, nos ateremos às **regiões metropolitanas** (RMs) e às **regiões integradas de desenvolvimento** (Rides). Trata-se de regiões de notável relevância econômica e populacional no contexto brasileiro. Observemos, em 2010, que o conjunto das 19 maiores regiões metropolitanas e das 3 regiões integradas de desenvolvimento apresentavam, aproximadamente, 80 milhões de habitantes (aproximadamente 42% da população brasileira), segundo dados do Censo 2010 (IBGE, 2015b), e, em 2012, seu PIB perfazia 2,3 trilhões de reais (54% do PIB nacional), também segundo dados do IBGE (2015c).

Apesar de sua relevância, no entanto, essas **regiões metropolitanas** não contaram com grande atenção do texto constitucional de 1988. O avanço da importância dessas regiões não foi acompanhado por uma especial atenção em relação ao tema metropolitano. A única menção a esse tema no texto constitucional foi a atribuição de competência para a instituição de regiões metropolitanas aos estados federados, conforme este excerto:

> Art. 25. Os estados organizam-se e regem-se pelas Constituições e leis que adotarem, observados os princípios desta Constituição.
>
> [...]
>
> §3º Os estados poderão, mediante lei complementar, instituir regiões metropolitanas, aglomerações urbanas e microrregiões, constituídas por agrupamentos de municípios limítrofes, para integrar a organização, o planejamento e a execução de funções públicas de interesse comum. (Brasil, 1988)

Da mesma forma, o artigo 43 da CF apresenta apenas a competência da União para a formação das **regiões integradas de desenvolvimento** e seus objetivos. Segundo este artigo: "Para efeitos administrativos, a União poderá articular sua ação em um mesmo complexo geoeconômico e social, visando a seu desenvolvimento e à redução das desigualdades regionais".

Essa brevidade no trato da questão metropolitana contrasta, por exemplo, com a margem constitucional conferida à **política urbana**, que recebeu especial atenção ao se criarem preceitos importantes para o desenvolvimento urbano (instituição do plano diretor, estabelecimento da função social da propriedade urbana, parcelamento ou edificação compulsórios etc.), que dão respaldo para diversos diplomas legais correlatos, como o Estatuto da Cidade (Lei n. 10.257, de 10 de julho de 2001 – Brasil, 2001) ou as diretrizes de parcelamento do solo urbano (Lei n. 6.766, de 19 de dezembro de 1979 – Brasil, 1979c).

Esse cenário – a atribuição de competência aos estados para a instituição de regiões metropolitanas, sem norma de parâmetros básicos para a delimitação e para o arranjo institucional – tem como consequência uma profusão de criações de regiões metropolitanas, sem que houvesse correlação com o fato metropolitano. Ou seja, vemos instituições metropolitanas que não refletem necessariamente uma dimensão metropolitana concreta, com integração urbana, conexões econômicas e sociais entre municípios limítrofes, em um contexto de hierarquias superiores da rede urbana nacional. Segundo Firkowski e Moura,

> o mapa das novas unidades regionais não define contornos conexos ao fato urbano de aglomerações, sejam contínuas, sejam descontínuas mas integradas econômica e socialmente. Sequer confere aderência

à precisão conceitual que identifica a unidade metropolitana diante das demais aglomerações urbanas. As unidades já instaladas tampouco demonstram ter desencadeado um processo articulado de gestão que responda ao objetivo das disposições constitucionais (Firkowski; Moura, 2001, p. 29).

A instituição não criteriosa de regiões metropolitanas, além da incorporação de municípios sem dinâmica metropolitana a regiões metropolitanas já estabelecidas, tem sido diagnosticada por muitos pesquisadores como parte de manobras políticas que visam a obter repasses específicos para áreas metropolitanas, tendo em vista que a legislação federal prevê prioridade para municípios metropolitanos nos repasses federais (Balbim et al., 2011; Davanzo; Negreiros; Santos, 2010).

De certa forma, as instituições responsáveis pela gestão de certas regiões metropolitanas procuram estabelecer caminhos para contornar esse impasse institucional de incorporação de municípios não metropolitanos a um planejamento metropolitano. Em geral, nos **planos de desenvolvimento integrado**, são apresentados municípios com diferentes graus de integração, sendo realizado um planejamento mais específico para os municípios com maiores graus de integração.

Se fosse esse, portanto, o grande problema, ainda assim poderíamos ter a possibilidade de bons encaminhamentos para a questão metropolitana. A crise institucional, no entanto, é mais grave. As regiões metropolitanas foram criadas no período ditatorial, conforme vimos no capítulo anterior. Nesse contexto, a centralização do poder criou instituições capazes de ocasionar intervenção direta no coletivo dos municípios, que não eram efetivamente autônomos (Balbim et al, 2011).

Na atualidade, no entanto, após a CF de 1988, o município adquiriu novamente a sua autonomia e também passou a ser considerado um ente da Federação. Dessa forma, a gestão metropolitana se depara com os impasses entre os órgãos metropolitanos e os interesses conflitantes das diversas esferas municipais envolvidas (Balbim et al, 2011).

O desafio para a gestão das regiões metropolitanas se avoluma, pois também observamos que a política metropolitana tem sido preterida em termos orçamentários. O Estatuto da Metrópole, aprovado em 2015 pelo Congresso Nacional (Lei n. 13.089, de 12 de janeiro de 2015 – Brasil, 2015), não foi capaz de corrigir esse problema, tendo em vista que a previsão do Fundo Nacional de Desenvolvimento Urbano Integrado (FNDUI), que deveria fomentar a política para as áreas metropolitanas, foi vetada.

A observação dos problemas relacionados às regiões metropolitanas, somada a algumas questões que apresentamos acerca de outras unidades territoriais de planejamento previstos constitucionalmente (Amazônia Legal, Faixa de Fronteira e Semiárido), embora bastante sintética, permite-nos compreender que existem dispositivos constitucionais para a gestão do território, parte de um projeto de Estado para o país em suas diversas dimensões da vida moderna, contendo seus objetivos, fundamentos, potenciais, fragilidades, idiossincrasias e materializações sobre o território. Nós, geógrafos, devemos, portanto, nos apropriar dessas discussões e examiná-las cientificamente, pois constituem um elemento fundamental para a compreensão territorial brasileira.

Síntese

Observamos que o período entre meados da década de 1980 e os dias atuais apresentou significativas mudanças geopolíticas (queda da União Soviética, primazia dos Estados Unidos, concretização de diversos blocos regionais e ascensão de países em desenvolvimento, especialmente a China) e de estrutura econômica mundial (consolidação do paradigma econômico da acumulação flexível do capital e nova divisão internacional do trabalho).

Vimos, ainda, que ocorreram no Brasil diversas mudanças *econômicas* (predomínio de políticas econômicas ortodoxas, estabilização monetária e inflacionária, redução da participação do Estado na economia com as privatizações, na década de 1990, manutenção de parte do receituário ortodoxo, aliado a uma maior interferência do Estado na economia, por meio de programas de redistribuição de renda e por incentivos a setores econômicos, a partir dos anos 2000), *políticas* (estabelecimento da oposição entre PT e PSDB, que criaram políticas mais à direita de sua cartilha original) e *culturais* (com a ascensão do novo papel da internet e das redes sociais na formação da opinião dos indivíduos).

Notamos que, do ponto de vista do conteúdo territorial, houve maior estabilidade das imigrações inter-regionais, menores taxas de crescimento populacional, com destaque para o crescimento de algumas cidades grandes e médias. Houve, ainda, a manutenção de certa descentralização do capital industrial no território, mas ainda mantido especialmente dentro da região concentrada, embora tenha ocorrido crescimento industrial no Nordeste. Vimos que o Direito Ambiental avançou no Brasil, mas que a questão ambiental se mantém ainda sensível.

Retratamos a expansão da fronteira agrícola, a maior rentabilidade do setor agropecuário exportador, ladeadas por uma situação de profunda concentração de terras. Vimos que ocorreu redução da desigualdade no Nordeste pelo incremento dos salários das pessoas ocupadas nas áreas mais dinâmicas e por programas sociais nas áreas menos dinâmicas.

Discutimos, ainda, como infraestruturas, tais quais a do Porto de Suape, em Pernambuco, apontam para um cenário de incremento da integração territorial e de interdependência das diversas regiões para o escoamento de produtos.

Diante desse cenário recente, abordamos o que seria o projeto constitucional do Brasil, a base constitucional para a regulamentação de diversas dimensões da vida em sociedade, inclusive seus aspectos territoriais. Para tanto, revisitamos conceitos como o de *Estado* e o de *país*, para nos embasar na discussão sobre o papel da Constituição Federal na organização das relações em um contexto nacional.

Discutimos que, na história constitucional brasileira, a CF de 1988 foi a que teve um processo mais democrático e que apresenta um rol significativo de princípios modernos. Vimos que essa Constituição é composta por direitos fundamentais de três dimensões, relacionadas ao trinômio "liberdade, igualdade e fraternidade", apresentando, portanto, avanços que devem ser compreendidos, avaliados e matizados pela comunidade geográfica, pelos professores e pelas pessoas em geral, para que sejam capazes de formar, de maneira autônoma, suas opiniões sobre esse projeto constitucional.

Com base no exposto, discutimos alguns exemplos de análises possíveis desse projeto territorial constitucional, com seus princípios, objetivos e alguns de seus instrumentos territoriais: limites territoriais; divisões de competências entre União, estados e municípios e Distrito Federal; unidades territoriais de planejamento (Amazônia Legal, Faixa de Fronteira, Regiões Metropolitanas e Semiárido do Nordeste).

Indicações culturais

BRASIL. Senado Federal. TV Senado. **A Constituição da cidadania**. Brasília, 1998. Disponível em: <http://www.senado.leg.br/noticias/especiais/constituicao25anos/a-constituicao-da-cidadania.htm>. Acesso em: 10 nov. 2016.

O documentário A Constituição da cidadania, *produzido pela TV Senado, está disponível no site da câmara alta brasileira. Nele, podemos verificar o processo de participação social e os embates políticos que culminaram na Constituição Federal de 1988, bem como os processos de participação popular que fizeram desse o texto constitucional mais democrático da história do Brasil.*

Atividades de autoavaliação

1. Conforme o texto deste capítulo, podemos afirmar que:
   a) A Constituição brasileira é bastante detalhista, por mero formalismo dos constituintes, sem refletir qualquer demanda específica e histórica sobre direitos sociais e difusos.
   b) Os direitos constitucionais podem ser classificados em direitos de primeira, de segunda e de terceira dimensão, que, de forma esquemática, podem ser resumidos no trinômio "liberdade, igualdade e fraternidade".
   c) A outorga de uma Constituição implica o seu processo mais democrático, diferentemente da promulgação.
   d) País e Estado são, no contexto moderno, referências ao mesmo quadro geográfico e político, não havendo, portanto, casos de diferença entre a nomenclatura de um país e de seu respectivo Estado.

2. De acordo com a discussão que apresentamos neste capítulo, podemos afirmar que:
   a) Podemos considerar que o projeto constitucional não dá atenção à Amazônia, mas, mesmo assim, por uma estrutura social favorável, ela tem sido significativamente preservada.
   b) Embora a CF dê ampla margem para o tema das regiões metropolitanas, indicando seus objetivos, fonte de recursos e a competência federal para sua instituição, vemos que aquelas têm apresentado problemas de gestão por interferências municipais conflitantes.
   c) O Semiárido do Nordeste, segundo o texto constitucional, tem garantido repasse federal mínimo a ser aplicado no seu desenvolvimento.
   d) Os elevados custos de gestão das zonas econômicas exclusivas têm levado a diplomacia brasileira a realizar estudos para a proposta de redução de sua extensão, de 200 para 150 milhas náuticas.

3. Qual(is) afirmação(ões) a seguir está(ão) correta(s), de acordo com o que discutimos no texto deste capítulo?
   I. O setor agropecuário exportador brasileiro, no início dos anos 2000, beneficiou-se de um aumento do preço das *commodities*, pelo incremento da demanda externa, o que, de maneira geral, conferiu alta rentabilidade ao setor.
   II. Entre as décadas de 1990 e 2010, vimos uma aceleração do crescimento populacional urbano em relação às décadas anteriores, devido ao aumento da migração campo-cidade, sobretudo para cidades como Rio de Janeiro e São Paulo.
   III. Novas estratégias locacionais fazem parte das lógicas industriais no contexto da acumulação flexível do capital, o que implica tendências de desconcentração industrial.

a) Apenas I está correta.
b) Apenas I e II estão corretas.
c) I, II e III estão corretas.
d) Apenas I e III estão corretas.

4. Qual(is) afirmação(ões) a seguir está(ão) incorreta(s) de acordo com o que foi discutido no capítulo?

   I. A Constituição de 1988 apresenta um sofisticado sistema de divisão de competências entre os entes federados, com base no domínio do interesse. O pacto federativo, no entanto, conta com diversos desafios, como os descompassos entre as competências e o orçamento de muitos municípios.
   II. Do ponto de vista jurídico, a repartição de competências entre União, estados, municípios e Distrito Federal, segundo a Constituição de 1988, apresenta um caráter claramente hierárquico.
   III. Com a Constituição de 1988, que confere aos estados a competência para a instituição de regiões metropolitanas, temos visto que esses entes federados têm sido bastante criteriosos na delimitação dessas áreas, uma vez que o Estatuto da Metrópole, que foi editado logo em 1990, determinou parâmetros mínimos de integração econômica e movimento pendular, para que os municípios sejam considerados integrantes dessas regiões.

   a) Apenas I está incorreto.
   b) Apenas I e II estão incorretos.
   c) Apenas II e III estão incorretos.
   d) I, II e III estão incorretos.

5. De acordo com a discussão que apresentamos neste capítulo, podemos afirmar que:
   a) Os conjuntos de municípios arrolados em todas as regiões metropolitanas brasileiras são bastante interconectados, econômica e socialmente, o que evidencia um verdadeiro fato metropolitano.
   b) A imigração da Região Nordeste para a Região Sudeste cresceu significativamente na primeira década dos anos 2000, o que ajudou a aumentar a qualidade de vida no semiárido nordestino.
   c) Segundo a CF de 1988, os estados são competentes para instituir regiões metropolitanas, ao passo que a União é competente para instituir as regiões integradas de desenvolvimento.
   d) A teoria das trocas desiguais se confirma nas relações entre campo e cidade no Brasil, uma vez que os preços dos produtos agropecuários enfrentaram grande defasagem no primeiro decênio dos anos 2000, por conta da baixa demanda, o que demonstra a baixa capacidade estratégica do campo no desenvolvimento econômico.

Atividades de aprendizagem

Questões para reflexão

1. Considere os princípios da CF de 1988 para as relações internacionais (independência nacional, prevalência dos direitos humanos, autodeterminação dos povos, não intervenção, igualdade entre os Estados, defesa da paz, solução pacífica dos conflitos, repúdio ao terrorismo e ao racismo, cooperação entre os povos para o progresso da humanidade, e concessão de asilo político) (Brasil, 1988). Podemos dizer que há nesses

princípios um caráter ético moderno, na perspectiva de uma racionalidade avessa aos discursos de ódio?

2. Ainda diante dos princípios que mencionamos acima, reflitamos: qual é o papel da escola e da Geografia na formação de um ambiente social mais intimamente relacionado a esses princípios e refratário aos discursos de ódio?

Atividades aplicadas: prática

Assista ao documentário *A Constituição da cidadania*, que encontramos nas indicações culturais deste capítulo. Tome nota dos tópicos mencionados pelos entrevistados que corroborem a participação popular. Com base nesses tópicos e em conhecimentos prévios sobre o assunto, verifique se você concorda que a Constituição Federal do Brasil tenha tido amplo espaço para a participação democrática em sua formulação.

Considerações finais

No decurso da presente obra, assumimos a difícil empreitada de discutir a disciplina de Geografia do Brasil e seu objeto de estudo. Dessa forma, cobrir um amplo espectro de assuntos relacionados ao território brasileiro requereu, evidentemente, que a obra fosse bastante superficial no trato de inúmeros assuntos. Ainda assim, buscamos elencar essa enormidade de temas como parte de um enfoque, o dos desafios para a geografia do Brasil e para Geografia do Brasil, ou seja, tanto para o quadro territorial formado pelos limites do país, pelo seu conteúdo qualitativo e por suas condicionantes sociais, culturais, econômicas e, especialmente, políticas, quanto para a disciplina que pretende estudar esse território.

Com isso, vimos que o território brasileiro apresenta grandes potenciais no seu quadro natural, o que pode garantir qualidade de vida, lazer, contato com a natureza, pujança econômica e diferencial estratégico, mas que também apresenta grandes problemas socioambientais, devido às suas fragilidades geológicas, geomorfológicas, pedológicas, climáticas e ecológicas, em um contexto de apropriação homogeneizante, sem consideração das particularidades da diversidade ambiental.

Vimos ainda que, na relação imbricada com essa base natural riquíssima, o território do nosso país foi construído por diversos processos sociais, culturais, econômicos, políticos e territoriais: alijamento da cultura indígena e desterritorialização desses povos; negação da dignidade humana à população negra, escravizada até o final do século XIX, e redução de oportunidades a seus descendentes; formação dos limites territoriais por usos de frentes de colonização e consolidados tratados e guerras, que refletiam os interesses dominantes à época de suas edições; centralismo político, contrário a um federalismo funcional e propositivo; incremento das desigualdades regionais; expulsão das populações camponesas e formação problemática das cidades e das malhas urbanas; concentração da riqueza no Centro-Sul, com processos de desconcentração com manutenção das atividades de comando em grandes cidades, principalmente São Paulo; dilapidação do patrimônio natural etc.

Portanto, temos um quadro territorial que apresenta inúmeros desafios e que deve ser compreendido mais a fundo e discutido pelas pessoas, a fim de compreenderem criticamente o seu papel na democracia, por meio da capacidade de argumentar, ouvir, dialogar, analisar e de sugerir projetos democráticos para o território.

Para tanto, é necessário que sejamos capazes de identificar que existe uma forma estruturante de projeto nacional e territorial já em curso, materializada na Constituição Federal de 1988, que apresenta avanços, devido ao processo democrático de sua formulação em comparação a outras Constituições brasileiras. Esse texto necessita ser compreendido, avaliado, criticado em seus princípios, objetivos, instrumentos, limites e em seu potencial, para a criação de justiça social, equidade, garantia do bem-estar das pessoas, de dignidade, de cidadania e de um ambiente democrático.

Os conceitos e os métodos da Geografia do Brasil são capazes de apresentar esse quadro natural, bem como a história da formação territorial e o atual projeto constitucional do país, que são fundamentais na atualidade, em face de diversos desafios: o aumento da propagação de discursos de ódio na internet; os efeitos das grandes manifestações a partir de junho de 2013; o cenário de clivagem política; a quase total ausência de debates sobre os problemas territoriais durante as eleições presidenciais de 2014; os graves conflitos ambientais; as tentativas de alteração substancial da Constituição Federal de 1988, entre outros.

Diante do exposto, esperamos que esta obra tenha conseguido apresentar aspectos relevantes do território brasileiro, seu projeto constitucional e seus desafios, mesmo que de forma bastante sintética. Esperamos que você, leitor, termine sua leitura com impressão semelhante à do autor: a de ter saído desse processo de diálogo "um pouco mais geógrafo" do que começou.

Referências

ABRAMOVAY, R. **Funções e medidas da ruralidade no desenvolvimento contemporâneo**. Texto para discussão n. 702. Rio de Janeiro: Ipea, 2000. Disponível em: <http://ipea.gov.br/agencia/images/stories/PDFs/TDs/td_0702.pdf>. Acesso em: 10 nov. 2016.

ALESSI, G. Brasil, entre a diplomacia da paz e o destaque na exportação de armas. **El País**, Brasil, 1º jun. 2015. Disponível em: <http://brasil.elpais.com/brasil/2015/06/01/politica/1433176411_490477.html>. Acesso em: 10 nov. 2016.

ALHEIROS, J. **Entrevista concedida a Augusto dos Santos Pereira**. Recife, 13 nov. 2014.

ALMEIDA, F. F. M. de et al. Estágios evolutivos do Brasil no Fanerozoico. In: HASUI, Y. et al (Orgs.). **Geologia do Brasil**. São Paulo: Beca, 2012.

_____. **Mapa tectônico da América do Sul (1:5 000 000)**. Brasília: Ministério de Minas e Energia, Brasil, 1979.

APÓS INJÚRIAS raciais, Grêmio suspende "geral" por tempo indeterminado. **Globoesporte.com**, Rio Grande do Sul, 1º set. 2014. Disponível em: <http://globoesporte.globo.com/rs/noticia/2014/09/gremio-comunica-suspensao-da-torcida-geral-por-tempo-indeterminado.html>. Acesso em: 10 nov. 2016.

BALBIM, R. N. et al. Desafios contemporâneos na gestão das regiões metropolitanas. **Revista Paranaense de Desenvolvimento**, Curitiba, n. 120, p. 149-176, jan./jun. 2011. Disponível em: <http://www.ipardes.pr.gov.br/ojs/index.php/revistaparanaense/article/view/245/673>. Acesso em: 10 nov. 2016.

BASTOS, E. K. X. Plano Real: consolidação da estabilidade, crise internacional e desequilíbrios

(1994-1998). In: RIBEIRO, F. J. da S. P. (Org.). **Economia brasileira no período 1987-2013**: relatos e interpretações da análise de conjuntura no Ipea. Brasília: Ipea, 2015. p. 107-136. Disponível em: <http://www.ipea.gov.br/portal/images/stories/PDFs/livros/livros/151218_livro_economia_brasilera.pdf>. Acesso em: 10 nov. 2016.

BOHMAN, J.; REHG, W. Jürgen Habermas. **The Stanford Encyclopedia of Philosophy**. Stanford: Edward N. Zalta, 2014. Disponível em: <http://plato.stanford.edu/archives/fall2014/entries/habermas/>. Acesso em: 7 nov. 2016.

BOTTON, A. de. **The News**: a User's Manual. New York: Pantheon, 2014.

BRASIL. Constituição (1891). **Diário Oficial [da] República dos Estados Unidos do Brasil**, Rio de Janeiro, 24 fev. 1891. Disponível em: <http://www.planalto.gov.br/ccivil_03/Constituicao/Constituicao91.htm>. Acesso em: 9 nov. 2016.

____. Constituição (1988). **Diário Oficial da União**, Brasília, DF, 5 out. 1988. Disponível em: <http://www.planalto.gov.br/ccivil_03/constituicao/ConstituicaoCompilado.htm>. Acesso em: 9 nov. 2016.

____. Decreto n. 19.482, de 12 de dezembro de 1930. **Diário Oficial da União**, Poder Executivo, Brasília, DF, 1º fev. 1931. Disponível em: <http://www2.camara.leg.br/legin/fed/decret/1930-1939/decreto-19482-12-dezembro-1930-503018-republicacao-82423-pe.html>. Acesso em: 9 nov. 2016.

____. Decreto-Lei n. 311, de 2 de março de1938. **Diário Oficial da União**, Poder Executivo, Rio de Janeiro, DF, 7 mar. 1938. Disponível em: <http://www2.camara.leg.br/legin/fed/declei/1930-1939/decreto-lei-311-2-marco-1938-351501-publicacaooriginal-1-pe.html>. Acesso em: 10 nov. 2016.

BRASIL. Decreto-Lei n. 1.099, de 25 de março de 1970. **Diário Oficial da União**, Poder Executivo, Brasília, DF, 30 mar. 1970. Disponível em: <http://www.planalto.gov.br/ccivil_03/Decreto-Lei/1965-1988/Del1099.htm>. Acesso em: 10 nov. 2016.

____. Decreto-Lei n. 1.813, de 24 de novembro de 1980. **Diário Oficial da União**, Poder Executivo, Brasília, DF, 25 nov. 1980. Disponível em: <http://www.planalto.gov.br/ccivil_03/Decreto-Lei/1965-1988/Del1813.htm>. Acesso em: 10 nov. 2016.

____. Lei Complementar n. 14, de 8 de junho de 1973. **Diário Oficial da União**, Poder Legislativo, Brasília, DF, 11 jun. 1973. Disponível em: <http://www.planalto.gov.br/ccivil_03/leis/LCP/Lcp14.htm>. Acesso em: 10 nov. 2016.

____. Lei Complementar n. 20, de 1º de julho de 1974. **Diário Oficial da União**, Poder Legislativo, Brasília, DF, 1º jul. 1974. Disponível em: <http://www.planalto.gov.br/ccivil_03/leis/LCP/Lcp20.htm>. Acesso em: 10 nov. 2016.

BRASIL. Lei Complementar n. 143, de 17 de julho de 2013. **Diário Oficial da União**, Poder Legislativo, Brasília, DF, 18 jul. 2013. Disponível em: <http://www.planalto.gov.br/ccivil_03/leis/LCP/Lcp143.htm>. Acesso em: 10 nov. 2016.

____. Lei n. 5.173, de 27 de outubro de 1966. **Diário Oficial da União**, Poder Legislativo, Brasília, DF, 31 out. 1966. Disponível em: <http://www.planalto.gov.br/ccivil_03/Leis/L5173.htm>. Acesso em: 10 nov. 2016.

____. Lei n. 6.634, de 2 de maio de 1979. **Diário Oficial da União**, Poder Legislativo, Brasília, DF, 11 maio 1979a. Disponível em: <http://www.planalto.gov.br/ccivil_03/LEIS/L6634.htm>. Acesso em: 10 nov. 2016.

____. Lei n. 6.664, de 26 de junho de 1979. **Diário Oficial da União**, Poder Legislativo, Brasília, DF, 27 jun. 1979b. Disponível em: <http://www.planalto.gov.br/

ccivil_03/leis/1970-1979/L6664.htm>. Acesso em: 10 nov. 2016.

BRASIL. Lei n. 6.766, de 19 de dezembro de 1979. **Diário Oficial da União**, Poder Legislativo, Brasília, DF, 20 dez. 1979c. Disponível em: <http://www.planalto.gov.br/ccivil_03/LEIS/L6766.htm>. Acesso em: 10 nov. 2016.

_____. Lei n. 7.716, de 5 de janeiro de 1989. **Diário Oficial da União**, Poder Legislativo, Brasília, DF, 6 jan. 1989a. Disponível em: <http://www.planalto.gov.br/ccivil_03/LEIS/L7716.htm>. Acesso em: 10 nov. 2016.

_____. Lei n. 7.727, de 9 de janeiro de 1989. **Diário Oficial da União**, Poder Legislativo, Brasília, DF, 10 jan. 1989b. Disponível em: <http://www.planalto.gov.br/ccivil_03/Leis/L7727.htm>. Acesso em: 10 nov. 2016.

_____. Lei n. 7.827, de 27 de setembro de 1989. **Diário Oficial da União**, Poder Legislativo, Brasília, DF, 28 set. 1989c. Disponível em: <http://www.planalto.gov.br/ccivil_03/LEIS/L7827.htm>. Acesso em: 10 nov. 2016.

_____. Lei n. 10.257, de 10 de julho de 2001. **Diário Oficial da União**, Poder Legislativo, Brasília, DF, 11 jul. 2001. Disponível em: <http://www.planalto.gov.br/ccivil_03/leis/LEIS_2001/L10257.htm>. Acesso em: 10 nov. 2016.

_____. Lei n. 12.651, de 25 de maio de 2012. **Diário Oficial da União**, Poder Legislativo, Brasília, DF, 28 maio 2012. Disponível em: <http://www.planalto.gov.br/ccivil_03/_ato2011-2014/2012/lei/l12651.htm>. Acesso em: 10 nov. 2016.

_____. Lei n. 13.089, de 12 de janeiro de 2015. **Diário Oficial da União**, Poder Legislativo, Brasília, DF, 13 jan. 2015a.Disponível em: <http://www.planalto.gov.br/ccivil_03/_Ato2015-2018/2015/Lei/L13089.htm>. Acesso em: 10 nov. 2016.

BRASIL. Câmara dos deputados. Proposta de Emenda à Constituição (PEC) n. 37/2011. Acrescenta o § 10 ao art. 144 da

Constituição Federal para definir a competência para a investigação criminal pelas polícias federal e civis dos Estados e do Distrito Federal. Proposição arquivada. Disponível em: <http://www.camara.gov.br/proposicoesWeb/fichadetramitacao?idProposicao=507965>. Acesso em: 7 nov. 2016.

BRASIL. Ministério da Integração Nacional. Secretaria de Políticas de Desenvolvimento Regional. **Nova delimitação do semiárido brasileiro**. Brasília, 2005. Disponível em: <http://www.mi.gov.br/c/document_library/get_file?uuid=0aa2b9b5-aa4d-4b55-a6e1-82faf0762763&groupId=24915>. Acesso em: 9 nov. 2016.

BRASIL. Ministério do Meio Ambiente. **Biomas**. Disponível em: <http://www.mma.gov.br/biomas>. Acesso em: 4 mar. 2016a.

_____. **Caatinga**. Disponível em: <http://www.mma.gov.br/biomas/caatinga>. Acesso em: 9 nov. 2016b.

_____. **Mata Atlântica**. Disponível em: <http://www.mma.gov.br/biomas/mata-atlantica>. Acesso em: 9 nov. 2016c.

_____. **O bioma cerrado**. Disponível em: <http://www.mma.gov.br/biomas/cerrado>. Acesso em: 9 nov. 2016d.

_____. **Pampa**. Disponível em: <http://www.mma.gov.br/biomas/pampa>. Acesso em: 9 nov. 2016e.

_____. **Pantanal**. Disponível em: <http://www.mma.gov.br/biomas/pantanal>. Acesso em: 9 nov. 2016f.

_____. Supremo Tribunal Federal. Habeas corpus n. 82.424-RS, de 17 de setembro de 2003. Relator: min. Moreira Alves. **Informativo STF**, n. 321, Brasília, 15-19 set. 2003. Disponível em: <http://www.stf.jus.br/arquivo/informativo/documento/informativo321.htm>. Acesso em: 4 mar. 2016.

BRASIL. Supremo Tribunal Federal. **Informativo STF**, n. 321, Brasília, 15-19 set. 2003 (ref. Ao

Habeas corpus n. 82.424-RS, de 17 de setembro de 2003. Relator: min. Moreira Alves). Disponível em: <http://www.stf.jus.br/arquivo/informativo/documento/informativo321.htm>. Acesso em: 7 nov. 2016.

CARVALHO, J. Poeira do Saara viaja até a Amazônia, mostra Nasa. **Exame.com**, 25 fev. 2015. Disponível em: <http://exame.abril.com.br/tecnologia/noticias/poeira-do-saara-viaja-ate-a-amazonia-mostra-nasa>. Acesso em: 10 nov. 2016.

CASTRO, F. de. Brasil propõe uma 'Venezuela' a mais de área marítima. **O Estado de São Paulo**, Política, São Paulo, 19 jan. 2015. Disponível em: <http://politica.estadao.com.br/noticias/geral,brasil-propoe-uma-venezuela-a-mais-de-area-maritima-imp-,1621717>. Acesso em: 10 nov. 2016.

CASTRO, I. E. de. Solidariedade territorial e representação: novas questões para o pacto federativo nacional. **Revista Território**, Rio de Janeiro, v. 1, n. 2, p. 33-42, 1997. Disponível em: <http://www.revistaterritorio.com.br/pdf/02_4_castro.pdf>. Acesso em: 10 nov. 2016.

CASTRO. L. A. de A. **O Brasil e o novo direito do mar**: mar territorial e zona econômica exclusiva. Brasília: Fundação Alexandre Gusmão, 1989. Disponível em: <http://funag.gov.br/loja/download/80-Brasil_e_o_Novo_Direito_do_Mar_O.pdf>. Acessoem: 10 nov. 2016.

CDC – Centers for Disease Control and Prevention. **Administrative Area of South America**. 2010. Formato Digital. Escala 1: 50.000.000. Disponível em: <ftp://ftp.cdc.gov/pub/software/epi_info/epiinfo/shapefiles/samer/samer.exe>. Acesso em: 11 fev. 2016.

CIGOLINI, A. **Território e criação de municípios no Brasil**: uma abordagem histórico-geográfica sobre a compartimentação do espaço. 210 f. Tese (Doutorado em Geografia) – Centro de

Filosofia e Ciências Humanas, Universidade Federal de Santa Catarina, Florianópolis, 2009. Disponível em: <https://repositorio.ufsc.br/bitstream/handle/123456789/92531/268885.pdf?sequence>. Acesso em: 10 nov. 2016.

CINTRA, J. P. Reconstruindo o mapa das capitanias hereditárias. **Anais do Museu Paulista**, São Paulo, v. 21, n. 2, p. 11-45, jul./dez. 2013. Disponível em: <http://www.scielo.br/pdf/anaismp/v21n2/a02v21n2.pdf>. Acesso em: 10 nov. 2016.

COLAVITE, A. P.; BARROS, M. V. F. Geoprocessamento aplicado a estudos do Caminho de Peabiru. **Revista da Anpege**, Dourados, v. 5, p. 86-105, 2009. Disponível em <http://anpege.org.br/revista/ojs-2.4.6/index.php/anpege08/article/view/41/pdf-mm>. Acesso em: 10 nov. 2016.

CONTI, J. B.; FURLAN, S. A. Geoecologia: o clima, os solos e a biota. In: ROSS, J. L. S. **Geografia do Brasil**. São Paulo: EdUSP, 2014. p. 67-208.

COSTA, W. M. da. **O Estado e as políticas territoriais no Brasil**. 11. ed. São Paulo: Contexto, 2013.

COX, R. W. Social Forces, States and World Orders: Beyond International Relations Theory. In: KEOHANE, R. O. **Neorealism and Its Critics**. New York: Columbia University Press, 1986. p. 204-254.

DANNI-OLIVEIRA, I. M.; MENDONÇA, F. **Climatologia**: noções básicas e climas do Brasil. São Paulo: Oficina de Textos, 2007.

DAVANZO, A. M. Q.; NEGREIROS, R.; SANTOS, S. M. M. dos. O fato metropolitano e os desafios para sua governança. **Revista Paranaense de Desenvolvimento**, Curitiba, n. 119, p. 65-83, jul./dez. 2010. Disponível em: <http://www.ipardes.pr.gov.br/ojs/index.php/revistaparanaense/article/view/310/653>. Acesso em: 10 nov. 2016.

DELMANTO, C. **Código Penal comentado**. 8. ed. Rio de Janeiro: Renovar, 2010.

DINIZ FILHO, L. L. **Fundamentos epistemológicos da geografia**. Curitiba: Ibpex, 2009.

ECO, U. A nebulosa fascista. **Folha Online**, Biblioteca Folha, 14 maio 1995. Disponível em: <http://biblioteca.folha.com.br/1/02/1995051405.html>. Acesso em: 7 nov. 2016.

_____. **Cinco escritos morais**. Rio de Janeiro: Record, 1998.

EMBRAPA – Empresa Brasileira de Pesquisa Agropecuária. Centro nacional de Pesquisa de Solos. **Sistema brasileiro de classificação de solos**. 2. ed. Rio de Janeiro: Embrapa-SPI, 2006.

EM PROTESTO de SP, maioria não tem partido, diz Datafolha. **Folha de S. Paulo**, 18 jun. 2013. Disponível em: <http://www1.folha.uol.com.br/cotidiano/2013/06/1296886-em-protesto-de-sp-maioria-nao-tem-partido-diz-datafolha.shtml>. Acesso em: 10 nov. 2016.

FAUSTO, B. **História do Brasil**. 2. ed. São Paulo: EdUSP, 1995. (Didática, v. 1).

FIRKOWSKI, O. L. C. de F.; MOURA, R. Regiões metropolitanas e metrópoles. Reflexões acerca das espacialidades e institucionalidades no Sul do Brasil. **Raega - O Espaço Geográfico em Análise**, [S.l.], v. 5, p. 27-48, dez. 2001. Disponível em: <http://revistas.ufpr.br/raega/article/view/18314/11876>. Acesso em: 9 nov. 2016.

FONSECA, P. C. D. O processo de substituição de importações. In: REGO, J. M.; MARQUES, R. M. (Orgs.). **Formação econômica do Brasil**. São Paulo: Saraiva, 2003.

FRANCO SOBRINHO, M. de O. **Comentários à Constituição**. Rio de Janeiro: Freitas Bastos, 1991. v. 2.

FREYRE, G. **Casa grande & senzala**: formação da família brasileira sob o regime da economia patriarcal. 48. ed. São Paulo: Global, 2003.

FURTADO, C. **A Operação Nordeste**. Rio de Janeiro: Contraponto, 2009.

GOMES, A. C. Imigrantes italianos: entre a italianità e a brasilidade. In:

IBGE – Instituto Brasileiro de Geografia e Estatística. **Brasil:** 500 anos de povoamento. Rio de Janeiro: IBGE, 2000.

GOMES, L. **1808**. São Paulo: Planeta, 2007.

GRUPO 'Anonymous Brasil' divulga vídeo defendendo cinco causas para manifestações. **O Tempo**, 19 jun. 2013. Disponível em: <http://www.otempo.com.br/capa/brasil/grupo-anonymous-brasil-divulga-v%C3%ADdeo-defendendo-cinco-causas-para-manifesta%C3%A7%C3%B5es-1.666650>. Acesso em: 7 nov. 2016.

HABERMAS, J. **Técnica e ciência como "ideologia"**. Lisboa: Edições 70, 1994.

_____. **Teoria do agir comunicativo**: racionalidade da ação e racionalização social. São Paulo: M. Fontes, 2012. v. 1.

HAMILTON, A.; MADISON, J.; JAY, J. **O federalista**: pensamento político. Campinas: Russel, 2013.

HARVEY, D. **A condição pós-moderna**: uma pesquisa sobre as origens da mudança cultural. 17. ed. São Paulo: Loyola, 2008.

HASUI, Y. Compartimentação geológica do Brasil. In: HASUI, Y. et al. (Org.). **Geologia do Brasil**. São Paulo: Beca, 2012.

HASUI, Y. et al (Org.). **Geologia do Brasil**. São Paulo: Beca, 2012.

HERMANN, J. Cenário do encontro de povos: a construção do território. In: IBGE – Instituto Brasileiro de Geografia e Estatística. **Brasil**: 500 anos de povoamento. Rio de Janeiro: IBGE, 2000.

HOLANDA, S. B. de. **Visão do paraíso**: os motivos edênicos no descobrimento e colonização do Brasil. São Paulo: Brasiliense/Publifolha, 2000.

IBGE – Instituto Brasileiro de Geografia e Estatística. **Atlas Nacional do BrasilMilton Santos**. Rio de Janeiro: IBGE; Diretoria de Geociências, 2010. Disponível em:<http://biblioteca.ibge.gov.br/biblioteca-catalogo.html?view=detalhes&id=247603>. Acesso em: 7 nov. 2016.

____. **Censo Industrial**: Brasil. Rio de Janeiro: IBGE, 1975. Disponível em:<http://biblioteca.ibge.gov.br/visualizacao/periodicos/101/ci_1970_v4_br.pdf>. Acesso em: 7 nov. 2016.

IBGE – Instituto Brasileiro de Geografia e Estatística. **Evolução da Divisão Territorial do Brasil 1872-2010**. Rio de Janeiro: IBGE: Diretoria de Geociências, 2015a. Disponível em: <ftp://www.geoftp.ibge.gov.br/organizacao_do_territorio/malhas_territoriais/municipios_1872_1991/>. Acesso em: 4 mar. 2016.

____. **Manual técnico de geomorfologia**. 2. ed. Rio de Janeiro: IBGE: Diretoria de Geociências, 2009. (Manuais técnicos em geociências, n. 5). Disponível em: <http://biblioteca.ibge.gov.br/visualizacao/livros/liv66620.pdf>. Acesso em: 8 nov. 2016.

____. **Manual técnico de vegetação brasileira**. 2. ed. rev. e ampl. Rio de Janeiro: IBGE; Diretoria de Geociências, 2012. Disponível em: <http://biblioteca.ibge.gov.br/visualizacao/livros/liv63011.pdf>. Acesso em: 9 nov. 2016.

____. **Mapa de biomas do Brasil**. Mapa. Color. Formato Digital. Escala 1: 5.000.000. Rio de Janeiro: IBGE, 2006a. Disponível em: <ftp://geoftp.ibge.gov.br/mapas_tematicos/mapas_murais/biomas.pdf>. Acesso em: 4 mar. 2016.

____. **Mapa de clima do Brasil**. Mapa. Color. Formato Digital. Escala 1: 5.000.000. Rio de Janeiro: IBGE, 2006b. Disponível em: <ftp://geoftp.ibge.gov.br/mapas_tematicos/mapas_murais/clima.pdf>. Acesso em: 4 mar. 2016.

____. **Mapa de geologia do Brasil**. Mapa. Color. Formato Digital. Escala 1: 5.000.000. Rio de Janeiro: IBGE, 2006c. Disponível em: <ftp://ftp.ibge.gov.br/Cartas_e_Mapas/Mapas_Tematicos/geologia.zip>. Acesso em: 4 mar. 2016.

____. **Mapa de potencialidade agrícola do Brasil**. Mapa. Color. Formato Digital. Escala 1: 5.000.000. Rio de

Janeiro: IBGE, 2006d. Disponível em: <ftp://geoftp.ibge.gov.br/mapas_tematicos/mapas_murais/pot_agri_2006.pdf>. Acesso em: 11 fev. 2016.

IBGE – Instituto Brasileiro de Geografia e Estatística. **Mapa de regiões de planejamento do Brasil**. Mapa. Color. Formato Digital. Escala 1: 50.000.000. Rio de Janeiro: IBGE, 2006e. Disponível em: <ftp://geoftp.ibge.gov.br/mapas_tematicos/mapas_murais/reg_plan_2006.pdf>. Acesso em: 11 fev. 2016.

____. **Mapa de regiões do Brasil**. Mapa. Color. Formato Digital. Escala 1: 5.000.000. Rio de Janeiro: IBGE, 2006f. Disponível em: <ftp://geoftp.ibge.gov.br/mapas_tematicos/mapas_murais/regioes_2006.pdf>. Acesso em: 11 fev. 2016.

____. **Mapa de unidades de relevo do Brasil**. Mapa. Color. Formato Digital. Escala 1: 5.000.000. Rio de Janeiro: IBGE, 2006g. Disponível em: <ftp://geoftp.ibge.gov.br/mapas_tematicos/mapas_murais/relevo_2006.pdf>. Acesso em: 4 mar. 2016.

____. **População residente enviada ao Tribunal de Contas da União**: Brasil, Grandes Regiões e Unidades da Federação, 2001-2015. Disponível em: <http://www.ibge.gov.br/home/estatistica/populacao/estimativa2015/serie_2001_2015_tcu.shtm>. Acesso em: 10 nov. 2016.

IBGE – Instituto Brasileiro de Geografia e Estatística. SIDRA – Sistema IBGE de Recuperação Automática. **Tabela 21**: Produto Interno Bruto a preços correntes, impostos, líquidos de subsídios, sobre produtos a preços correntes e valor adicionado bruto a preços correntes total e por atividade econômica e respectivas participações. Disponível em: <http://www.sidra.ibge.gov.br/bda/tabela/listabl.asp?z=p&o=30&i=P&c=21>. Acesso em: 16 nov. 2015c.

____. **Tabela 1162**: População residente e taxa média geométrica de crescimento anual da população residente. Disponível em: <https://goo.gl/a4XEH5>. Acesso em: 9 nov. 2016.

IBGE – Instituto Brasileiro de Geografia e Estatística. Sidra – Sistema IBGE de Recuperação Automática. **Tabela 1289**: Percentual da população nos Censos Demográficos por situação do domicílio. Disponível em: <http://www.sidra.ibge.gov.br/bda/tabela/listabl.asp?z=cd&o=2&i=P&c=1289>. Acesso em: 16 nov. 2015f.

_____. **Tabela 1849**: Dados gerais das unidades locais industriais de empresas industriais com 5 ou mais pessoas ocupadas, por unidade da Federação, segundo as divisões de atividades (CNAE 2.0). Disponível em: < http://www.sidra.ibge.gov.br/bda/tabela/listabl.asp?c=1849&z=t&o=19>. Acesso em: 3 fev. 2015g.

_____. **Sistematização das informações sobre recursos naturais**: mapa murais. Rio de Janeiro: IBGE, 2006h. Disponível em: <http://downloads.ibge.gov.br/downloads_geociencias.htm>. Acesso em: 4 mar. 2016.

IBRAM – Instituto Brasileiro de Mineração. **Informações e análises da economia mineral brasileira**. 7. ed. São Paulo, 2012. Disponível em: <http://www.ibram.org.br/sites/1300/1382/00002806.pdf>. Acesso em: 10 nov.2016.

IMIGRANTES são hostilizados em Cascavel após suspeita de Ebola. **Época Negócios**, 13 out. 2014. Disponível em: <http://epocanegocios.globo.com/Informacao/Dilemas/noticia/2014/10/imigrantes-sao-hostilizados-em-cascavel-apos-suspeita-de-ebola.html>. Acesso em: 10 nov. 2016.

KANT, I. **Perpetual Peace and Other Essays on Politics, History and Morals**. Indianapolis: Hackett Publishing, 1983.

KLEMPERER, V. **LTI**: a linguagem do Terceiro Reich. Rio de Janeiro: Contraponto, 2009.

KODAMA, K. O sol nascente do Brasil: um balanço da imigração japonesa. In: IBGE – Instituto Brasileiro de Geografia e Estatística. **Brasil**: 500 anos de povoamento. Rio de Janeiro: IBGE, 2000. p. 197-213.

LAMEIRAS, M. A. P. Da retomada do crescimento à crise financeira internacional (2004-2008). In: RIBEIRO, F. J. da S. P. (Org.). **Economia brasileira no período 1987-2013**: relatos e interpretações da análise de conjuntura no Ipea. Brasília: Ipea, 2015. p. 163-178. Disponível em: <http://www.ipea.gov.br/portal/images/stories/PDFs/livros/livros/151218_livro_economia_brasilera.pdf>. Acesso em: 10 nov. 2016.

LENCIONI, S. **Região e geografia**. São Paulo: EdUSP, 1999.

LIMA, W.; GARCIA, C. PGR teve 85 denúncias de preconceito contra nordestinos após eleição do 1º turno. **Último Segundo**, Política, 11 out. 2014. Disponível em: <http://ultimosegundo.ig.com.br/politica/2014-10-11/pgr-teve-85-denuncias-de-preconceito-contra-nordestinos-apos-eleicao-do-1-turno.html>. Acesso em: 10 nov. 2016.

LUBENOW, J. A. A teoria crítica da modernidade de Jürgen Habermas. **Revista de Filosofia Moderna e Contemporânea**, Brasília, n. 1, ano 1, p. 58-86, 2013. Disponível em: <http://periodicos.unb.br/index.php/fmc/article/view/7087/6838>. Acesso em: 10 nov. 2016.

MAGNI, A. C.; BRITO, C. M. T. M. B. Precarização do trabalho no IBGE: o caso dos trabalhadores contratados. In: ENCONTRO NACIONAL DA ABET, 14., set. 2015, Campinas. **Anais**... Campinas: Associação Brasileira de Estudos do Trabalho, 2015. Disponível em: <http://abet2015.com.br/wp-content/uploads/2015/09/Ana-Carla-Magni.pdf>. Acesso em: 10 nov. 2016.

MAGNOLI. D. **O corpo da pátria**: imaginação geográfica e política externa no Brasil (1808-1912). São Paulo: Ed. Unesp, 1997.

MAGS, A. Mensagens de ódio cresceram 342% no segundo turno,

turbinadas por grupos de extrema direita. **Zero Hora**, Eleições 2014, Porto Alegre, 27 out. 2014. Disponível em: <http://zh.clicrbs.com.br/rs/noticias/eleicoes-2014/noticia/2014/10/mensagens-de-odio-cresceram-342-no-segundo-turno-turbinadas-por-grupos-de-extrema-direita-4629883.html>. Acesso em: 10 nov. 2016.

MAJU, jornalista da previsão do tempo, é vítima de racismo em rede social. **A Tribuna.com.br**, Atualidades, 3 jul. 2015. Disponível em: <http://www.atribuna.com.br/noticias/noticias-detalhe/atualidades/jornalista-maju-e-vitima-de-racismo-em-rede-social/?cHash=b920463d941a653033b5c87bf1b78f82>. Acesso em: 11 nov. 2016.

MARIANO, N. A origem do ódio contra os nordestinos. **Zero Hora**, Eleições 2014, Porto Alegre, 27 out. 2014. Disponível em: <http://zh.clicrbs.com.br/rs/noticias/eleicoes-2014/noticia/2014/10/a-origem-do-odio-contra-os-nordestinos-4630415.html>. Acesso em: 10 nov. 2016.

MARMELSTEIN, G. **Curso de direitos fundamentais**. São Paulo: Altas, 2008.

MELLO, E. C. de. **O negócio do Brasil**: Portugal, os Países Baixos e o Nordeste – 1641-1669. São Paulo: Companhia das Letras, 1998.

MELO, F. **Manual de Direito Ambiental**. São Paulo: Método; Grupo GEN, 2014.

MENDONÇA, F. A. Riscos, vulnerabilidades e resiliência socioambientais urbanas: inovações na análise geográfica. **Revista da Anpege**, Goiânia, n. 1, v. 7, p. 111-118, out. 2011. Disponível em: <http://anpege.org.br/revista/ojs-2.4.6/index.php/anpege08/article/view/151>. Acesso em: 10 nov. 2016.

MESSARI, N.; NOGUEIRA, J. P. **Teorias das Relações Internacionais**: correntes e debates. Rio de Janeiro: Elsevier, 2005.

MORAES, A. C. R. **Ideologias geográficas**. 2. ed. São Paulo: Annablume, 1991.

____. **Território e história no Brasil**. 2. ed. São Paulo: Annablume, 2005.

NATURAL EARTH DATA.COM. **Rivers and Lakes of the World**. 2015. Mapa. Color. Formato Digital. Escala 1: 5.000.000. Disponível em: <http://www.naturalearthdata.com/download/50m/physical/ne_50m_rivers_lake_centerlines.zip>. Acesso em: 4 mar. 2016.

NERY JÚNIOR, N. **Princípios do processo civil na Constituição Federal**. São Paulo: Revista dos Tribunais, 1999.

NOBRE, A. D. **O futuro climático da Amazônia**: relatório de avaliação científica. São José dos Campos: ARA; CCST-Inpe; Inpa, 2014. Disponível em: <http://www.ccst.inpe.br/wp-content/uploads/2014/11/Futuro-Climatico-da-Amazonia.pdf>. Acesso em: 10 nov. 2016.

NUCCON/UFMG – Núcleo de Pesquisa em Conexões Intermidiáticas. Preconceito geolocalizado: o ódio aos nordestinos no Twitter. **Huffpost Brasil**, 6 out. 2014. Disponível em: <http://www.brasilpost.com.br/ufmg-nuccon/preconceito-geolocalizado-odio-nordestinos-twitter_b_5942628.html>. Acesso em: 10 nov. 2016.

ODILLA, F.; MOTTA, S. PF vai investigar usuários que ofenderam nordestinos após eleição. **Folha de S. Paulo**, Eleições 2014, 3 nov. 2014. Disponível em: <http://www1.folha.uol.com.br/poder/2014/11/1542755-pf-vai-investigar-usuarios-que-ofenderam-nordestinos-apos-eleicao.shtml>. Acesso em: 10 nov. 2016.

ÓDIO contra eleitores nordestinos deve passar logo. **R7**, Eleições 2014. 28 out. 2014. Disponível em: <http://noticias.r7.com/eleicoes-2014/odio-contra-eleitores-nordestinos-deve-passar-logo-28102014>. Acesso em: 11 nov. 2016.

OLIVEIRA, A. de. Aliterações de Flaubert. **Estadão**, Aliás, 20 jun. 2015. Disponível em: <http://alias.estadao.com.br/noticias/geral,aliteracoes-de-flaubert,1710072>. Acesso em: 10 nov. 2016.

ONU – Organização das Nações Unidas. **United Nations Convention on the Law of the Sea**. Nova York, 1982. Disponível em: <http://www.un.org/depts/los/convention_agreements/texts/unclos/unclos_e.pdf>. Acesso em: 11 nov. 2016.

PÁGINA compila ofensas a paulistas em redes sociais após a eleição. **G1**, Tecnologia e games, 8 out. 2014. Disponível em: <http://g1.globo.com/tecnologia/noticia/2014/10/pagina-compila-ofensas-paulistas-em-redes-sociais-apos-eleicao.html>. Acesso em: 10 nov. 2016.

PEREIRA, A. dos S. Considerações acerca do Fundo de Participação dos Municípios no contexto da Região Metropolitana de Curitiba. In: ENCONTRO NACIONAL DA ANPEGE, 9., 2011, Goiânia. **Anais**... 2011.

RACHWAL, M. F. G. **Fluxos de gases de efeito estufa em organossolo natural e drenado**: Paraná – Brasil. 157 f. Tese (Doutorado em Engenharia Florestal) – Setor de Ciências Agrárias, Universidade Federal do Paraná, Curitiba, 2013. Disponível em: <http://www.floresta.ufpr.br/defesas/pdf_dr/2013/t330_0369-D.pdf>. Acesso em: 11 nov. 2016.

REIS, J. J. Presença negra. In: IBGE – Instituto Brasileiro de Geografia e Estatística. **Brasil**: 500 anos de povoamento. Rio de Janeiro: IBGE, 2000.

RESINA, J. R. Pós-nacionalismo: a nova palavra da moda? **Revista USP**, São Paulo, n. 61, p. 174-195, mar./maio 2004. Disponível em: <http://www.revistas.usp.br/revusp/article/view/13329/15147>. Acesso em: 7 nov. 2016.

RIBEIRO, F. J. da S. P. Ajuste interno e externo e a consolidação de um novo regime de política econômica (1999-2003). In:

RIBEIRO, F. J. da S. P. (Org.). **Economia brasileira no período 1987-2013**: relatos e interpretações da análise de conjuntura no Ipea. Brasília: Ipea, 2015. p. 137-162. Disponível em: <http://www.ipea.gov.br/portal/images/stories/PDFs/livros/livros/151218_livro_economia_brasilera.pdf>. Acesso em: 10 nov. 2016.

RICHARD, I. Ebola: imigrantes negros são discriminados depois de caso suspeito em Cascavel. **EBC**, Saúde, 16 out. 2014. Disponível em: <http://www.ebc.com.br/cidadania/2014/10/ebola-imigrantes-negros-sao-discriminados-depois-de-caso-suspeito-em-cascavel>. Acesso em: 11 nov. 2016.

RODRIGUES, N. **A cabra vadia**: novas confissões. São Paulo: Cia. das Letras, 1995.

ROSS, J. L. S. Os fundamentos da Geografia da Natureza. In: ROSS, J. L. S. (Org.). **Geografia do Brasil**. 6. ed. São Paulo: EdUSP, 2014. p. 13-60.

RUSCHEL, R. Medo do Ebola aumenta o preconceito contra haitianos. **Carta Capital**, Sociedade, 13 nov. 2014. Disponível em: <http://www.cartacapital.com.br/revista/825/ignorancia-viral-5389.html>. Acesso em: 11 nov. 2016.

SANTOS, B. F. Repórter ferido por bala de borracha pode perder a visão. **Estadão**, Geral, 14 jun. 2013. Disponível em: <http://www.estadao.com.br/noticias/geral,reporter-ferido-por-bala-de-borracha-pode-perder-a-visao,1042399>. Acesso em: 11 nov. 2016.

SANTOS, M.; SILVEIRA, M. L. **O Brasil**: território e sociedade no início do século XXI. 9. ed. Rio de Janeiro: Record, 2006.

SARLET, I. W. **A eficácia dos direitos fundamentais**. 8. ed. Porto Alegre: Livraria do Advogado, 2007.

SCHEER, M. B. **Ambientes altomontanos no Paraná**: florística vascular, estrutura arbórea, relações pedológicas e datações por 14C. 169 f. Tese

(Doutorado em Engenharia Florestal) – Setor de Ciências Agrárias, Universidade Federal do Paraná, Curitiba, 2010. Disponível em: <http://dspace.c3sl.ufpr.br/dspace/bitstream/handle/1884/24033/A%20TESE%20DE%20DOUTORADO%20MAURICIO%2004%20de%20MAIO%20TERCA%20OK.pdf?sequence=1>. Acesso em: 4 mar. 2016.

SCHOBBENHAUS et al. **Mapa geológico do Brasil e da área oceânica adjacente incluindo depósitos minerais**. Escala 1: 2.500.000. Brasília: Ministério de Minas e Energia; Departamento Nacional de Produção Mineral, 1984.

SERPA, E. C.; ASSUNÇÃO, M. F. M. LTI: A linguagem do Terceiro Reich. Rio de Janeiro: Contraponto, 2009. 424 p. **História Revista**, [S.l.], v. 16, n. 1, p. 291-295, jun. 2011. Resenha. Disponível em: <http://www.revistas.ufg.br/historia/article/view/14713>. Acesso em: 10 nov. 2016.

SILVA, J. A. da. **Curso de Direito Constitucional Positivo**. 25. ed. São Paulo: Malheiros, 2005.

SÓ NESTE ANO, Justiça do DF recebeu 43 denúncias de injúria racial. **R7**, 2 jul. 2015. Disponível em: <http://noticias.r7.com/distrito-federal/so-neste-ano-justica-do-df-recebeu-43-denuncias-de-injuria-racial-02072015>. Acesso em: 11 nov. 2016.

SOUZA, P. H. G. F. de. **Texto para discussão 1816**: As causas imediatas do crescimento da renda, da redução da desigualdade e da queda da extrema pobreza na Bahia, no Nordeste e no Brasil entre 2003 e 2011. Brasília: Ipea, 2013. Disponível em: <http://www.ipea.gov.br/portal/images/stories/PDFs/TDs/td_1816.pdf>. Acesso em: 11 nov. 2016.

SUETERGARAY, D. M. A. Geografia Física(?), Geografia Ambiental(?) ou Geografia e ambiente(?). In: MENDONÇA, F. de A.; KOZEL, S. (Org.). **Elementos de epistemologia da Geografia** contemporânea. Curitiba: Ed. da UFPR, 2006.

TALENTO, A. Cubanos são chamados de 'escravos' por médicos brasileiros no CE. **Folha de S. Paulo**, Cotidiano, 26 ago. 2013. Disponível em: <http://www1.folha.uol.com.br/cotidiano/2013/08/1332417-cubanos-sao-chamados-de-escravos-por-medicos-brasileiros-no-ce.shtml>. Acesso em: 11 nov. 2016.

TAVARES, M. C. O processo de substituição de importações como modelo de desenvolvimento na América Latina: o caso do Brasil. In: CORRÊA, V. P.; SIMIONI, M. (Org.). **Desenvolvimento e igualdade**. Ed. especial. Rio de Janeiro: Ipea, 2011. Disponível em: <http://www.ipea.gov.br/portal/images/stories/PDFs/livros/livros/livro_desenvigualdade_80anos.pdf>. Acesso em: 11 nov. 2016.

TOLEDO, M. C. M. Intemperismo e formação do solo. In: TEIXEIRA, W. et al (Org.).**Decifrando a Terra**. São Paulo: Oficina de Textos, 2001.

USGS – United States Geological Survey. **SRTM**: Shuttle Radar Topography Mission. Maryland, 2004. Formato Digital. Resolução de 90 metros. Disponível em: <http://earthexplorer.usgs.gov/>. Acesso em: 11 fev. 2016.

VAINFAS, R. História indígena: 500 anos de despovoamento. In: IBGE – Instituto Brasileiro de Geografia e Estatística. **Brasil**: 500 anos de povoamento. Rio de Janeiro, IBGE, 2000.

VAN den BERGHE, P. L. **Race and Racism**: a Comparative Perspective. New York: John Wiley & Sons, 1967.

VEIGA, J. E. da. **Cidades imaginárias**: o Brasil é menos urbano do que se calcula. Campinas: Autores Associados, 2002.

VENÂNCIO, R. P. Presença portuguesa: de colonizadores a imigrantes. In: IBGE – Instituto Brasileiro de Geografia e Estatística. **Brasil**: 500 anos de povoamento. Rio de Janeiro: IBGE, 2000.

VILLA, M. A. **A história das constituições brasileiras**. São Paulo: Texto Editores, 2011.

VIZENTINI, P. G. F. **Segunda Guerra Mundial**: relações internacionais do século XX, segunda parte. 5. ed. Porto Alegre: Ed. Síntese Universitária, 2004.

WEBER, D. Governo vai usar aplicativo para monitorar crimes contra direitos humanos na internet. **O Globo**, Sociedade. 20 nov. 2014. Disponível em: <http://oglobo.globo.com/sociedade/governo-vai-usar-aplicativo-para-monitorar-crimes-contra-direitos-humanos-na-internet-14614288>. Acesso em: 10 nov. 2016.

Bibliografia comentada

BARROS, A. R. **Desigualdades regionais no Brasil**: natureza, causas, origens e soluções. São Paulo: Elsevier, 2011.

Este livro é interessante por trazer estatísticas ricas sobre o papel das porções territoriais que atualmente compõem o Nordeste na economia colonial, no reinado e na república, demonstrando a variação temporal na qual a região foi o centro econômico da *Terra Brasilis*, deixando de sê-lo durante o século XVIII, retomando a posição por pouco tempo no início do século XIX, depois sendo deixada para trás desse momento em diante. A contribuição, no entanto, é restrita a esse aspecto, visto que discordamos do diagnóstico do autor sobre as razões do atraso do desenvolvimento regional nordestino. Para o autor, esse atraso tem como base a falta de capital humano qualificado, cuja sustentação argumentativa ele apoia em métodos econômicos abstratos, que conferem requinte científico à análise, mas se afastam fundamentalmente de aspectos importantes para a explicação do fenômeno. Para nós, este se assenta no desenvolvimento histórico da economia política regional e nacional, pelos interesses dos arranjos político-econômicos dominantes, que priorizam as áreas do território que lhes convieram, em detrimento do Nordeste.

CASTRO, I. E. O problema da escala. In: ____; GOMES, P. C. da C.; CORREA, R. L. (Org.). **Geografia**: conceitos e temas. 12.ed. Rio de Janeiro: Bertrand Brasil, 2009.

Ainda sobre a construção do objeto e o método da Geografia, uma referência importante é o texto da professora Iná Elias de

Castro, da Universidade Federal do Rio de Janeiro (UFRJ), sobre **escala geográfica**. No texto, a professora distingue a escala geográfica da escala cartográfica, demonstrando como, em Geografia, a escala é um recurso metodológico relacionado à própria concepção do objeto. Trata-se, portanto, de uma escala criada teoricamente para a análise do espaço geográfico e que requer pertinência para sua adequação ao tema em estudo.

COSTA, W. M. da. **O Estado e as políticas territoriais no Brasil**. 11. ed. São Paulo: Contexto, 2013.

Este livro apresenta, de forma resumida, a história do território brasileiro, com especial enfoque no papel do Estado. Tendo sido escrito na década de 1980, sua análise abrange desde o Período Colonial até o final da ditadura militar, bem como apresenta alguns desafios que eram vislumbrados pelo autor na iminência da instalação da Constituinte.

ECO, U. A nebulosa fascista. **Folha Online**, Biblioteca Folha, 14 maio 1995. Disponível em: <http://biblioteca.folha.com.br/1/02/1995051405.html>. Acesso em: 10 nov. 2016.

O texto de Umberto Eco, que discutimos ao longo do Capítulo 2, faz parte de seu livro *Cinco escritos morais* (publicado em 1997). Há, no entanto, versões dessa aula magna publicadas em jornais brasileiros, facilmente localizáveis na internet, sob o nome de "O fascismo eterno". O escrito apresenta uma interessante reflexão sobre o irracionalismo no cotidiano.

IBGE – Instituto Brasileiro de Geografia e Estatística. **Atlas Nacional do Brasil Milton Santos**. Rio de Janeiro: IBGE; Diretoria de Geociências, 2010. Disponível em: <http://loja.ibge.gov.br/atlas-nacional-do-brasil-milton-santos.html>. Acesso em: 10 nov. 2015.

O *Atlas Nacional do Brasil Milton Santos* é uma das grandes publicações recentes sobre Geografia do Brasil. Apresenta uma enorme variedade de mapas sobre aspectos físicos e humanos do Brasil. Cada unidade temática é aberta com um texto que sintetiza as informações e apresenta algumas análises. Os arquivos apresentam formato com alto grau de resolução, o que permite o seu uso para a elaboração de apresentações para aulas e palestras.

MORAES, A. C. R. **Território e história no Brasil**. 2. ed. São Paulo: Annablume, 2005.

Ainda no campo da história da formação territorial brasileira, o autor, neste livro, busca demonstrar o papel das ideologias geográficas na formação territorial. Entre os pontos elencados por ele, destacamos a sua concepção do Estado brasileiro, justificado por um projeto territorial, em vez da construção de uma identidade nacional, em um contexto de ausência de ruptura do padrão social, econômico e político, na época da Independência.

ROSS, J. L. S. (Org.). **Geografia do Brasil**. 6. ed. São Paulo: EdUSP, 2014.

Este livro, organizado pelo professor Jurandyr Ross, apresenta capítulos escritos por autores dedicados a temas como: Geografia Política Internacional, Geografia da População, Geografia Urbana, Geografia Econômica, Geografia Ambiental etc. Chamamos atenção para o capítulo sobre **Geoecologia**, escrito por José Bueno Conti e Sueli Angelo Furlan, por tratar do tema da **biodiversidade** com grande riqueza interpretativa, demonstrando o papel do tempo geológico profundo na formação da diversidade presente no território brasileiro, tanto no nível genético, de espécies até o de biomas.

SANTOS, M.; SILVEIRA, M. L. **O Brasil**: território e sociedade no início do século XXI. 9. ed. Rio de Janeiro: Record, 2006.

Este livro é, sem dúvidas, o resgate de maior fôlego sobre a formação territorial brasileira. No projeto, os autores dizem que buscam fazer "falar a nação pelo território" (Santos; Silveira, 2006). Abordam o conceito de **meios geográficos**, em uma espécie de sucessão histórica, destacando os meios naturais, os meios técnicos e o meio-técnico-científico-informacional. São muitos e detalhados os dados apresentados, com os quais os autores procuram demonstrar como os sistemas de objetos aportados ao território brasileiro estão intimamente ligados a sistemas de ações, ou seja, a conjuntos de interesses envolvidos na construção do território, na eleição de áreas a serem conectas e de áreas a serem preteridas.

SILVA, J. A. da. **Curso de Direito Constitucional positivo**. 25. ed. São Paulo: Malheiros, 2005.

Este livro aborda a teoria do Direito Constitucional, com seu histórico e conceitos fundamentais, além de uma visão sistemática dos capítulos da Constituição Federal de 1988. Assim, traz material importante para a análise daquele texto, para que você possa se aprofundar nas implicações dele sobre a gestão do território.

SUERTEGARAY, D. M. A. Geografia Física(?), Geografia Ambiental(?) ou Geografia e ambiente(?). In: MENDONÇA, F. de A.; KOZEL, S. (Org.). **Elementos de epistemologia da Geografia contemporânea**. Curitiba: Ed. da UFPR, 2009. p. 111-120.

Durante a formação acadêmica, toma-se muito tempo para a criação de uma concepção de **Geografia**, seu objeto e seus métodos. Para corroborar esse processo, um texto bastante claro que você deve consultar é o da professora Dirce Suertegaray, da Universidade Federal do Rio Grande do Sul (UFRGS). A abordagem sobre como os conceitos operacionais da Geografia se articulam de forma dinâmica no espaço geográfico é esquematizada e elucidativa.

Respostas

Capítulo 1

Atividades de autoavaliação

1. c
2. d
3. d
4. b
5. c

Capítulo 2

Atividades de autoavaliação

1. c
2. d
3. d
4. b
5. c

Capítulo 3

Atividades de autoavaliação

1. d
2. a

3. c

4. d

5. d

Capítulo 4

Atividades de autoavaliação

1. d

2. a

3. d

4. b

5. b

Capítulo 5

Atividades de autoavaliação

1. b

2. c

3. d

4. a

5. c

Apêndice*

Mapa A – Domínios litológicos do Brasil

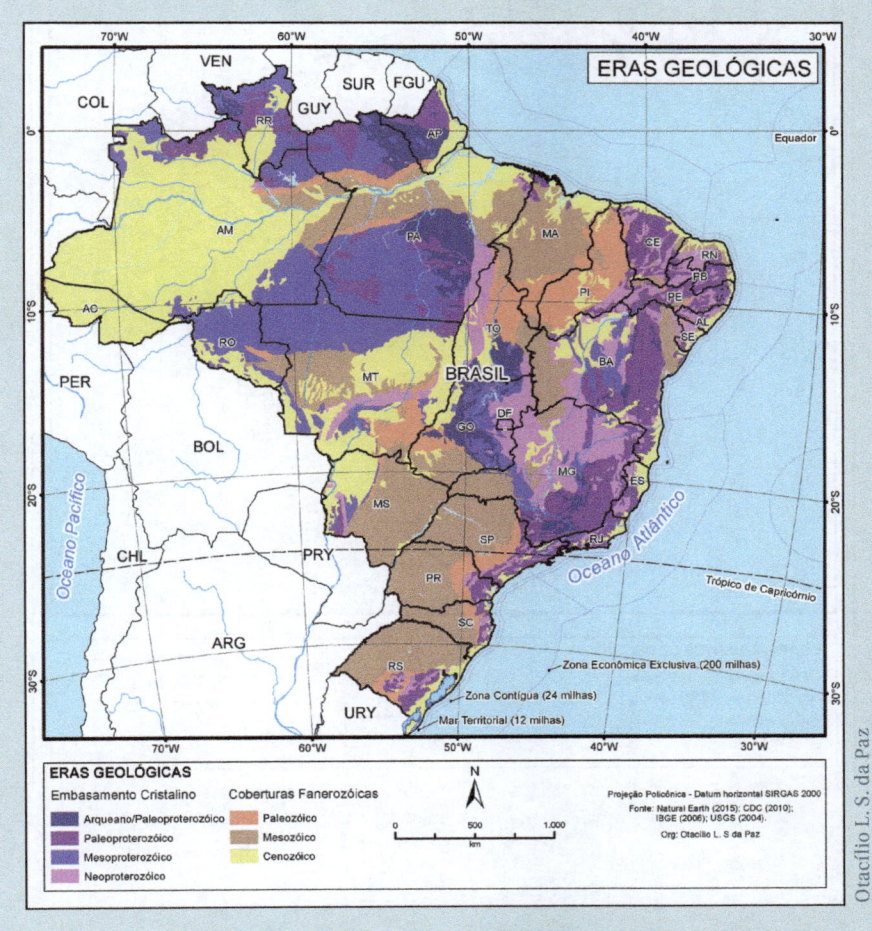

Fonte: Natural Earth Data.com, 2015; CDC, 2010; IBGE, 2006c; USGS, 2004.

* A referência completa das fontes aqui citadas pode ser encontrada na Seção "Referências".

Mapa B – Classificação do relevo segundo o IBGE

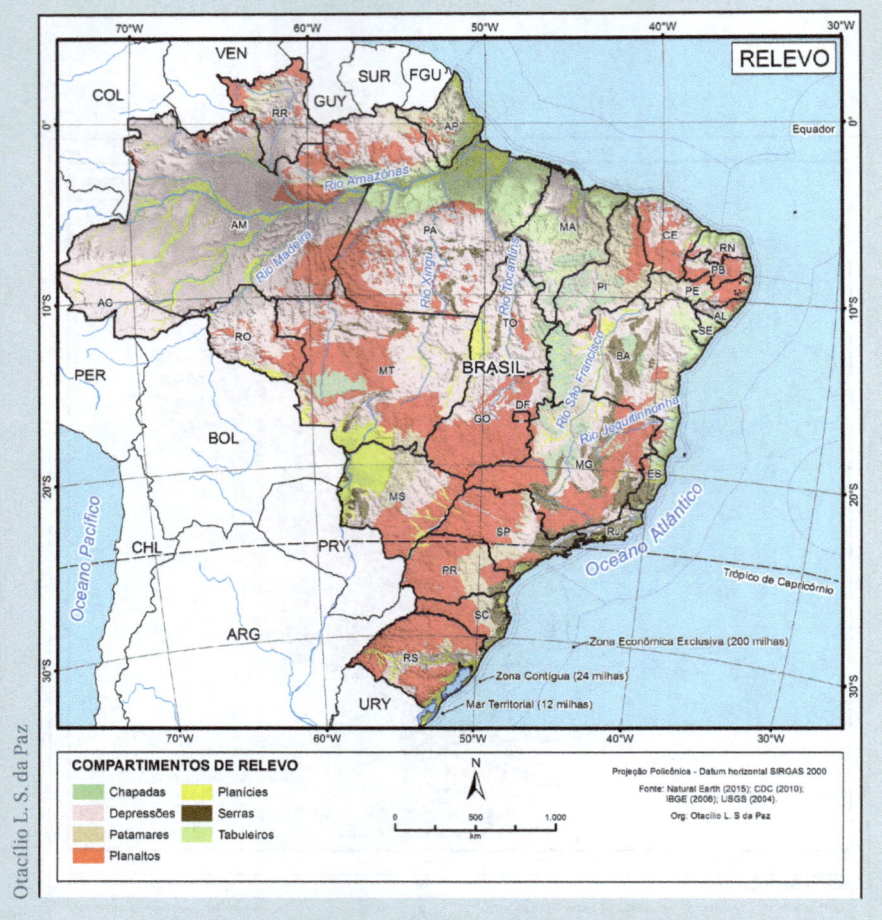

Fonte: Natural Earth Data.com, 2015; CDC, 2010; IBGE, 2006g; USGS, 2004.

Mapa C – Potencialidade agrícola dos solos brasileiros

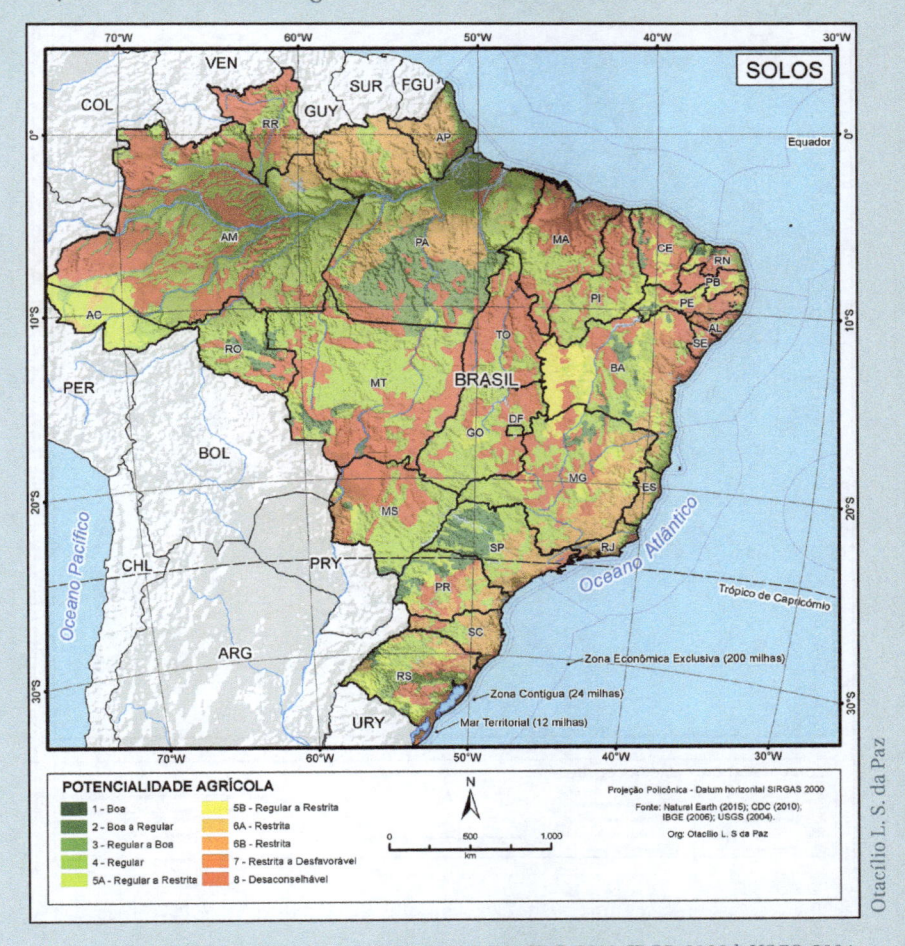

Fonte: Natural Earth Data.com, 2015; CDC, 2010; IBGE, 2006d; USGS, 2004.

Mapa D – Climas zonais e massas de ar influentes sobre o Brasil

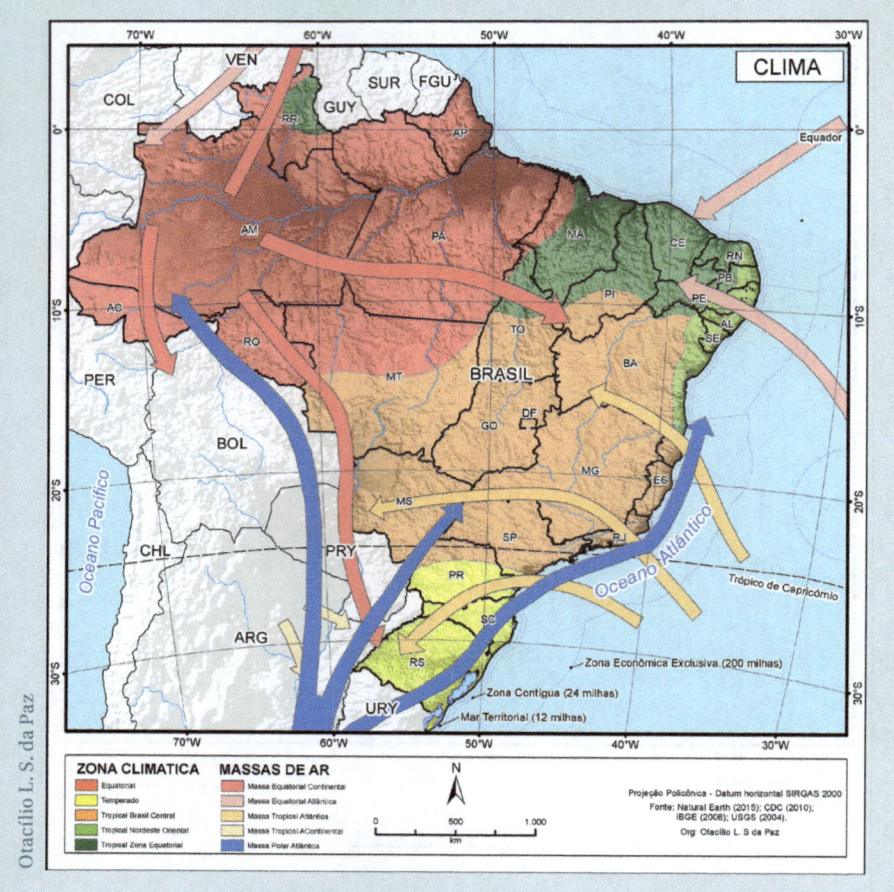

Fonte: Natural Earth Data.com, 2015; CDC, 2010; IBGE, 2006b; USGS, 2004.

Mapa E – Variação de temperatura média e de período seco no Brasil

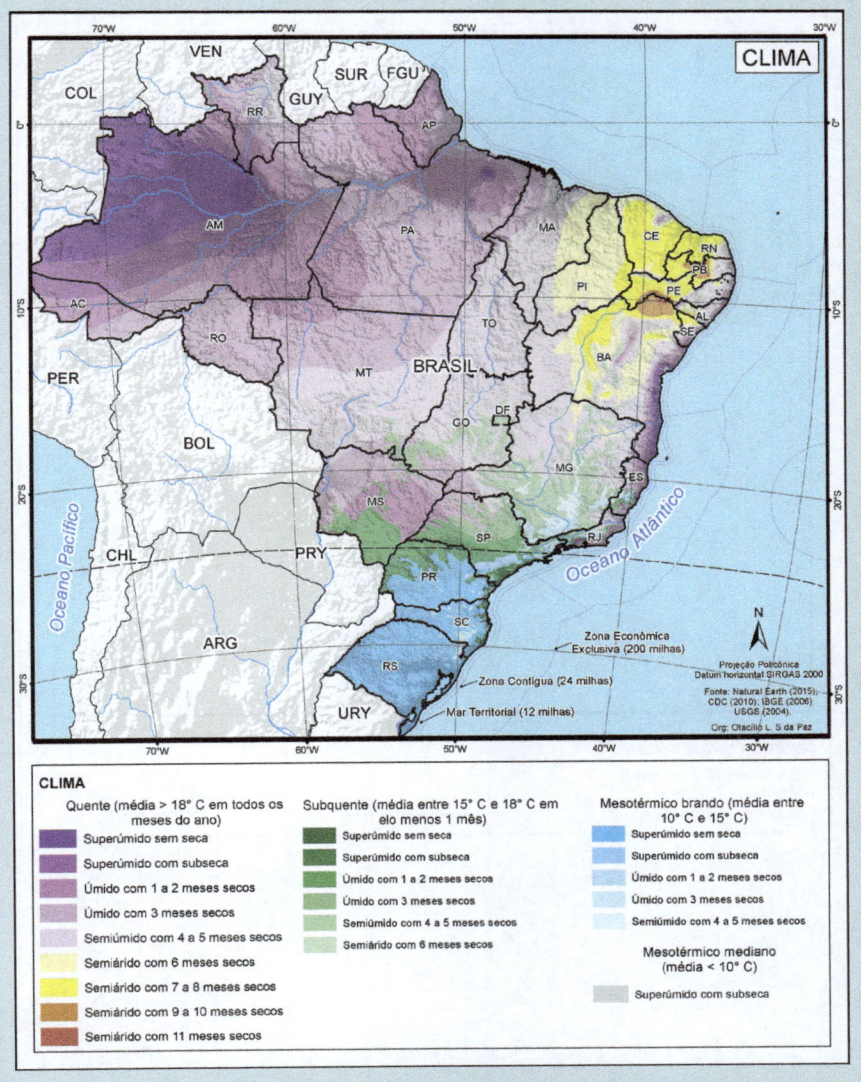

CLIMA

Quente (média > 18° C em todos os meses do ano)
- Superúmido sem seca
- Superúmido com subseca
- Úmido com 1 a 2 meses secos
- Úmido com 3 meses secos
- Semiúmido com 4 a 5 meses secos
- Semiárido com 6 meses secos
- Semiárido com 7 a 8 meses secos
- Semiárido com 9 a 10 meses secos
- Semiárido com 11 meses secos

Subquente (média entre 15° C e 18° C em elo menos 1 mês)
- Superúmido sem seca
- Superúmido com subseca
- Úmido com 1 a 2 meses secos
- Úmido com 3 meses secos
- Semiúmido com 4 a 5 meses secos
- Semiárido com 6 meses secos

Mesotérmico brando (média entre 10° C e 15° C)
- Superúmido sem seca
- Superúmido com subseca
- Úmido com 1 a 2 meses secos
- Úmido com 3 meses secos
- Semiúmido com 4 a 5 meses secos

Mesotérmico mediano (média < 10° C)
- Superúmido com subseca

Otacílio L. S. da Paz

Fonte: Natural Earth Data.com, 2015; CDC, 2010; IBGE, 2006b; USGS, 2004.

Mapa F – Biomas do Brasil

Fonte: Natural EarthData.com, 2015; CDC, 2010; IBGE, 2006a; USGS, 2004.

Mapa G – Representação das capitanias hereditárias conforme proposta de Jorge Pimentel Cintra

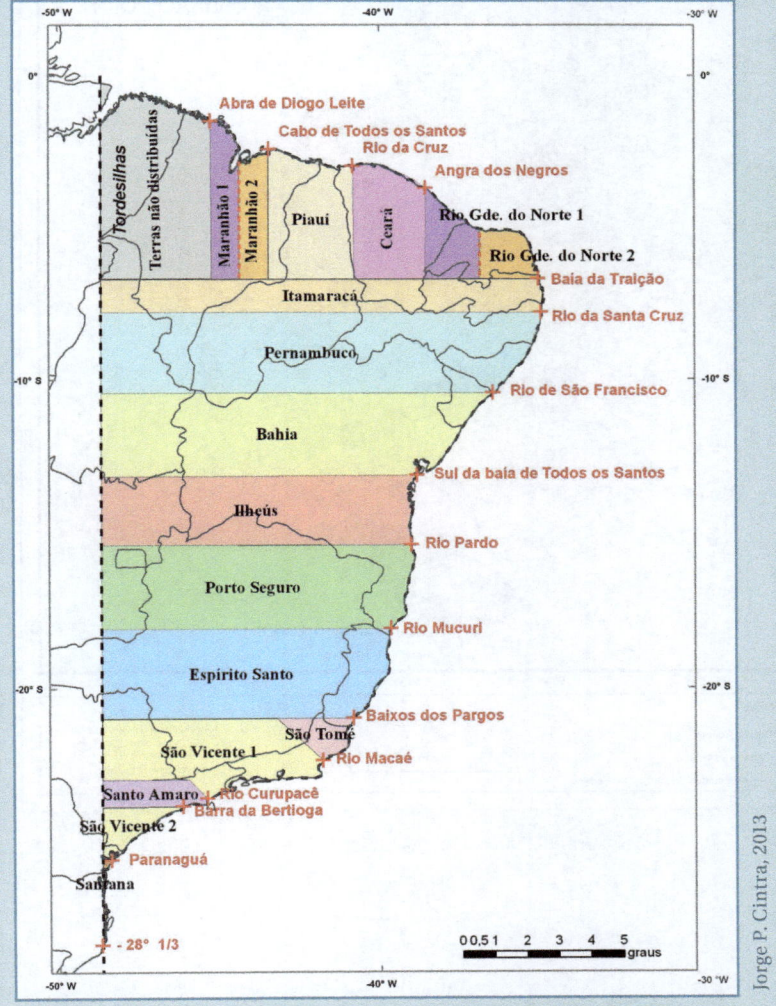

Fonte: Cintra, 2013, p. 39.

Mapa H – Divisão política do território brasileiro

Fonte: Natural Earth Data.com, 2015; CDC, 2010; IBGE, 2006f; USGS, 2004.

Mapa I – Regiões de planejamento brasileiras em 2010

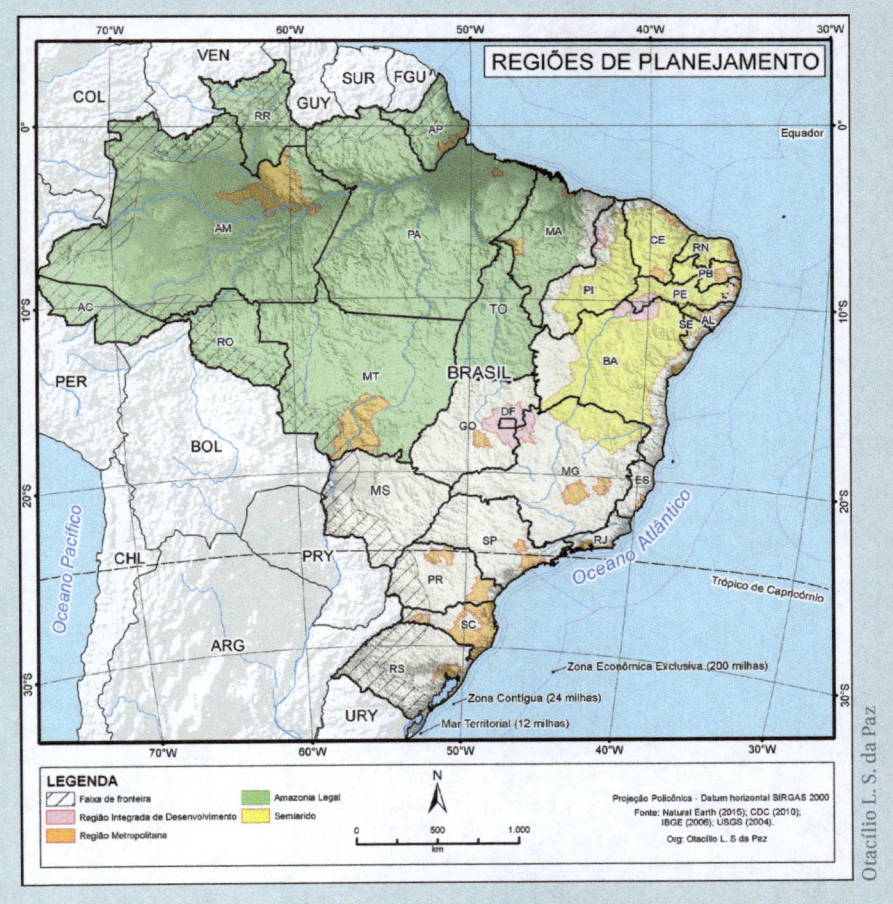

Fonte: IBGE, 2006e.

Sobre o autor

Augusto dos Santos Pereira é bacharel em Geografia (2010), mestre em Geografia (2013), com pesquisa na linha de Planejamento Urbano e Regional, e doutorando em Geografia pela Universidade Federal do Paraná (UFPR).

Trabalha no Instituto Brasileiro de Geografia e Estatística (IBGE) desde 2006, operando com dados estatísticos e geográficos relacionados a temas socioeconômicos, demográficos, econômicos e territoriais. Desde 2012, é chefe de agência da instituição na Região Metropolitana de Curitiba.

Participou de diversos grupos de consultorias, entre eles: consultoria para a Agência Nacional de Águas (ANA) sobre dados estatísticos dos Censos de 1940 a 2010, para avaliação dos usos consuntivos de água em bacias hidrográficas de todo o Brasil (de 2009 a 2011); e consultoria para o Instituto Chico Mendes de Conservação da Biodiversidade, para estudo diagnóstico de subsídio ao Plano de Manejo da Área de Preservação Ambiental (APA) de Guaraqueçaba, no Paraná (em andamento desde 2014).

Atualmente, leciona nos cursos de graduação de Geografia e de Gestão Ambiental no Centro Universitário Internacional Uninter. Além disso, ministra aulas em cursos de pós-graduação da mesma instituição.

Os papéis utilizados neste livro, certificados por instituições ambientais competentes, são recicláveis, provenientes de fontes renováveis e, portanto, um meio responsável e natural de informação e conhecimento.

Impressão: Reproset
Fevereiro/2023